工事担任者

2024年版

第2級デジタル通信 実戦問題

電気通信工事担任者の会 監修

リックテレコム

はしがき

工事担任者資格は、法令で定められた国家資格です。電気通信事業者の電気通信回線設備に利用者の端末設備等を接続するための工事を行い、または監督するためには、工事担任者資格が必要です。

工事担任者規則の改正により、2021年4月に工事担任者資格の種類および各資格種の名称が変わり、従来のDD第3種は「第2級デジタル通信」になりました。本書は、工事担任者「第2級デジタル通信」の資格取得を目指す受験者のための書籍です。

試験に合格するためには、できるだけ多くの問題に触れて、解く力を身に付ける必要があります。本書では、一般財団法人日本データ通信協会のホームページ上で2023年に公表された令和5年度第1回・第2回 工事担任者第2級デジタル通信試験問題を収録するとともに、令和4年度第2回試験以前に出題された問題等を厳選して掲載しています。

本書は、第2級デジタル通信の資格取得を目指す方々に、これらをもとにどのような学習をすればよいか、特に何が重点かを理解して頂くことを目的として解説し、解答例を付して編集したものです。

なお、本書の内容に関しては、電気通信工事担任者の会に監修のご協力を頂きました。

本書の活用により、受験者の皆様が合格し、新しい時代の担い手として活躍されることを願ってやみません。

編者しるす

【読者特典について】

模擬試験問題および解説・解答(PDFファイル)を無料でダウンロード頂けます。
ダウンロード方法等につきましては、本書の80頁をご参照ください。

工事担任者について

1.工事担任者とは

工事担任者資格は、電気通信回線設備に端末設備又は自営電気通信設備を接続するための工事を行い、又は監督する者に必要な国家資格です。利用者は、電気通信事業者の電気通信回線設備に端末設備又は自営電気通信設備を接続するときは、工事担任者資格者証の交付を受けている者に工事を行わせ、又は実地に監督させなければなりません。

工事担任者資格者証の種類は、端末設備等を接続する電気通信回線の種類や工事の規模等に応じて、5種類が規定されています。アナログ伝送路設備及び総合デジタル通信用設備(ISDN)に端末設備等を接続するための工事を行う「アナログ通信」と、デジタル伝送路設備(ISDNを除く)に端末設備等を接続するための工事を行う「デジタル通信」に分かれ、さらにこれらを統合した「総合通信」があります。具体的には下表に示すとおり区分されています。

工事担任者資格者証は、工事担任者試験に合格した者又は養成課程を修了した者等に交付されます。

2.工事担任者試験について

電気通信の「工事担任者」試験は、電気通信事業法第73条に基づき実施されます。

令和3年度第1回試験(2021年5月23日(日)実施)までは、すべての資格種でマークシート方式の筆記による試験が行われてきましたが、「第2級デジタル通信」および「第2級アナログ通信」の試験については、2021年9月から、通年で実施されるCBT(Computer Based Testing)方式となっています。CBT方式による試験は、コンピュータを使用して出題・解答する方法で行われます(試験問題は非公表)。一方、「総合通信」「第1級アナログ通信」「第1級デジタル通信」の試験は、従来通りマークシート方式で年2回(5月、11月)行われます。

工事担任者試験の試験科目は、「電気通信技術の基礎(基礎)」「端末設備の接続のための技術及び理論(技術・理論)」「端末設備の接続に関する法規(法規)」の3科目となっています。それぞれの科目の満点は100点で合格点は60点以上です。なお、一定の資格又は実務経験を有する方や、総務大臣の認定を受けた教育施設(認定学校)を修了した(修了見込を含む)方は、申請により一部の試験科目が免除される場合があります。

受験に関する詳細については、一般財団法人 日本データ通信協会 電気通信国家試験センターのホームページをご覧ください。　(https://www.dekyo.or.jp/shiken/)

表　資格者証の種類と工事の範囲

資格者証の種類	工事の範囲
第1級アナログ通信	アナログ伝送路設備(アナログ信号を入出力とする電気通信回線設備をいう。以下同じ。)に端末設備等を接続するための工事及び総合デジタル通信用設備に端末設備等を接続するための工事
第2級アナログ通信	アナログ伝送路設備に端末設備を接続するための工事(端末設備に収容される電気通信回線の数が1のものに限る。)及び総合デジタル通信用設備に端末設備を接続するための工事(総合デジタル通信回線の数が基本インタフェースで1のものに限る。)
第1級デジタル通信	デジタル伝送路設備(デジタル信号を入出力とする電気通信回線設備をいう。以下同じ。)に端末設備等を接続するための工事。ただし、総合デジタル通信用設備に端末設備等を接続するための工事を除く。
第2級デジタル通信	デジタル伝送路設備に端末設備等を接続するための工事(接続点におけるデジタル信号の入出力速度が毎秒1ギガビット以下であって、主としてインターネットに接続するための回線に係るものに限る。)。ただし、総合デジタル通信用設備に端末設備等を接続するための工事を除く。
総合通信	アナログ伝送路設備又はデジタル伝送路設備に端末設備等を接続するための工事

目　次

電気通信技術の 基礎

本書の構成について

1. 出題分析と重点整理

●**出題分析**：「基礎」、「技術及び理論」、「法規」の各科目の冒頭で、過去に出題された問題についてさまざまな角度から分析しています。

●**重点整理**：各科目の重点となるテーマを整理してまとめています。問題を解く前の予備学習や、試験直前の確認などにお役立てください。

2. 問題と解説・解答

●**2023年11月公表問題**：一般財団法人日本データ通信協会のホームページ上で2023年11月29日に公表された「令和5年度第2回 工事担任者第2級デジタル通信試験問題」を掲載しています。

●**2023年5月公表問題**：2023年5月24日に公表された「令和5年度第1回 工事担任者第2級デジタル通信試験問題」を掲載しています。

●**予想問題**：既出問題等を厳選して掲載しています。なお、過去4回分の問題(*)については、特に出題年度を記載しています(例：22秋)。

(*)令和4年度第2回(2022年秋)試験、令和4年度第1回(2022年春)試験、令和3年度第2回(2021年秋)試験、および令和3年度第1回(2021年春)試験の問題。

●**類題**：演習に役立つ問題を掲載しています。

電気通信技術の基礎

出題分析と対策の指針

第2級デジタル通信における「基礎科目」は、第1問から第5問まであり、各問の配点は20点である。それぞれのテーマ、解答数、概要は以下のとおりである。

●第1問　電気回路

解答数は4で、配点は解答1つにつき5点となっている。出題項目としては、次のようなものがある。

・直流回路(抵抗回路、計器の測定範囲の拡大)の計算
・交流回路(抵抗、コイル、コンデンサからなる直列・並列のもの)の計算
・電気磁気現象(静電気、電磁気、その他電気現象)
・正弦波交流(波形、電力等)

計算問題は、基本的解法や公式、考え方をマスターすれば確実な得点源となる。

●第2問　電子回路

解答数は5で、配点は解答1つにつき4点となっている。出題項目としては、次のようなものがある。

・半導体(p形、n形)の性質
・トランジスタ回路の接地方式、動作、特性等
・pn接合ダイオード
・各種半導体素子の種類と特徴
・半導体メモリ

同様の問題が繰り返し出題されているので、過去の公表問題にあたっておけば、かなり得点できると思われる。

●第3問　論理回路

解答数は4で、配点は解答1つにつき5点となっている。出題項目としては、次のようなものがある。

・基数変換(2進数、10進数、16進数)
・ベン図を使った論理和、論理積の表し方
・未知の論理素子の推定
・ブール代数の公式等を用いた論理式の変形

論理回路の計算は、一度コツをつかめば最も手堅い得点源になる。各論理素子の真理値表を書けるようにしておく。

●第4問　伝送理論

解答数は4で、配点は解答1つにつき5点となっている。出題項目としては、次のようなものがある。

・電気通信回線の伝送量の計算
・一様線路の性質
・漏話の種類
・ケーブル(平衡対、同軸)の漏話特性
・漏話減衰量の計算
・通信線路の接続点における反射
・信号電力(絶対レベル、信号電力対雑音電力比)
・データ信号速度

電気通信回線の伝送量の計算問題は毎回のように出題されているので、公式をしっかり学習する。

●第5問　伝送技術

解答数は5で、配点は解答1つにつき4点となっている。出題項目としては、次のようなものがある。

・信号変調方式の種類
・PCM伝送方式
・多元接続方式、多重アクセス制御方式
・アナログ伝送(通信の品質劣化要因)
・デジタル伝送(多重化方式、雑音の種類、伝送品質評価尺度、誤り訂正方式)
・光ファイバ通信(双方向通信方式、波形の劣化要因)

新傾向の問題が最も出題されやすい分野である。近年は多元接続方式についての出題が多くなってきている。

●出題分析表

次の表は、3年分の公表問題を分析したものである。試験傾向を見るうえでの参考資料としてご活用頂きたい。

表　「電気通信技術の基礎」科目の出題分析

	出題項目	公表問題						学習のポイント
		23秋	23春	22秋	22春	21秋	21春	
第1問	抵抗回路	○			○		○	合成抵抗、分圧、分流
第1問	指示計器		○	○		○		電流計、電圧計、内部抵抗
第1問	交流回路	○	○	○	○	○	○	直列回路、並列回路、合成インピーダンス
第1問	電気抵抗	○			○	○	○	オームの法則、抵抗率、温度係数、ジュールの法則
第1問	静電気とコンデンサ	○	○		○		○	静電誘導、静電容量、容量性リアクタンス
第1問	電界と電磁力			○		○		右ねじの法則、フレミングの左手の法則、電磁誘導
第1問	電流と磁界			○				磁束、起磁力、磁気回路、磁気抵抗
第1問	交流回路の電力		○					皮相電力、有効電力、無効電力

表　「電気通信技術の基礎」科目の出題分析（続き）

	出題項目	公表問題						学習のポイント
		23秋	23春	22秋	22春	21秋	21春	
第2問	半導体の種類と性質	○	○	○	○	○	○	p形、n形、キャリア、共有結合、ドナー、アクセプタ
	トランジスタ回路	○	○	○	○	○	○	接地方式、増幅回路、バイアス回路、飽和領域
	pn接合ダイオード			○		○	○	ツェナーダイオード、可変容量ダイオード
	光半導体素子	○	○		○			フォトダイオード、発光ダイオード(LED)、半導体レーザダイオード(LD)、CdSセル
	その他の半導体素子	○		○				バリスタ
	半導体メモリ		○		○	○	○	DRAM、ROM、PROM
	トランジスタ回路の電流の関係	○	○	○	○	○		ベース電流、エミッタ電流、コレクタ電流、電流増幅率
第3問	基数変換	○	○	○	○	○	○	2進数、10進数、16進数、加算、乗算
	論理式とベン図	○	○	○	○	○	○	論理積、論理和
	未知の論理素子の推定	○	○	○	○	○	○	論理素子、真理値表
	論理式の変形	○	○	○	○	○	○	ブール代数の公式
第4問	電気通信回線の伝送量	○	○	○	○	○	○	伝送損失、増幅器の利得
	漏話の種類	○		○				近端漏話、遠端漏話
	ケーブルの漏話特性		○		○	○		平衡対ケーブル、同軸ケーブル
	通信線路の接続点における反射	○	○	○	○	○	○	反射係数、特性インピーダンス、インピーダンス整合
	デジタルデータ伝送	○					○	データ信号速度
	信号電力		○	○	○	○	○	デシベル、相対レベル、絶対レベル、*SN*比
第5問	デジタル信号の変調方式	○	○	○		○		FSK変調、PSK変調、PWM変調
	アナログ信号の変調方式				○		○	SSB変調
	光変調方式					○	○	直接変調方式、外部変調方式
	PCM伝送方式	○		○				標本化、標本化定理、符号化
	多重伝送方式	○			○			WDM方式、TCM方式
	多元接続方式		○		○	○	○	CDMA、FDMA、TDMA、SDMA、CSMA
	光ファイバ通信用半導体素子		○					発光ダイオード(LED)、半導体レーザダイオード(LD)
	デジタル伝送における雑音	○	○	○		○		量子化雑音、補間雑音、折返し雑音
	デジタル伝送路の評価尺度		○	○		○	○	*BER*、%*ES*、%*SES*、%*DM*
	デジタル伝送の誤り訂正符号	○			○		○	ハミング符号、CRC符号
	アナログ通信の品質劣化要因				○			鳴音、反響
	光信号波形の劣化要因			○				分散、ショット雑音

（凡例）「出題実績」欄の○印は、当該項目の問題がいつ出題されたかを示しています。
23秋：2023年秋（令和5年度第2回）試験に出題実績のある項目
23春：2023年春（令和5年度第1回）試験に出題実績のある項目
22秋：2022年秋（令和4年度第2回）試験に出題実績のある項目
22春：2022年春（令和4年度第1回）試験に出題実績のある項目
21秋：2021年秋（令和3年度第2回）試験に出題実績のある項目
21春：2021年春（令和3年度第1回）試験に出題実績のある項目

基礎  電気回路

直流回路

●電気抵抗の計算

①オームの法則

電気回路に流れる電流は、回路に加えた電圧に比例し、抵抗に反比例する。電流をIアンペア〔A〕、電圧をVボルト〔V〕、抵抗をRオーム〔Ω〕とすると、それらの関係は次の式で表される。

$$I=\frac{V}{R}\quad\text{または}\quad V=IR、R=\frac{V}{I}$$

②直列回路の合成抵抗

図1のように抵抗を直列に接続した場合の合成抵抗は、各抵抗の和に等しい。このとき、各抵抗に加わる電圧は全体の電圧を各抵抗の割合に比例配分したものになる。ただし、各抵抗には同一の電流Iが流れる。

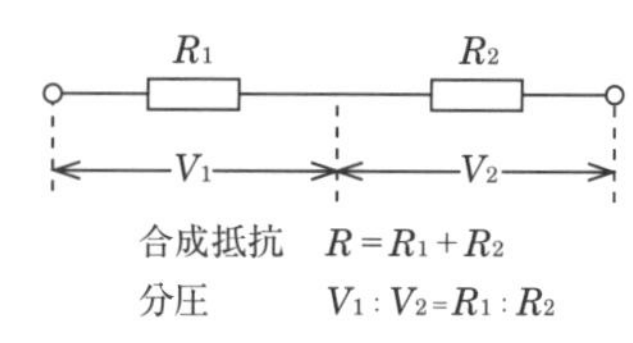

図1　直列接続

③並列回路の合成抵抗

図2のように抵抗を並列に接続した場合の合成抵抗は、各抵抗値の逆数の和の逆数になる。このとき、各抵抗に流れる電流は、それぞれの抵抗値の逆数に比例する。ただし、各抵抗には同一の電圧が加わる。

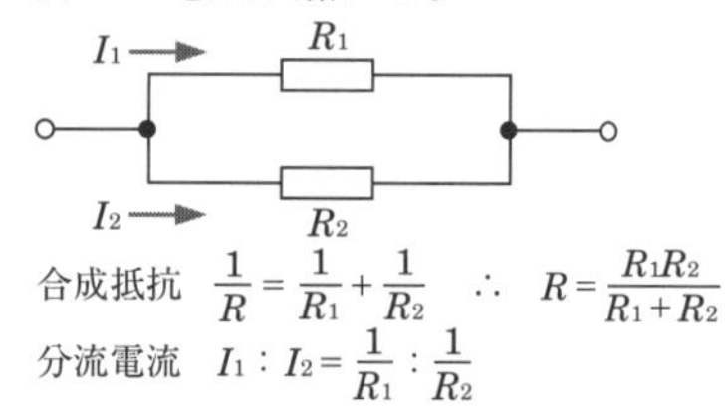

図2　並列接続

④直並列回路の合成抵抗

図3のような直並列回路の場合の合成抵抗は、直列部分の合成抵抗と並列部分の合成抵抗をそれぞれ計算し、簡単な等価回路に順次置き換えて合成抵抗を求める。

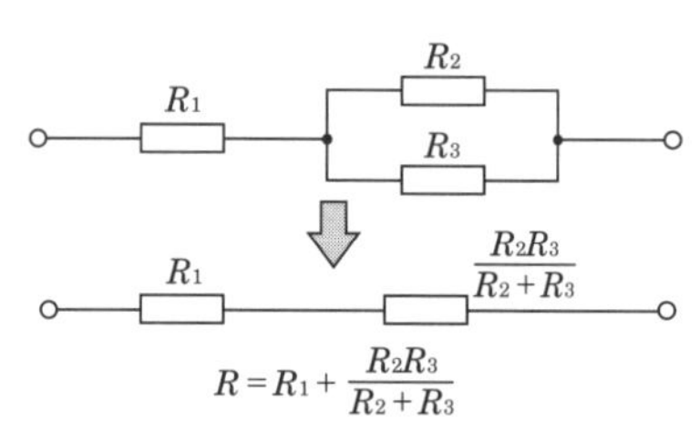

図3　直並列接続

●静電容量とコンデンサ

コンデンサに蓄えられる電荷量Qクーロン〔C〕とコンデンサの両極板間の電位差V〔V〕、比例定数Cの間には次の関係が成り立つ。

$Q=CV$〔C〕

この比例定数Cを導体の静電容量〔F〕(ファラド)という。

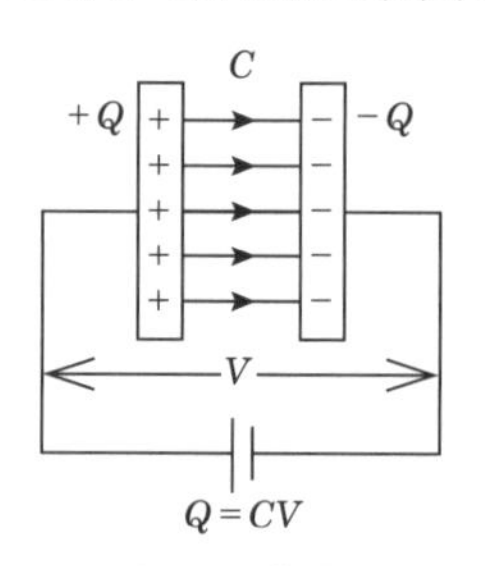

図4　電気量

①静電容量の計算(並列回路)

図5のようにコンデンサを並列に接続した場合の合成容量は、各コンデンサの静電容量の和になる。このとき、各コンデンサに蓄えられる電気量は、各コンデンサの静電容量に比例する。

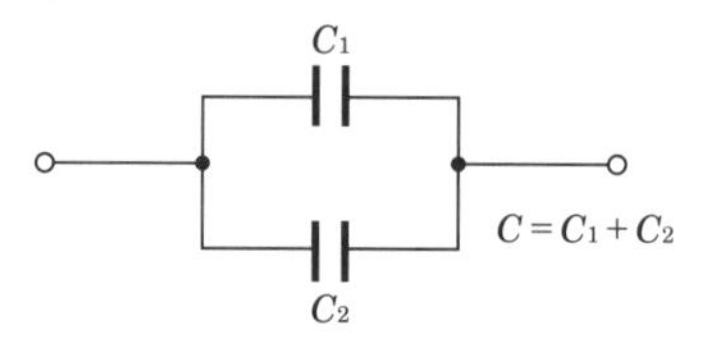

図5　並列接続

②静電容量の計算(直列回路)

図6のようにコンデンサを直列に接続した場合の合成静電容量Cは、各コンデンサの静電容量の逆数の和の逆数になる。このとき、各コンデンサにかかる電圧は、それぞれコンデンサの静電容量の逆数に比例する。ただし、各コンデンサに蓄えられる電気量は全体の電気量に等しい。

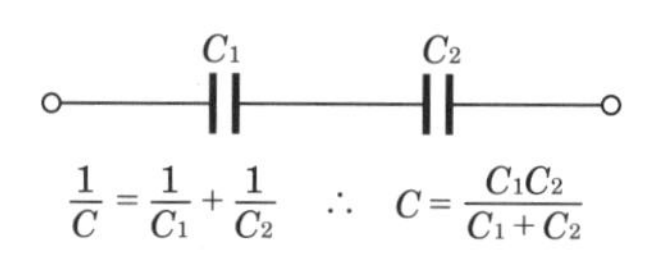

図6　直列接続

●電圧計と電流計

①電圧計

電圧計は測定したい2点間に対して、並列に接続して測定する。電圧計の測定範囲を拡大するためには、電圧計に対して直列に抵抗R_mを接続し、電圧計では測定する電圧の一部を計るようにする。この直列抵抗R_mを倍率器という。

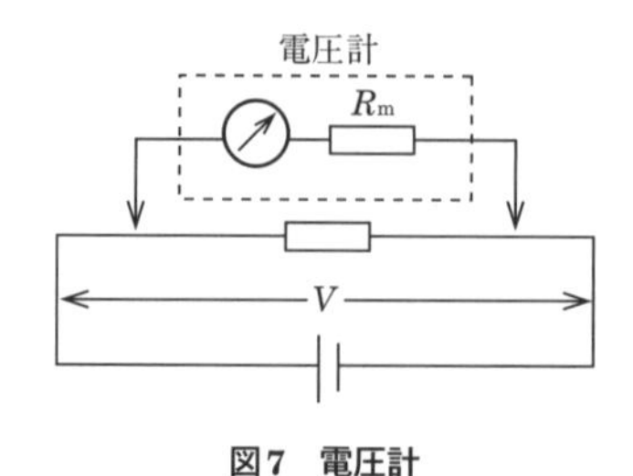

図7　電圧計

電圧計の内部抵抗をR_V、測定する電圧をV、電圧計が測定できる最大電圧をV_Oとすると、各抵抗に流れる電流は等しいので次の式が成り立つ。

$$\frac{V-V_O}{R_m}=\frac{V_O}{R_V}$$

$$R_V V=(R_V+R_m)V_O$$

となり、R_mを接続することにより拡大される電圧の倍率をn_Vとしたとき、次の式が成り立つ。

$$n_V=\frac{V}{V_O}=1+\frac{R_m}{R_V}$$

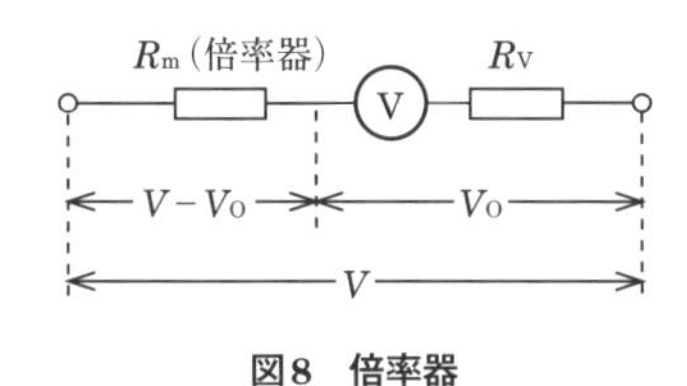

図8　倍率器

②電流計

電流計は測定したい場所に直列に接続して測定する。電流計の測定範囲を拡大するためには、電流計に対して並列に抵抗R_Sを接続し、電流計では測定する電流の一部を計るようにする。この並列抵抗R_Sを分流器という。

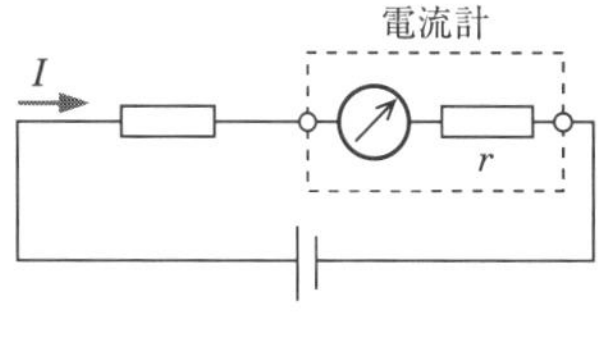

図9　電流計

電流計の内部抵抗をR_A、回路に流れる電流をI、電流計が測定できる最大電流をI_Oとするとき、各抵抗にかかる電圧は等しいので、次の式が成り立つ。

$$R_S(I-I_O)=R_A I_O$$

$$R_S I=(R_S+R_A)I_O$$

したがって、R_Sを接続することにより拡大される電流の倍率をn_iとしたとき次の式が成り立つ。

$$n_i=\frac{I}{I_O}=1+\frac{R_A}{R_S}$$

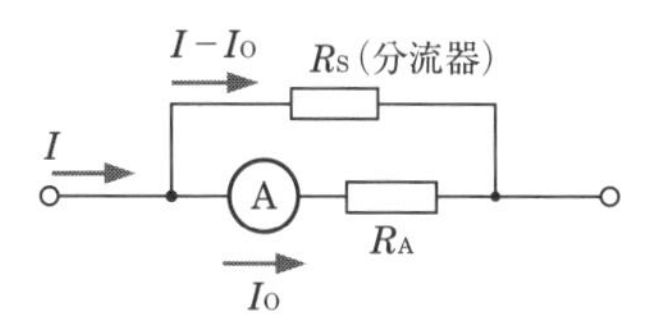

図10　分流器

交流回路

●交流回路の計算

①容量性リアクタンス

交流回路において、電流の流れにくさをリアクタンスという。

コンデンサにより生じるリアクタンスを容量性リアクタンスといい、X_Cで表す。その大きさはωを角周波数、コンデンサの容量をCとしたとき、次の式で表される。

$$X_C=\frac{1}{\omega C}\ 〔\Omega〕$$

コンデンサに流れる電流は、加えられた電圧に比べて位相が90°進む。

②誘導性リアクタンス

交流回路において、コイルにより生じるリアクタンスを誘導性リアクタンスといい、X_Lで表す。その大きさはωを角周波数、コイルのインダクタンスをLとしたとき、次の式で表される。

$$X_L=\omega L$$

このとき、コイルに流れる電流は、加えられた電圧に比べて位相が90°遅れる。

③交流回路のオームの法則

直流回路と同様に交流回路においても回路を流れる電流は、回路に加えた電圧に比例し、インピーダンス(抵抗とリアクタンスの組合せ)に反比例する。

電流をIアンペア〔A〕、電圧をVボルト〔V〕、インピーダンスをZ〔Ω〕とすると、それらの関係は次の式で表される。

$$V=IZ、I=\frac{V}{Z}、Z=\frac{V}{I}$$

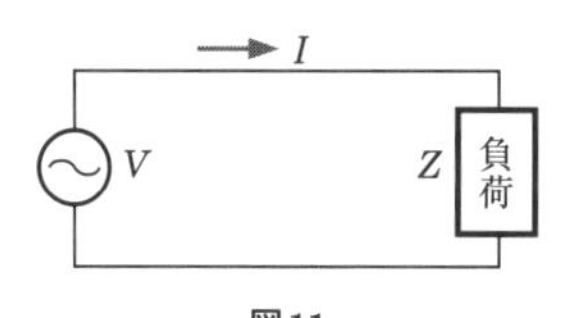

図11

④合成インピーダンスの求め方

交流回路における合成インピーダンスは、電圧と電流の位相関係を考慮に入れなければならない。この位相関係をわかりやすくするためにベクトル図が用いられる。

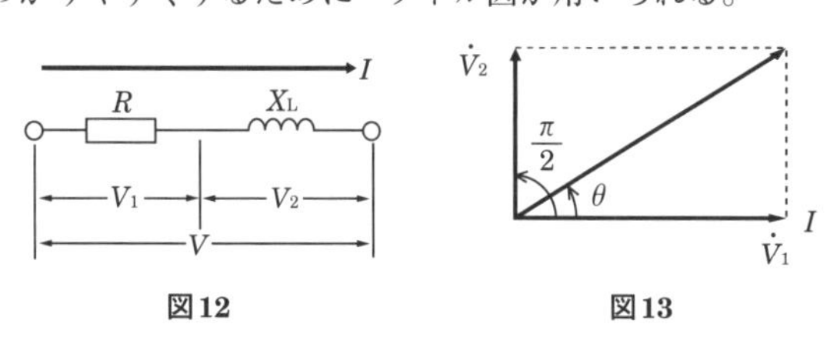

図12　　図13

図12のような$R-L$直列回路において、各部の電流、電圧のベクトルの関係を見る。

回路全体を流れる電流Iを基準にとると、Rにかかる電圧V_1とX_Lにかかる電圧V_2は図13のように90°位相がずれており、全体の電圧VはV_1とV_2の合成ベクトルで表される。

また交流回路のオームの法則から、各電圧とR、X_L、Zの間には、$R=V_1/I$、$X_L=V_2/I$、$Z=V/I$の関係がある。したがって、三平方の定理より、

$$Z^2=R^2+X_L^2$$

$$\therefore\ Z=\sqrt{R^2+X_L^2}$$

●各種交流回路の合成インピーダンス

①$R-L$直列回路

$R-L$直列回路の合成インピーダンスは図14より、

$$Z=\sqrt{R^2+X_L{}^2}$$

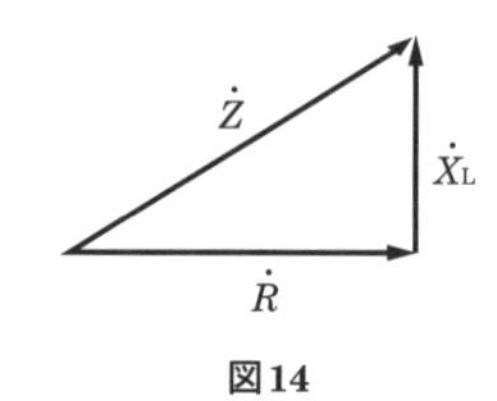

図14

②$R-C$直列回路

図15のような$R-C$直列回路の合成インピーダンスは図16より、

$$Z=\sqrt{R^2+X_C{}^2}$$

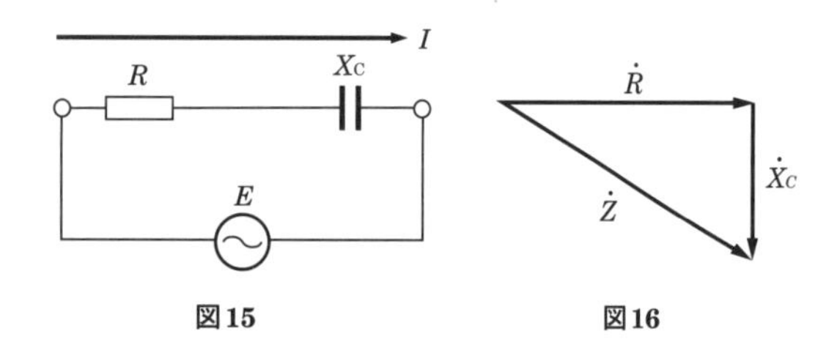

図15　　　図16

③$R-L-C$直列回路

図17のような$R-L-C$直列回路の合成インピーダンスは、X_Lにかかる電圧とX_Cにかかる電圧は互いに逆相となり打ち消し合うため、ベクトルは図18のようになる。したがって、

$$Z=\sqrt{R^2+(X_L-X_C)^2}$$

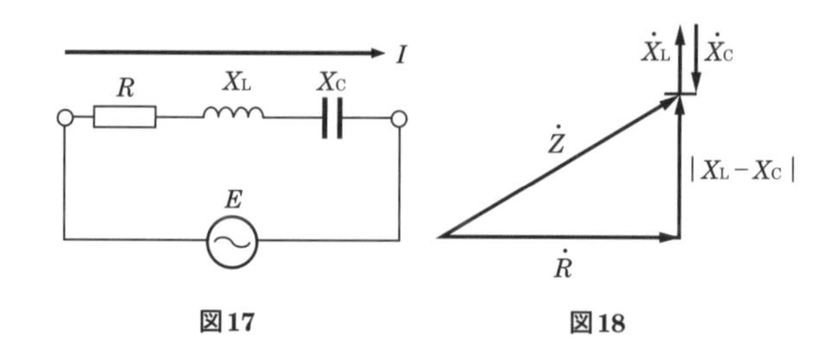

図17　　　図18

④並列回路の合成インピーダンス

図19のような並列回路の合成インピーダンスの場合、回路全体にかかる電圧Vを基準とすると、Rに流れる電流I_1とX_Cに流れる電流I_2は90°位相がずれるので、全体に流れる電流Iは図20のようにI_1とI_2の合成ベクトルで表される。

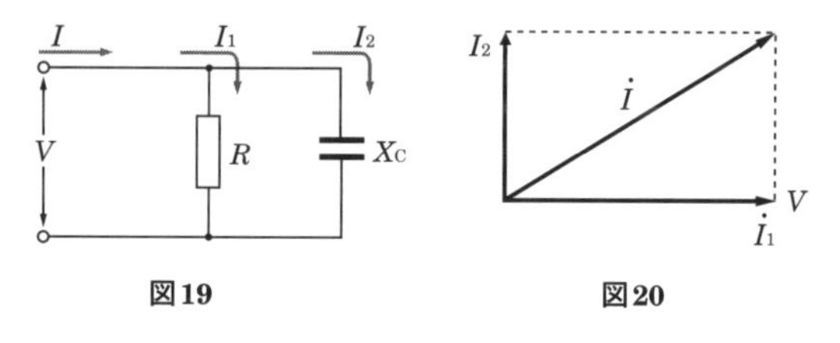

図19　　　図20

$I_1=V/R$、$I_2=V/X_C$、$I=V/Z$より、

$$\frac{1}{Z}=\sqrt{\left(\frac{1}{R}\right)^2+\left(\frac{1}{X_C}\right)^2}\quad \therefore\ Z=\frac{1}{\sqrt{\left(\frac{1}{R}\right)^2+\left(\frac{1}{X_C}\right)^2}}$$

また、$R-L$並列回路の場合も、電流のベクトルの向きが変わるだけで、Zの大きさは同一である。

$$Z=\frac{1}{\sqrt{\left(\frac{1}{R}\right)^2+\left(\frac{1}{X_L}\right)^2}}$$

電気現象

●静電現象

①クーロンの法則

図21のように2個の電荷Q_1、Q_2の間には、Q_1とQ_2を結ぶ直線方向に力が働く。その力を静電力Fといい、次の式で表すことができる。

$$F=\frac{Q_1Q_2}{4\pi\varepsilon r^2}\text{〔N〕}$$

ε：媒質の誘電率〔F/m〕
r：Q_1とQ_2の間の距離〔m〕

この式により、静電力Fの大きさは電荷Q_1、Q_2の積に比例し、Q_1とQ_2の間の距離の2乗に反比例する。なお、静電力Fの向きは、図21(a)のように電荷Q_1とQ_2が両方ともプラスまたはマイナスのときは反発する方向に、図21(b)のように電荷Q_1とQ_2がプラスとマイナスのときは引き合う方向となる。

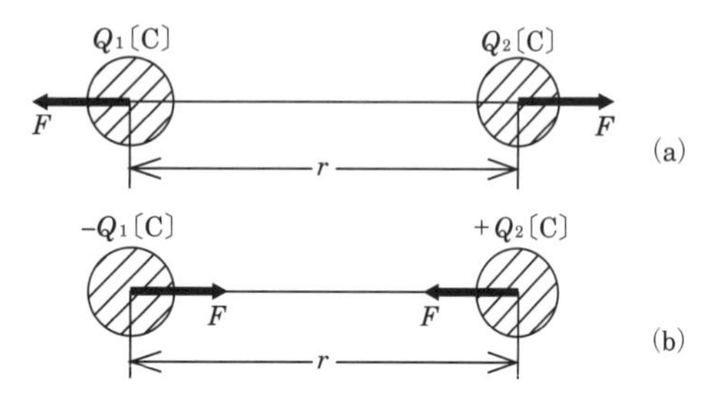

図21　クーロンの法則

②静電誘導

2つの絶縁物を摩擦すると摩擦エネルギーを電子が受け取り、絶縁物の一方の電子が他方の表面に移り、互いに電子の過不足を生じる。電子は負の電荷を持っており、絶縁物の摩擦によって、電子が増えた方は負に、電子が減った方は正に帯電、つまり互いに異種の電荷を帯びることになる。この現象を静電誘導という。

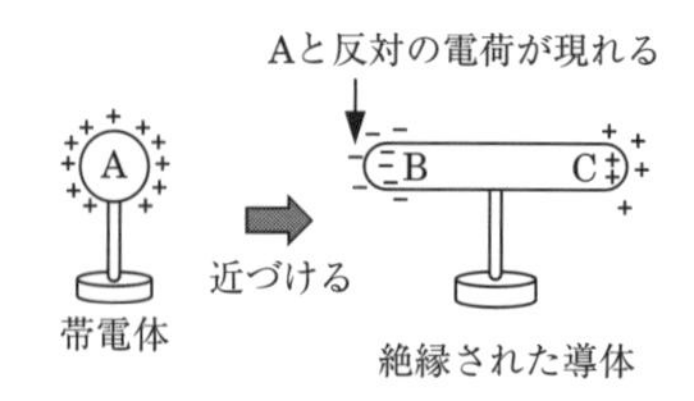

図22　静電誘導

③コンデンサの静電容量

コンデンサの静電容量とは、単位電圧を印加したときの蓄えられる電荷の量を表す。平行電極板で構成されるコンデンサの静電容量を大きくするには次の3つの方法がある。

(ⅰ)電極板の間隔を狭くする方法

(ⅱ)電極板の面積を大きくする方法

(ⅲ)電極板間に誘電率の値が大きい物質を挿入する方法

●抵抗と電力

①電力量

電圧Vと電流Iの積を電力Pといい単位にはワット〔W〕が用いられる。電力は1秒間に行う仕事量である。また、t秒間に行う仕事量を電力量W〔Ws〕といい、それぞれ次の式で表される。

電力P〔W〕$= VI$

電力量W〔Ws〕$= Pt$

②熱量

抵抗に電流を流すと熱が発生する。抵抗に電流が流れて発生する熱をジュール熱といい、Rオームの抵抗にIアンペアの電流をt秒間流したときに発生する熱量Wは、次の式で表される。

$W = I^2Rt$〔J〕

③抵抗率

電気抵抗は導体の長さlに比例し、断面積Sに反比例する。抵抗をR、抵抗率をρとすると、次の式で表される。

$$R = \rho\frac{l}{S}\ 〔\Omega〕$$

●交流電流の特性

①交流回路の電力

交流回路における電力は、実際に仕事をする有効電力と負荷で消費されない無効電力がある。

交流回路での電力は、変化する瞬時電力の平均値で表すこととしている。交流回路において消費する電力を有効電力P〔W〕といい、電圧の実効値をE、電流の実効値をI、EとIの位相差をθとしたとき、次の式で表される。

$$P = EI\cos\theta$$

EとIの積を皮相電力といい、単位は〔VA〕を用いる。

$\cos\theta$は力率と呼ばれ、皮相電力のうちの有効電力の割合を示す。

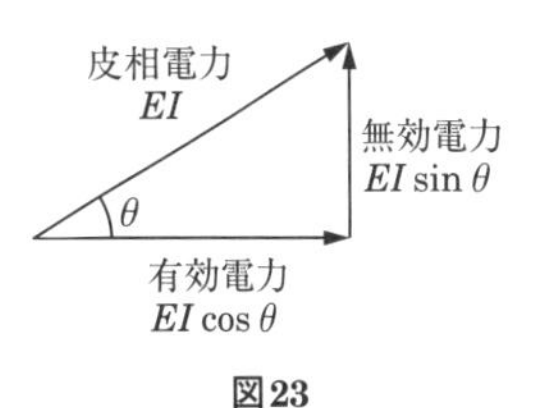

図23

②ひずみ波

実際に扱う交流は、その波形が正確な正弦波形をしていない場合が多い。通常は、整数関係にあるいくつかの正弦波が混じり合った"ひずみ波交流"となっている。このひずみ波のうち、一番低い周波数の正弦波を基本波といい、この基本波の周波数の2倍、3倍、・・・、n倍の周波数の交流を高調波という。

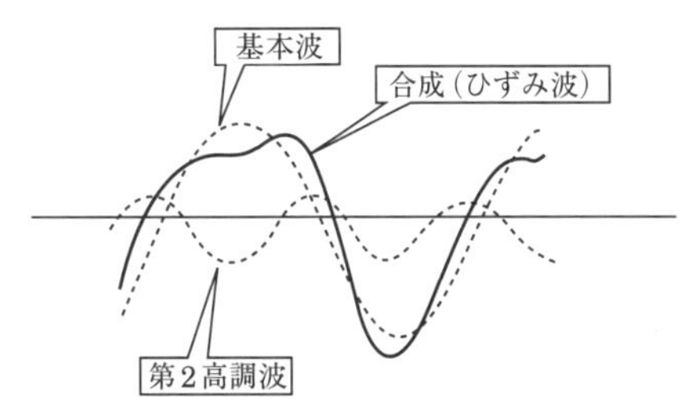

図24　ひずみ波

磁気現象

●電磁力

磁界の中の導体に電流を流すと、その導体はある方向に力を受ける。この力を電磁力といい、これらの関係は図25のようにフレミングの左手の法則にしたがう。

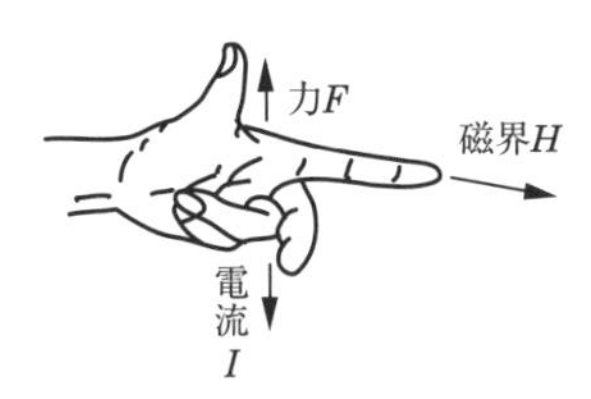

図25　フレミングの左手の法則

●起磁力と磁気回路

図26のように鉄心に巻数Nのコイルを巻き、これに電流Iを流すと鉄心の中にNIに比例した磁束が発生する。これは電気回路における起電力に相当し、これを起磁力〔A〕という。鉄心は磁気の通路と考えられ、磁束はほとんど鉄心の中を通り閉回路を作っており、これを磁気回路という。

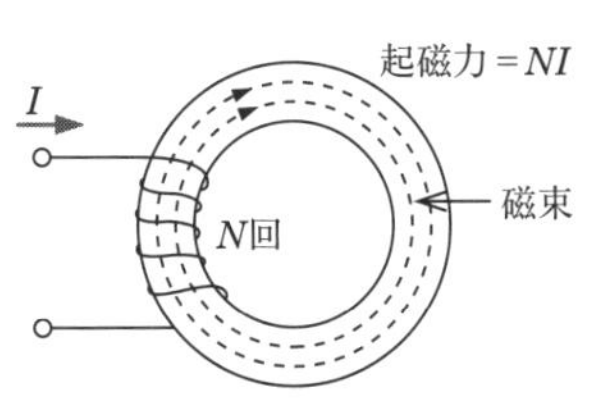

図26　磁気回路

●電磁誘導

①誘導起電力

磁束中にある導体を移動させ磁束を横切ると、誘導起電力が発生する。この現象を電磁誘導という。

②レンツの法則

図27のように、コイル中に磁極を出し入れすると、コイルに誘導起電力が発生する。流れる電流の方向は、コイルによって発生する磁束の変化を妨げる方向になる。

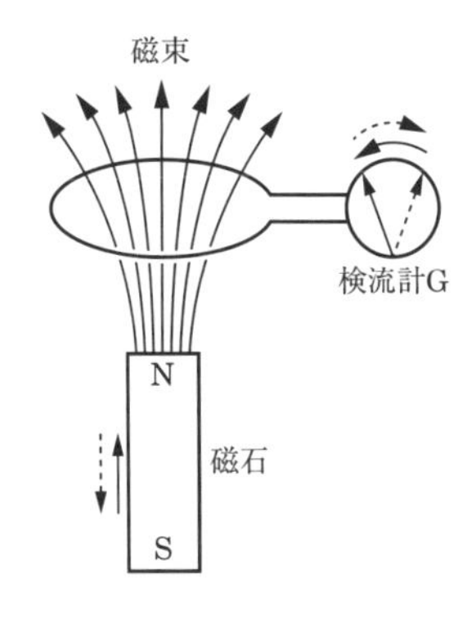

図27　レンツの法則

当ページでは、一般財団法人日本データ通信協会のホームページ上で2023年11月29日に公表された「令和5年度第2回工事担任者第2級デジタル通信試験問題」を掲載しています。

次の各文章の［　　］内に、それぞれの［　］の解答群の中から最も適したものを選び、その番号を記せ。 (小計20点)

(1) 図1に示す回路において、同一の抵抗Rが［(ア)］オームであるとき、端子a－b間の合成抵抗は、2オームである。 (5点)

［① 3　② 4　③ 6］

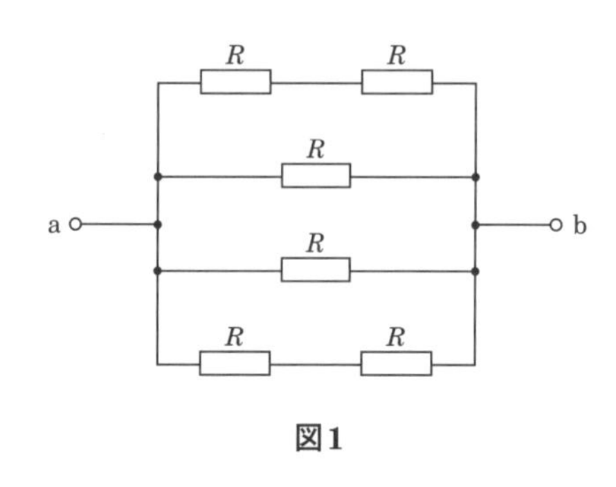

図1

(2) 図2に示す回路において、端子a－b間に300ボルトの交流電圧を加えたとき、回路に流れる電流は、［(イ)］アンペアである。 (5点)

［① 10　② 12　③ 15］

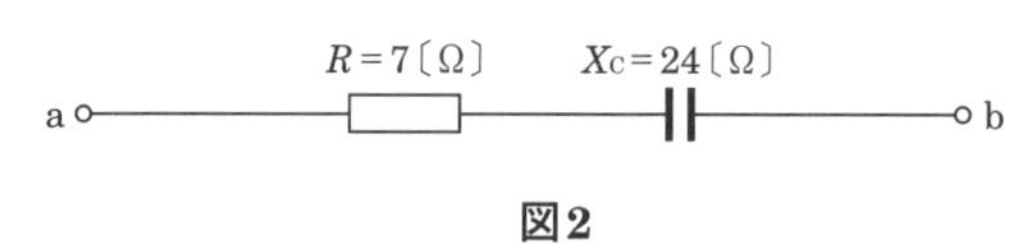

図2

(3) 帯電していない導体Aに正の電荷を持った帯電体Bを近づけると、Aにおいて、Bに近い側には負の電荷、Bから遠い側には正の電荷が現れる。この現象は、［(ウ)］といわれる。 (5点)

［① 電磁誘導　② 静電誘導　③ 電　離］

(4) Rオームの抵抗にIアンペアの電流をt秒間流したときに発生する熱量は、［(エ)］ジュールである。 (5点)

［① I^2Rt　② IR^2t　③ IRt］

解　説

(1) 抵抗を直列に接続したときの合成抵抗は、各抵抗の値の和となる。したがって、設問の回路において、抵抗Rを直列に接続した部分(図3の点線で囲んだ部分)の合成抵抗はそれぞれ、$R+R=2R$〔Ω〕となる。

また、抵抗を並列に接続したときの合成抵抗は、各抵抗の値の逆数の和の逆数となる。つまり、設問の回路の端子a－b間の合成抵抗xは、次の式で表すことができる。

$$\frac{1}{x}=\frac{1}{2R}+\frac{1}{R}+\frac{1}{R}+\frac{1}{2R}$$

設問文より、合成抵抗xは2〔Ω〕なので、上式にこの値を入れてRを求めると、次のようになる。

$$\frac{1}{2}=\frac{1}{2R}+\frac{1}{R}+\frac{1}{R}+\frac{1}{2R}\ \rightarrow\ \frac{1}{2}=\frac{1+2+2+1}{2R}$$

$$\rightarrow\ \frac{1}{2}=\frac{6}{2R}\ \rightarrow\ \frac{1}{2}=\frac{3}{R}\qquad \therefore\ R=\mathbf{6}〔Ω〕$$

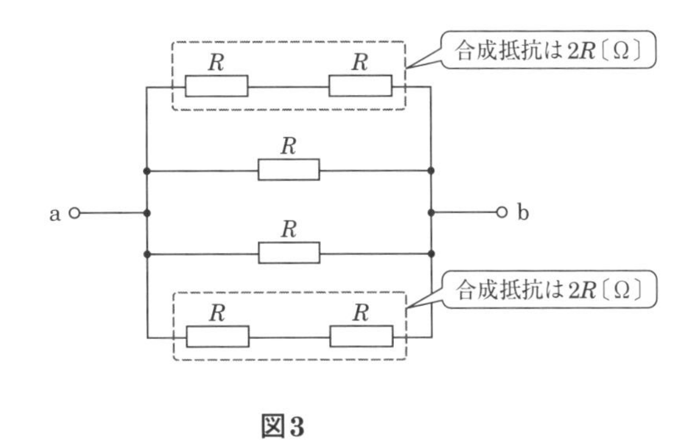

図3

(2) 抵抗Rと容量性リアクタンスX_Cの直列回路の合成インピーダンスZの大きさは、次式で求められる。

$$Z=\sqrt{R^2+X_C{}^2}\,〔\Omega〕$$

上式に$R=7$〔Ω〕、$X_C=24$〔Ω〕を代入してZを求めると、

$$Z=\sqrt{7^2+24^2}=\sqrt{49+576}=\sqrt{625}=25\,〔\Omega〕$$

ここで、端子a－b間の交流電圧をVとしたとき、回路に流れる電流Iは、

$$I=\frac{V}{Z}\,〔\mathrm{A}〕$$

であるから、$V=300$〔V〕、$Z=25$〔Ω〕を代入すると次のようになる。

$$I=\frac{300}{25}=\mathbf{12}\,〔\mathrm{A}〕$$

【補足説明】

交流回路の計算では、$\sqrt{\ }$記号(これを根号またはルートという)が登場する。計算問題を解くにあたって、$\sqrt{X^2}=X$という基本的事項(*)を押さえておく必要がある。たとえば、$\sqrt{100}$について考えてみよう。$\sqrt{\ }$の中の数字、すなわち100は10の2乗であるから、$\sqrt{100}=\sqrt{10^2}=10$となる。同様に、$\sqrt{9^2+12^2}$についても計算してみると、$\sqrt{9^2+12^2}=\sqrt{(3\times3)^2+(3\times4)^2}=3\sqrt{3^2+4^2}=3\sqrt{9+16}=3\sqrt{25}=3\times5=15$となる。

(*)ある数Xを2乗するとaになる(つまり$X^2=a$になる)場合、Xをaの平方根という。

(3) 物質が電気を持つことを「帯電する」といい、帯電した物質のことを「帯電体」という。帯電していない導体Aに、正に帯電しているBを近づけると、両者の間には引き合う力が働く。具体的には図4のように、導体Aでは、帯電体Bに近い側の表面に負の電荷が現れ、帯電体Bから遠い側の表面には正の電荷が現れる。この現象を**静電誘導**という。静電誘導は、同種の電荷(正電荷どうし、負電荷どうし)は反発し合い、異種の電荷(正電荷と負電荷)は引き合う性質があるために生じる。

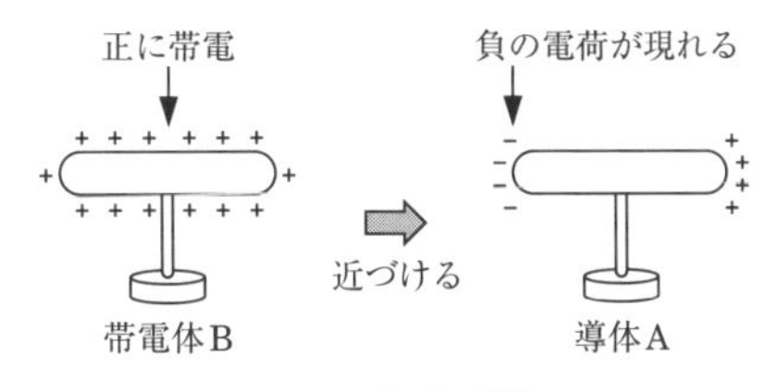

図4 静電誘導

(4) 電流には発熱作用があり、ニクロム線のような抵抗線に電流を流すと熱を発生する。この熱をジュール熱といい、抵抗R〔Ω〕に電流I〔A〕をt秒間流したときに発生する熱量をH〔J〕とすれば、

$$H=\boldsymbol{I^2Rt}\,〔\mathrm{J}〕$$

となり、電流の2乗と抵抗の積に比例する。これをジュールの法則という。なお、熱量を表す単位として、カロリー(cal)を用いる場合もある。

答	
(ア)	③
(イ)	②
(ウ)	②
(エ)	①

次の各文章の［　　　］内に、それぞれの［　　］の解答群の中から最も適したものを選び、その番号を記せ。　(小計20点)

(1) 図1に示すように、最大指示電圧が240ボルト、内部抵抗rが［（ア）］キロオームの電圧計Vに、30キロオームの抵抗Rを直列に接続すると、最大600ボルトの電圧Eを測定できる。　(5点)

［① 20　② 30　③ 40］

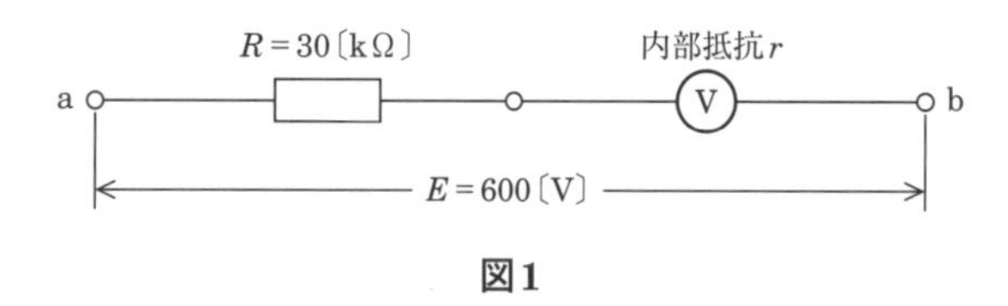

図1

(2) 図2に示す回路において、端子a－b間に24ボルトの交流電圧を加えたとき、回路に流れる全電流は、［（イ）］アンペアである。　(5点)

［① 3　② 4　③ 5］

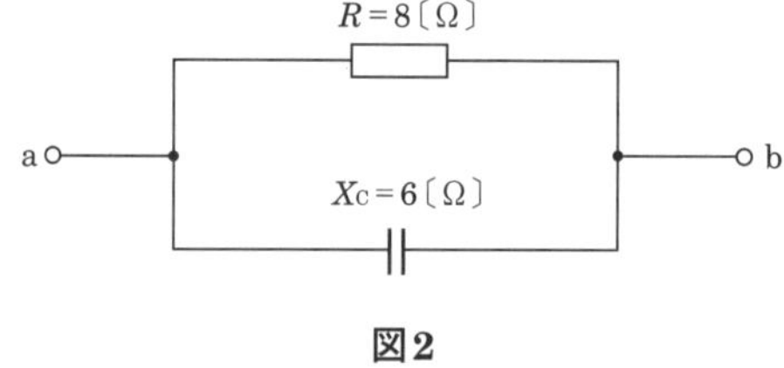

図2

(3) コンデンサに交流電流を流したとき、コンデンサの容量性リアクタンスの大きさは、流れる電流の周波数に［（ウ）］。　(5点)

［① 無関係である　② 比例する　③ 反比例する］

(4) 交流回路における皮相電力は、有効電力と無効電力のそれぞれの2乗の和の平方根に等しく、その単位は、［（エ）］である。　(5点)

［① ボルトアンペア　② バール　③ ワット］

解　説

(1)　図3のように、電圧計で測定できる電圧範囲を拡大するためには、抵抗を直列に挿入する。このときの電圧の倍率E/V_o、電圧計の内部抵抗r、外部に接続した倍率抵抗器Rとの関係は、電流をIとすると、

$$I(R+r)=E \qquad I\cdot r=V_o$$

であり、次のように表すことができる。

図3

$$\frac{E}{V_o}=\frac{R+r}{r}$$

上式に値を代入すると、

$$\frac{600}{240}=\frac{30\times10^3+r}{r} \rightarrow \frac{5}{2}=\frac{30\times10^3}{r}+1 \rightarrow \frac{3}{2}=\frac{30\times10^3}{r}$$

$$\therefore\quad r=\frac{2}{3}\times30\times10^3=20\times10^3=\mathbf{20}〔\mathrm{k}\Omega〕$$

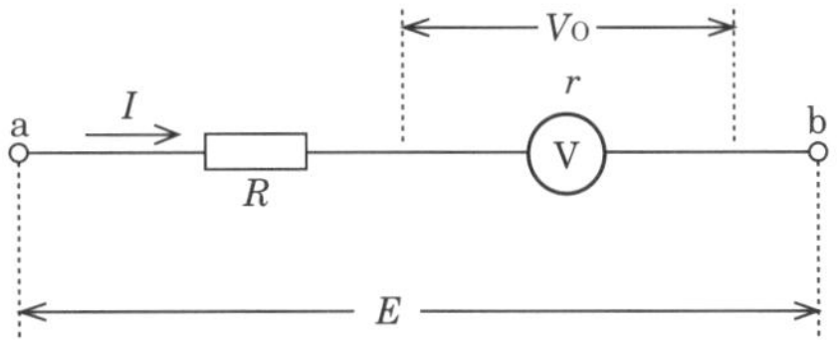

(2)　図2の回路において、抵抗Rと容量性リアクタンスX_Cの並列回路の合成インピーダンスZの大きさは、次式で表される。

$$\frac{1}{Z}=\sqrt{\left(\frac{1}{R}\right)^2+\left(\frac{1}{X_C}\right)^2}$$

上式に$R=8$〔Ω〕、$X_C=6$〔Ω〕を代入してZを求めると、

$$\frac{1}{Z}=\sqrt{\left(\frac{1}{8}\right)^2+\left(\frac{1}{6}\right)^2}=\sqrt{\left(\frac{1}{2\times4}\right)^2+\left(\frac{1}{2\times3}\right)^2}=\frac{1}{2}\sqrt{\left(\frac{1}{4}\right)^2+\left(\frac{1}{3}\right)^2}=\frac{1}{2}\sqrt{\frac{25}{144}}=\frac{1}{2}\times\frac{5}{12}=\frac{5}{24}$$

$$\therefore\quad Z=\frac{24}{5}〔\Omega〕$$

したがって、回路に流れる電流Iは、交流電圧をVとすると次のようになる。

$$I=\frac{V}{Z}=\frac{24}{\frac{24}{5}}=\mathbf{5}〔\mathrm{A}〕$$

(3)　コンデンサCにより生じるリアクタンス(交流電流の流れにくさ)を容量性リアクタンスといい、その大きさX_C〔Ω〕は次式で表される。

$$X_C=\frac{1}{\omega C}〔\Omega〕 \quad (\omega：交流の角周波数)$$

容量性リアクタンスは、流れる電流の周波数に**反比例する**ので、周波数が低くなるほど大きくなる。すなわち、コンデンサでは交流電流は高周波のとき流れやすく、低周波のときは流れにくい。

(4)　交流回路において、電圧の実効値と電流の実効値の積を皮相電力といい、その単位はVA(**ボルトアンペア**)で表される。リアクタンスを含む回路では、リアクタンスに一時的に蓄積されるエネルギーを無効電力といい、また、抵抗のみによって消費される電力を有効電力という。

皮相電力S、有効電力P、無効電力Qの関係は、次式のようになる。

$$S=\sqrt{P^2+Q^2}〔\mathrm{VA}〕$$

また、これらの関係は、図3のような直角三角形で表すことができる。ここで$\cos\theta$を力率といい、負荷インピーダンスのうち実抵抗分の割合を表す。

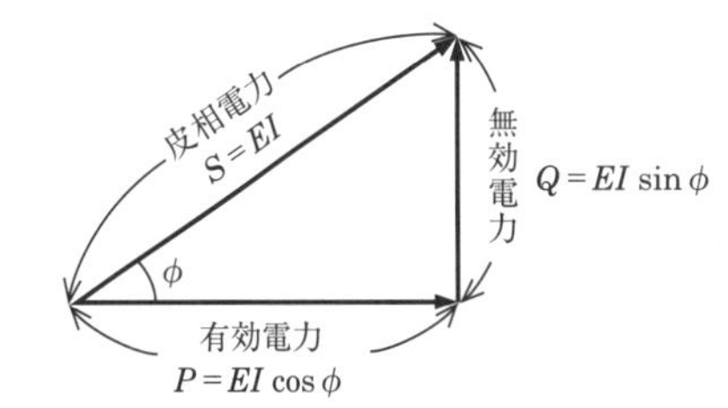

図4

答	
(ア)	①
(イ)	③
(ウ)	③
(エ)	①

予想問題

問1

次の各文章の[　　　]内に、それぞれの[　　]の解答群の中から最も適したものを選び、その番号を記せ。

21春 **1** 図1－aに示す回路において、抵抗R_1に流れる電流が8アンペアのとき、この回路に接続されている電池Eの電圧は、[（ア）]ボルトである。ただし、電池の内部抵抗は無視するものとする。

[① 32　② 36　③ 40]

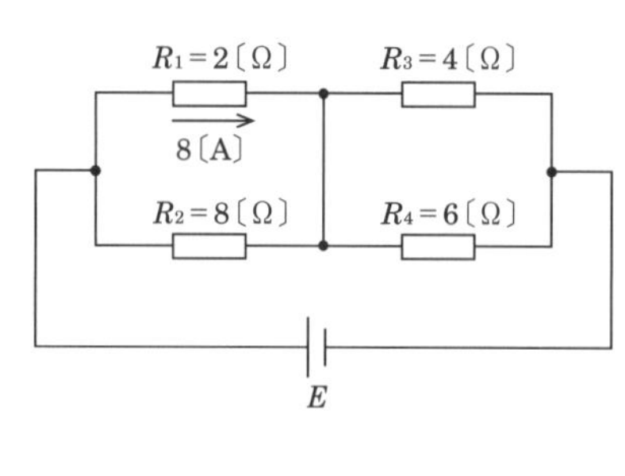

図1－a

22秋 **2** 図1－bに示す回路において、端子a－b間の合成インピーダンスは、[（イ）]オームである。

[① 6　② 15　③ 21]

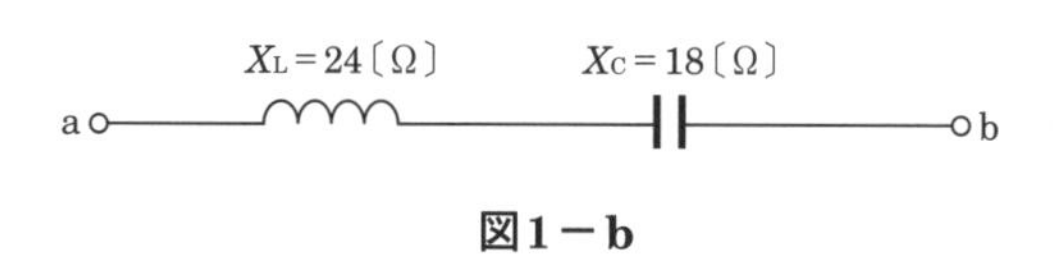

図1－b

3 磁界中に置かれた導体に電流が流れると、電磁力が生ずる。フレミングの左手の法則では、左手の親指、人差し指及び中指をそれぞれ直角にし、親指を電磁力の方向とすると、[（ウ）]の方向となる。

[① 人差し指は磁界、中指は電流　② 人差し指は電流、中指は起電力
③ 人差し指は電流、中指は磁界　④ 人差し指は磁界、中指は起電力]

4 Rオームの抵抗、Lヘンリーのコイル及びCファラドのコンデンサを直列に接続したRLC直列回路のインピーダンスは、共振時に[（エ）]となる。

[① ゼロ　② 最 大　③ 最 小]

類題

(1) 常温付近では金属導体の温度が上昇すると、一般に、その抵抗値は[(a)]。

[① 変わらない ② 減少する ③ 増加する]

(2) 抵抗とコイルの直列回路の両端に交流電圧を加えたとき、流れる電流の位相は、電圧の位相[(b)]。

[① に対して遅れる ② に対して進む
③ と同相である]

(3) LヘンリーのコイルとCファラドのコンデンサを、並列に接続したときの合成インピーダンスは、共振時に[(c)]となる。

[① 最小 ② 最大 ③ ゼロ]

(4) 図1に示すように、直線状の導体に下から上へ向かって直流電流Iを流したとき、図中の導体の点Oの周囲には、点Oを中心とした円周に沿って図の矢印で示す向きに磁界Bが生ずる。これは、[(d)]の法則といわれる。

[① ファラデーの電磁誘導 ② フレミングの右手
③ アンペールの右ねじ]

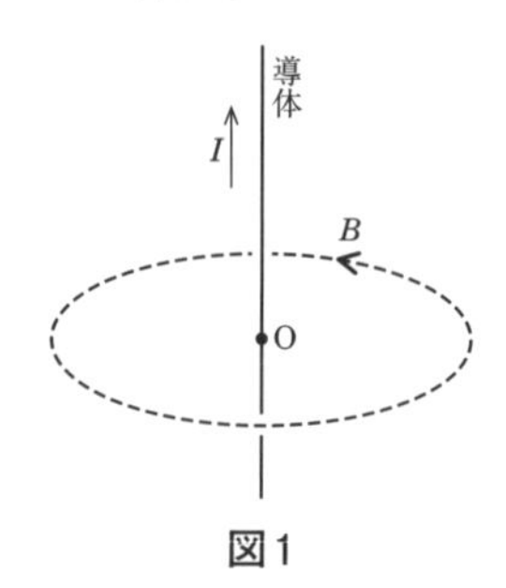

図1

問1-解説

1 抵抗R_1に流れる電流I_1が8〔A〕であるから、R_1にかかる電圧V_1は、

$V_1 = I_1 \times R_1 = 8 \times 2 = 16$〔V〕……①

また、抵抗R_2にかかる電圧V_2も16〔V〕であるから(*)、R_2に流れる電流I_2は、

$$I_2 = \frac{V_2}{R_2} = \frac{16}{8} = 2〔A〕$$

よって、この回路全体に流れる電流Iは、

$I = I_1 + I_2 = 8 + 2 = 10$〔A〕

ここで、抵抗R_3とR_4にかかる電圧をV_{34}〔V〕とすると、次の式が成り立つ。

$$\frac{V_{34}}{R_3} + \frac{V_{34}}{R_4} = 10〔A〕 \rightarrow \frac{V_{34}}{4} + \frac{V_{34}}{6} = 10〔A〕$$

$$\rightarrow \frac{3 \times V_{34} + 2 \times V_{34}}{12} = \frac{120}{12} \rightarrow \frac{5 \times V_{34}}{12} = \frac{120}{12}$$

$$\rightarrow 5 \times V_{34} = 120 \quad \therefore\ V_{34} = 24〔V〕……②$$

したがって、この回路に接続されている電池Eの電圧の値は①+②、すなわち次のようになる。

$V_1 + V_{34} = 16 + 24 =$ **40**〔V〕

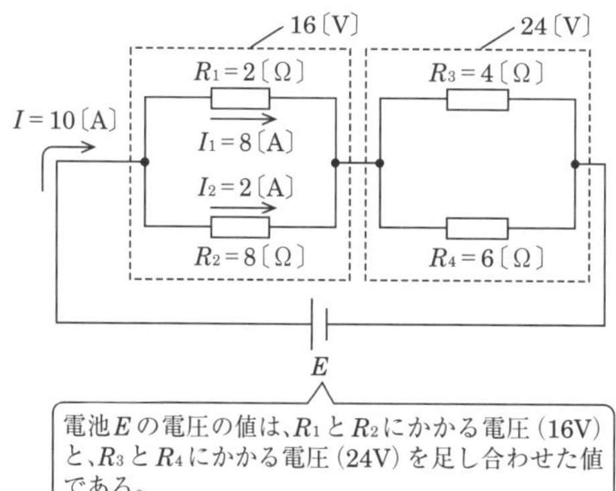

図1－1

(*)抵抗R_1とR_2は並列に接続されているので、それぞれに加わる電圧の値は同じである。

2 設問の回路は、誘導性リアクタンスX_Lと容量性リアクタンスX_Cの直列回路である。この回路において、端子a－b間の合成インピーダンスZは次のように求められる。

$Z = \sqrt{(X_L - X_C)^2} = \sqrt{(24-18)^2} = \sqrt{6^2} =$ **6**〔Ω〕

3 図1－2(a)のように、磁界中(磁石のN極とS極の間)に導体を置いて電流を流すと、導体はある方向に力を受ける。この力を電磁力という。電流の方向を逆方向にすると電磁力が働く方向も逆になる。これら磁界、電流、電磁力の方向には一定の関係があり、この関係を示したものがフレミングの左手の法則である。

図1－2(b)のように、左手の親指、人差し指、中指を互いに直角に開き、親指を電磁力の方向とすると、**人差し指は磁界、中指は電流**の方向となる。

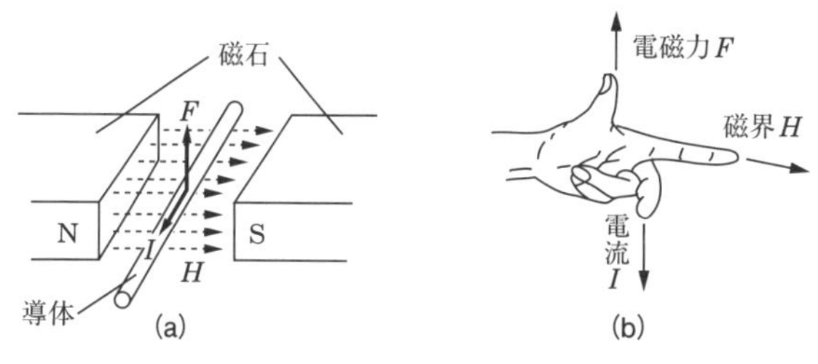

図1－2　電磁力と、フレミングの左手の法則

4 抵抗R〔Ω〕、インダクタンスL〔H〕のコイル、静電容量C〔F〕のコンデンサを直列または並列に接続した回路において、ある周波数の交流電流が流れたとき、誘導性リアクタンスと容量性リアクタンスが互いに打ち消し合って、インピーダンスが抵抗Rのみとなる。この現象を「共振」という。

さて、図1－3のように、抵抗R〔Ω〕とインダクタンスL〔H〕のコイル、および静電容量C〔F〕のコンデンサを直列に接続した回路における合成インピーダンスZ〔Ω〕は、電源の角周波数をω〔rad/s〕とすると、次式で求められる。

$$Z = \sqrt{R^2 + (X_L - X_C)^2} = \sqrt{R^2 + \left(\omega L - \frac{1}{\omega C}\right)^2}〔Ω〕$$

ここで共振状態となる条件は、上式において、$\omega L - \frac{1}{\omega C} = 0$、つまり$\omega L = \frac{1}{\omega C}$のときである。したがって、共振時の合成インピーダンスZは抵抗Rのみとなり($Z = \sqrt{R^2 + 0} = R$〔Ω〕)、**最小**となる。

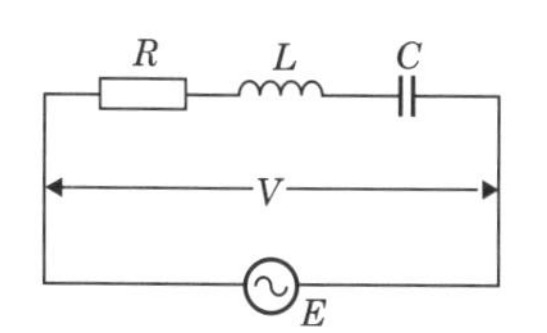

$Z = \sqrt{R^2 + \left(\omega L - \frac{1}{\omega C}\right)^2}$

共振時、インピーダンスは$Z = R$で最小となる。

図1－3　直列共振回路

答	
(ア)	③
(イ)	①
(ウ)	①
(エ)	③

類題の答　(a)③　(b)①　(c)②　(d)③

予想問題

問2

次の各文章の[   ]内に、それぞれの[　]の解答群の中から最も適したものを選び、その番号を記せ。

22秋 **1** 図2－aに示すように、最大指示値が30ミリアンペア、内部抵抗rが5オームの電流計Aに、[(ア)]オームの抵抗Rを並列に接続すると、最大280ミリアンペアの電流Iを測定できる。

[① 0.6　② 0.8　③ 1.0]

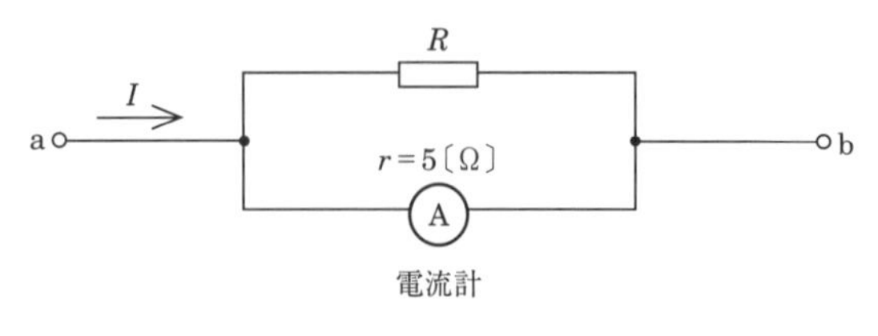

図2－a

21秋 **2** 図2－bに示す回路において、端子a－b間に60ボルトの交流電圧を加えたとき、回路に流れる電流が4アンペアであった。この回路の誘導性リアクタンスX_Lは、[(イ)]オームである。

[① 12　② 15　③ 18]

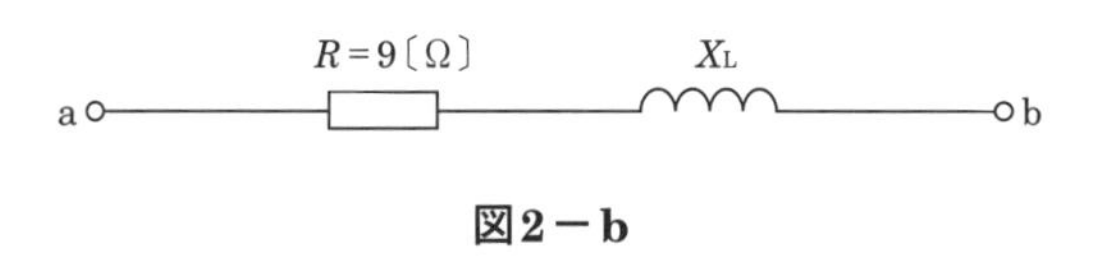

図2－b

22秋 **3** 磁気回路における磁束は、起磁力に比例し、[(ウ)]に反比例する。

[① 磁気ひずみ　② 磁気抵抗　③ 電磁力]

4 断面が円形の導線の長さを9倍にしたとき、導線の抵抗値を変化させないようにするためには、導線の直径を[(エ)]倍にすればよい。

[① $\frac{1}{3}$　② 3　③ 9]

類題

(1) 正弦波でない交流は、一般に、ひずみ波交流といわれ、周波数の異なる幾つかの正弦波交流成分に分解することができる。これらの正弦波交流成分のうち、基本波以外は、[(a)]といわれる。

[① 定在波　② リプル　③ 高調波]

(2) 静電容量の単位であるファラドと同一の単位は、[(b)]である。

[① クーロン／ボルト　② ジュール／クーロン　③ ボルト／アンペア]

(3) 磁気回路において、コイルの巻数とそのコイルに流れる電流との積は、[(c)]といわれる。

[① 電流密度　② 起磁力　③ 磁化力]

(4) コイルのインダクタンスを大きくするには、[(d)]する方法がある。

[① コイルの中心に比透磁率の大きい磁性体を挿入　② 巻線の断面積を小さく　③ 巻線の巻数を少なく]

(5) 導線の抵抗をR、抵抗率をρ、長さをℓ、断面積をAとすると、これらの間には、$R＝$[(e)]の関係がある。

[① $\frac{\ell}{\rho A}$　② $\frac{A}{\rho \ell}$　③ $\frac{\rho \ell}{A}$]

(6) 断面が円形の導線の単位長さ当たりの電気抵抗は、断面の直径を2倍にすると、[(f)]倍になる。

[① $\frac{1}{4}$　② $\frac{1}{2}$　③ 2]

問2-解説

1 最大電流値280〔mA〕の電流Iを測定するには、電流計に30〔mA〕（= 0.03〔A〕）、抵抗Rに250〔mA〕（= 0.25〔A〕）の電流が流れるようにすればよい。そこで題意にあわせて回路図を変形すると、図2－1のようになる。電流計の両端をa、bとして、まず、電流計rに加わる電圧Vを求める。

$V = I_2 r$であるから、それぞれの値を代入すると、

$$V = 0.03 \times 5 = 0.15〔V〕$$

次に、Rの抵抗値を求めると、a－b間の電圧Vが0.15〔V〕、電流I_1が250〔mA〕（= 0.25〔A〕）なので、$R = \frac{V}{I_1}$より、

$$R = \frac{0.15}{0.25} = \mathbf{0.6}〔\Omega〕$$

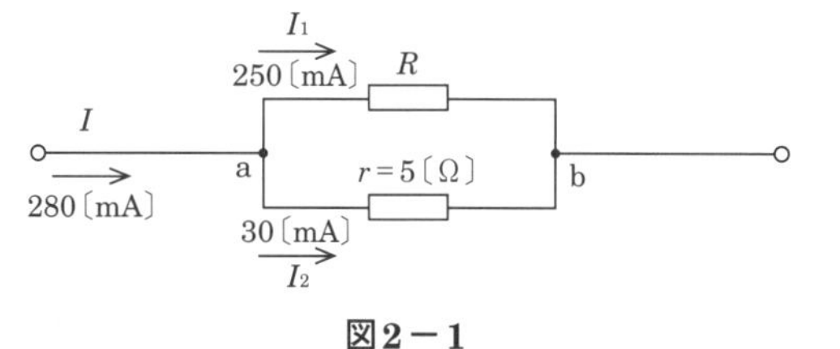

図2－1

2 抵抗Rと誘導性リアクタンスX_Lの直列回路の合成インピーダンスZの大きさは、次式で求められる。

$$Z = \sqrt{R^2 + X_L^2}〔\Omega〕\cdots\cdots①$$

また、設問文より、端子a－b間に60〔V〕の交流電圧Vを加えたとき、回路に流れる電流Iは4〔A〕である。したがって、合成インピーダンスZは、次のようになる。

$$Z = \frac{V}{I} = \frac{60}{4} = 15〔\Omega〕$$

これを①の式に代入してX_Lを求めると、

$$15 = \sqrt{R^2 + X_L^2} \rightarrow 15 = \sqrt{9^2 + X_L^2}$$

$$\rightarrow 15 = \sqrt{81 + X_L^2} \rightarrow 225 = 81 + X_L^2 \rightarrow 225 - 81 = X_L^2 \rightarrow 144 = X_L^2 \qquad \therefore X_L = \mathbf{12}〔\Omega〕$$

3 磁束が通る閉じた回路を磁気回路という。図2－2のように鉄心にコイルをN回巻いて電流I〔A〕を流すと、起磁力NI〔A〕のために磁束Φ〔Wb〕が鉄心中を通って磁気回路が成立する。

この磁気回路の磁気抵抗をRとすると、次のようになる。

$$R = \frac{NI}{\Phi} \qquad \therefore \quad \Phi = \frac{NI}{R}$$

したがって、磁束は、起磁力に比例し、**磁気抵抗**に反比例する。

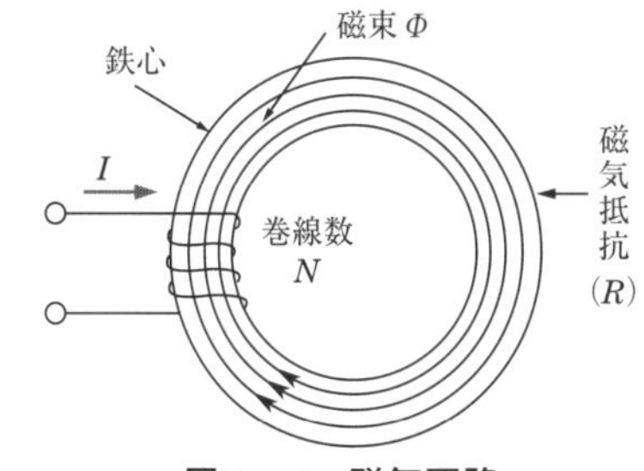

図2－2 磁気回路

4 図2－3の導線において、断面積Aが大きいほど電流が流れやすくなるので抵抗Rは小さくなる（つまり抵抗Rは断面積Aに反比例）。また、長さℓが長いほどその分抵抗は増えるのでRは大きくなる（つまり抵抗Rは長さℓに比例）。したがって、図2－3の導線の抵抗Rは次式で表すことができる。

$$R = \frac{\rho\ell}{A} = \frac{\rho\ell}{\pi\left(\frac{1}{2}D\right)^2} \qquad \left(\begin{array}{ll}\rho：抵抗率 & \ell：長さ \\ A：断面積 & D：直径\end{array}\right)$$

ここで、ℓを9倍にしたとき抵抗Rが変わらないようにするためには、Aを9倍にする必要がある。このとき、断面積Aは直径Dの2乗に比例するので、導線の直径Dは**3**倍にすればよい（3を2乗すると9になる）

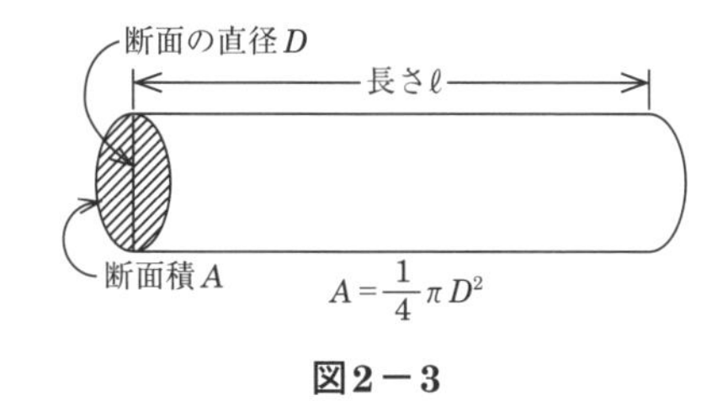

図2－3

答	
(ア)	①
(イ)	①
(ウ)	②
(エ)	②

類題の答 (a)③ (b)① (c)② (d)① (e)③ (f)①

予想問題

問3

次の各文章の［　　］内に、それぞれの［　　］の解答群の中から最も適したものを選び、その番号を記せ。

1 図3－aに示す回路において、端子a－b間の合成抵抗は、［（ア）］オームである。

［① 8　② 9　③ 10］

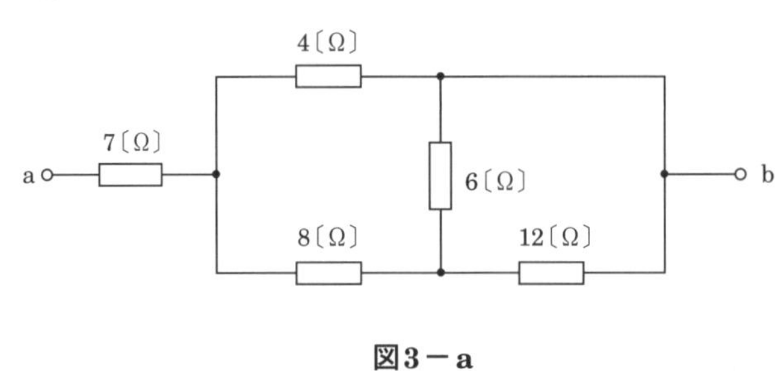

図3－a

22春 **2** 図3－bに示す回路において、回路に2アンペアの交流電流が流れているとき、端子a－b間に現れる電圧は、［（イ）］ボルトである。

［① 15　② 26　③ 34］

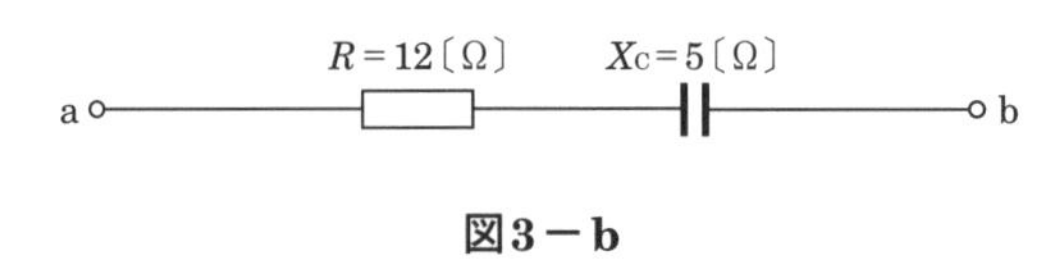

図3－b

21秋 **3** 平行に置かれた2本の直線状の電線に、互いに反対向きに直流電流を流したとき、両電線間には［（ウ）］。

［① 互いに反発し合う力が働く　② 互いに引き合う力が働く
③ 引き合う力も反発し合う力も働かない］

22春 21春 **4** コンデンサに蓄えられる電気量とそのコンデンサの端子間の［（エ）］との比は、静電容量といわれる。

［① 電　圧　② 静電力　③ 電　荷］

類題

(1) 電荷を帯びていない導体球に帯電体を接触させないように近づけたとき、両者の間には［(a)］。

［① 力は働かない　② 引き合う力が働く
③ 反発し合う力が働く］

(2) 平行板コンデンサにおいて、両極板間にVボルトの直流電圧を加えたところ、一方の極板に$+Q$クーロン、他方の極板に$-Q$クーロンの電荷が現れた。このコンデンサの静電容量をCファラドとすると、これらの間には、$Q=$［(b)］の関係がある。

［① $\frac{1}{2}CV$　② CV　③ $2CV$］

(3) Vボルトに充電したCファラドのコンデンサをIアンペアで放電したところ、電圧が低下しt秒で0ボルトになった。したがって、蓄えられていた静電エネルギーは、［(c)］ジュール（ワット秒）である。

［① $\frac{1}{2}CIV$　② $\frac{1}{2}CV^2$　③ CV^2］

(4) 平行電極板で構成されるコンデンサの静電容量を大きくするには、［(d)］する方法がある。

［① 電極板の面積を小さく
② 電極板の間隔を広く
③ 電極板間に誘電率の大きな物質を挿入］

問3-解説

1 設問の回路は、図3－1のように書き換えることができる。それぞれの接続点をc、d、e、fとし、各端子間の合成抵抗を順次求めて、端子a－b間の合成抵抗を求める。

端子d－e間の合成抵抗R_{de}は、

$$R_{de}=\frac{12\times6}{12+6}=\frac{72}{18}=4〔\Omega〕$$

端子c－e間の合成抵抗R_{ce}は、

$$R_{ce}=8+4=12〔\Omega〕$$

端子c－f間の合成抵抗R_{cf}は、

$$R_{cf}=\frac{12\times4}{12+4}=\frac{48}{16}=3〔\Omega〕$$

したがって、端子a－b間の合成抵抗R_{ab}は、

$$R_{ab}=7+3=\mathbf{10}〔\Omega〕$$

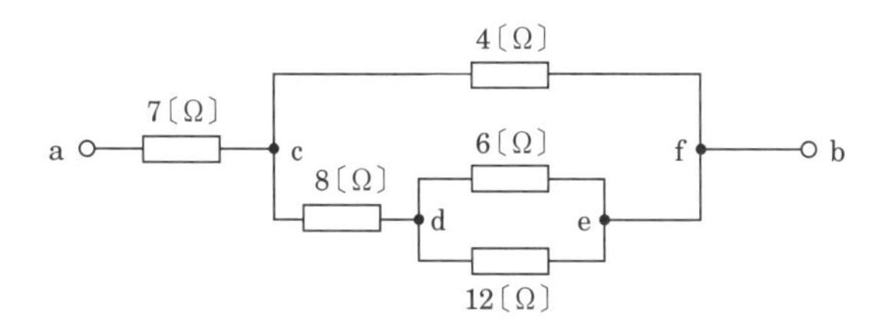

図3－1

2 抵抗Rと容量性リアクタンスX_Cの直列回路の合成インピーダンスZの大きさは、次式で求められる。

$$Z=\sqrt{R^2+X_C{}^2}〔\Omega〕$$

上式に$R=12〔\Omega〕$、$X_C=5〔\Omega〕$を代入してZを求めると、

$$Z=\sqrt{12^2+5^2}=\sqrt{144+25}=\sqrt{169}=\sqrt{13^2}=13〔\Omega〕$$

ここで、端子a－b間に現れる電圧Vは、回路に流れる交流電流をIとすれば、

$$V=IZ〔V〕$$

であるから、$I=2〔A〕$、$Z=13〔\Omega〕$を代入すると次のようになる。

$$V=2\times13=\mathbf{26}〔V〕$$

3 図3－2に示すように、平行に置かれた2本の導体にI_1、I_2の電流がそれぞれ反対方向に流れるとき、下側の導体に流れる電流I_2によって作られる磁界を考える。磁界は右ねじの法則から図3－3のように導体を中心とする同心円を描き、上側導体と直角に交わる。したがって、I_1が流れる上側導体にフレミングの左手の法則に従う上向きの力F_1が働く。以上の現象はI_2についても同じで、電流がI_1と反対方向に流れる下側導体にはF_2の力が下向きに働く。

したがって、上下の2本の導体には、図3－4に示すように**互いに反発し合う力が働く**ことになる。

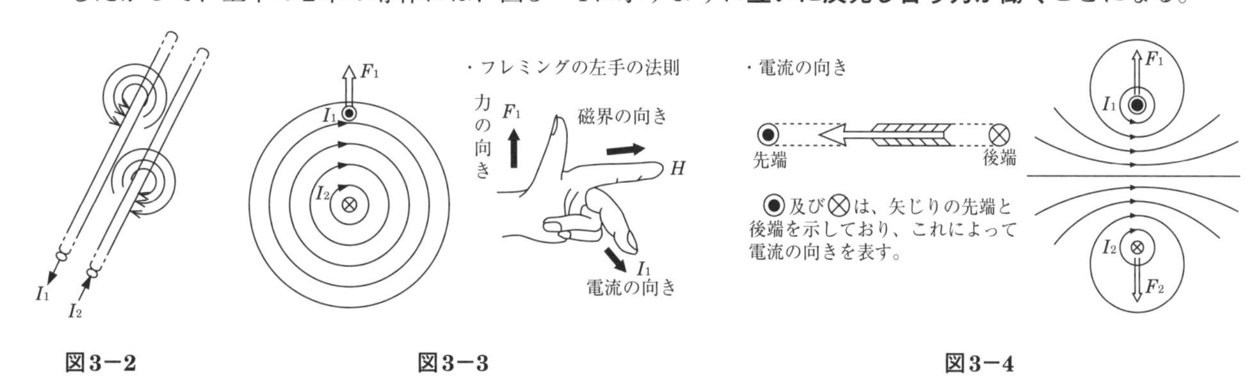

図3－2　**図3－3**　**図3－4**

4 図3－5のように平行板コンデンサの電極A－B間に電圧Vを加えると、電極Aには正電荷、電極Bには負電荷が現れる。この正負の電荷(物体が帯びている電気)は互いに引き合っており、その量は相等しい。その電荷の量をQ〔C〕とすると、Qは電圧Vに比例するので、$Q=CV$の式で表すことができる。

このときの比例定数Cをコンデンサの静電容量といい、単位は〔F〕(ファラド)である。静電容量は、上式($Q=CV$)を変形して$C=\dfrac{Q}{V}$、すなわちコンデンサに蓄えられた電気量とコンデンサの端子間の**電圧**との比で表される。たとえばコンデンサの極板間に1〔V〕の電圧を加えたとき、1〔C〕の電荷が蓄えられたとすると、静電容量は1〔F〕となる。

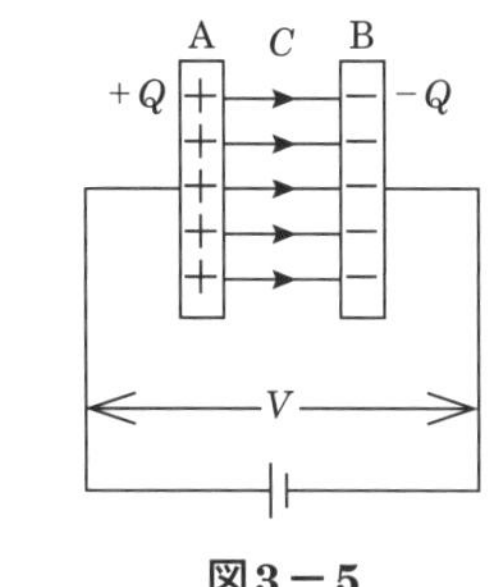

図3－5

答	
(ア)	③
(イ)	②
(ウ)	①
(エ)	①

類題の答　(a)②　(b)②　(c)②　(d)③

基礎 2 電子回路

半導体の原理と性質

●半導体の原理

半導体の原料は一般に、シリコン(Si)、ゲルマニウム(Ge)などが使用されている。これらの素子のうち、真性半導体(純度が高い半導体)は絶縁体に近い性質を持つが、これに不純物を加えると、自由電子または正孔(ホール)が生じ、これがキャリアとなって電流を流す働きをする。この場合、自由電子を多数キャリアとする半導体をn形半導体、正孔を多数キャリアとする半導体をp形半導体という。

●半導体の性質

①負の温度係数

金属等の導体は温度が上昇すると抵抗値も増加する。これに対し半導体は、温度が上昇すると抵抗値が減少する負の温度係数を持っている。

②整流効果

異種の半導体を接合すると、電圧をかける方向により導通したり非導通になる。これを整流効果という。

③光電効果

半導体には、光の変化に反応して抵抗値が変化する性質がある。これを光電効果という。

④熱電効果

異種の半導体を接合し、その接合面の温度が変化すると電流が発生する。この性質を熱電効果という。

ダイオード

●ダイオードの整流作用

p形とn形の半導体を接合させた半導体をpn接合半導体といい、その両端に電極を接続した素子をダイオードという。ダイオードではp形電極をアノード、n形電極をカソードといい、アノードに正電圧を加えると電流が流れるから、これを順方向という。逆にカソードに正電圧を加えると電流が流れないので、この向きを逆方向という。

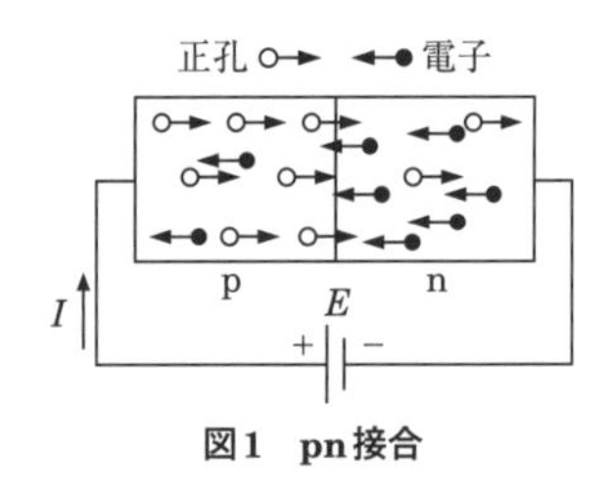

図1　pn接合

①順方向電圧をかけた場合

図1のように順方向に電圧を加えると、正孔は接合面を越えて電池の負電極へ流れ、自由電子は逆に正電圧に引かれて電池の正電極に流れるので、結果として電流が流れる。

②逆方向電圧をかけた場合

図1において電池の向きを逆にした場合、p形内の正孔はp形に接続された負電極に引き寄せられ、n形内にある自由電子はn形に接続された正電極に引き寄せられ電流は流れない。

●波形整形回路

波形整形回路は振幅操作回路とも呼ばれ、入力波形の一部を切り取る回路であり、その回路構成には直列形と並列形がある。ここでは直列形についてその考え方を示す。

①アノード側の電圧がカソード側の電圧 $+E$ を上回ったときのみ入力波形が出力側に現れる。

②アノード側の電圧がカソード側の電圧 $-E$ を上回ったときのみ出力側に現れる。

③カソード側の電圧がアノード側の電圧 $+E$ を下回ったときのみ出力側に現れる。

④カソード側の電圧がアノード側の電圧 $-E$ を下回ったときのみ出力側に現れる。

表1　波形整形回路と出力波形

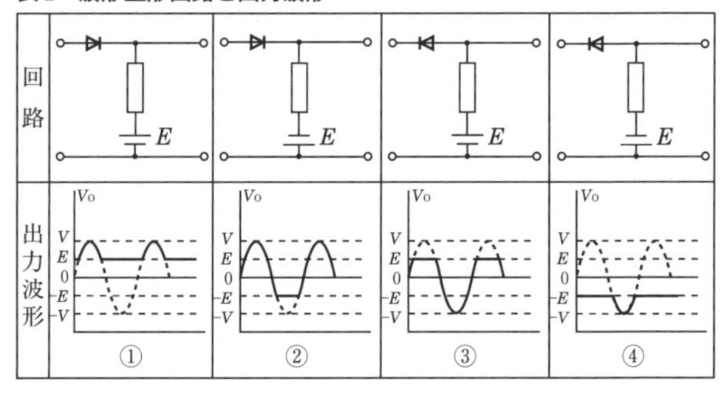

●その他のダイオード

①定電圧ダイオード

ツェナーダイオードともいい、これに逆方向電圧を加えた場合、ある点を超えると急激に電流が流れ出す。

この電圧を降伏電圧といい、常に一定電圧を保つことから定電圧回路などに使用される。

②発光ダイオード(LED)

発光ダイオードは、pn接合ダイオードに順方向の電流を流すと、電圧がある値以上に達したとき電気エネルギーを光エネルギーに変換して、光を発する特性を示す。Light Emitting Diodeの頭文字をとって、LEDとも呼ばれる。

トランジスタ

●トランジスタの動作原理

①トランジスタの種類と動作原理

トランジスタの構造は、p形とn形の半導体をサンドイッチ状に接合したもので、接合の違いによりpnp形とnpn形の2種類がある。

トランジスタの動作原理をnpn形を例にして説明する。ベースとエミッタのみについて注目すると、pn接合であるから、ベース(p形)に正の電圧、エミッタ(n形)に負の電圧を加えると順方向電圧となりベース電流が流れる。ベース電流が流れるということは、空乏層と呼ばれる障壁が消滅し、コレクタとエミッタ間に高い電圧を加えるとコレクタ電流が流れる。

②トランジスタの電流

エミッタ電流をI_E、ベース電流をI_B、コレクタ電流をI_Cとすると、これらの間には次の関係がある。

$$I_E = I_B + I_C$$

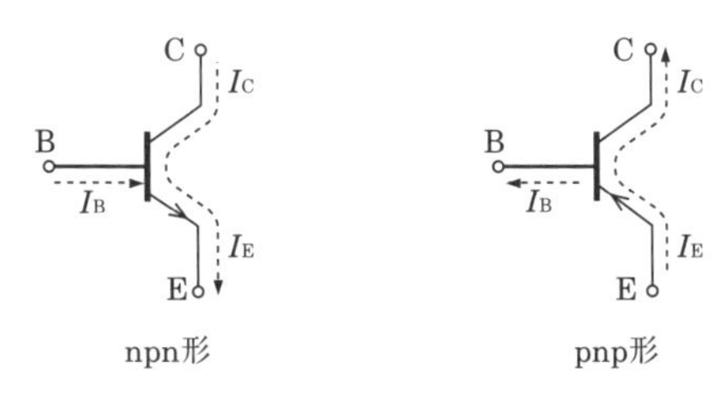

図2　トランジスタの図記号と電流の方向

●トランジスタの接地方式と電流増幅率

トランジスタは1つの電極を入出力共通の端子とする必要がある。この共通端子の選び方によりベース接地、エミッタ接地、コレクタ接地の3種類の接地方式がある。

①ベース接地

入力インピーダンスが低く、出力インピーダンスが高い特徴があり、周波数特性が最も良いので、高周波増幅回路として利用される。

②エミッタ接地

3つの接地方式の中で電力利得が最も大きく、入力インピーダンスも出力インピーダンスも同程度の値であるから、多段接続の際のインピーダンス整合の必要がなく、低周波増幅回路として最も多く使用される。この回路は入力電圧と出力電圧の位相が逆位相となる。

③コレクタ接地

ベース接地とは逆に、入力インピーダンスが高く、出力インピーダンスが低いので、エミッタホロワ増幅器として使用される。エミッタホロワは電力利得は最も低いが、出力インピーダンスが低いので電圧よりも電流を必要とする回路に使用される。

●トランジスタ増幅回路の原理

トランジスタの増幅回路は、一般に図3のようなエミッタ接地が用いられる。入力側にベースバイアス電圧V_{BB}(直流電圧)と入力信号v_i(交流電圧)を加えると、出力側にコレクタ電流I_C(直流電流)と入力信号に応じて大きく変化する出力電流i_C(交流電流)が得られることにより増幅を行う。この回路を構成するバイアス電圧V_{BB}、負荷抵抗R_L、コンデンサCの役割は以下のとおりである。

①バイアス電圧V_{BB}

入力端子に入力信号v_iのみを与えた場合、ベース－エミッタ間はpn接合のダイオードと同じであるから、入力信号は半波整流され正しく入力されない。そこで、常にベース電圧が正となるようにベースバイアス電圧V_{BB}を与えておくと、ベース－エミッタ電圧V_{BE}は脈流となるからベース電流I_B、コレクタ電流I_Cも次式のような脈流となる。

$$V_{BE} = V_{BB} + v_i$$
$$I_B = I_{BB} + i_B$$
$$I_C = I_{CC} + i_C$$

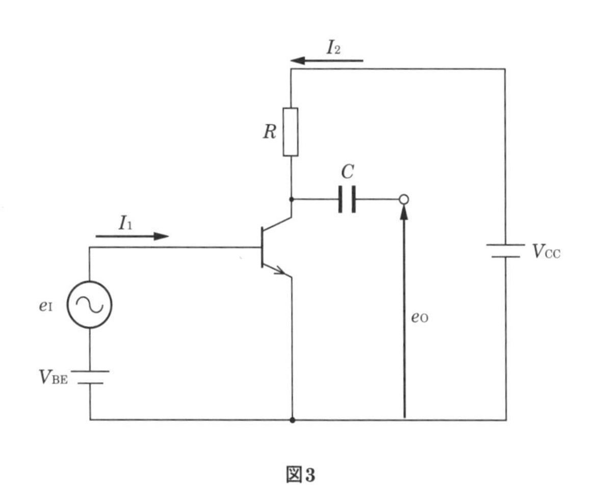

図3

②負荷抵抗R_L

増幅されたコレクタ電流I_Cを出力電圧信号として取り出すために、負荷抵抗R_Lを接続すると、コレクタ－エミッタ電圧V_{CE}は次のようになる。

$$V_{CE} = V_{CC} - V_R = V_{CC} - I_C R_L = V_{CC} - I_{CC} R_L - i_C R_L$$

③コンデンサC

図中のコンデンサCを結合コンデンサといい、直流信号成分を阻止し交流信号成分のみを取り出す。したがって出力信号電圧V_{CE}は次のようになる。

$$V_{CE} = -i_C R_L$$

その他の半導体素子

●サーミスタ

温度変化に対して著しく抵抗値が変化する半導体であり、負の温度特性を持っているので、温度センサーや電子回路の温度補償などに使われる。

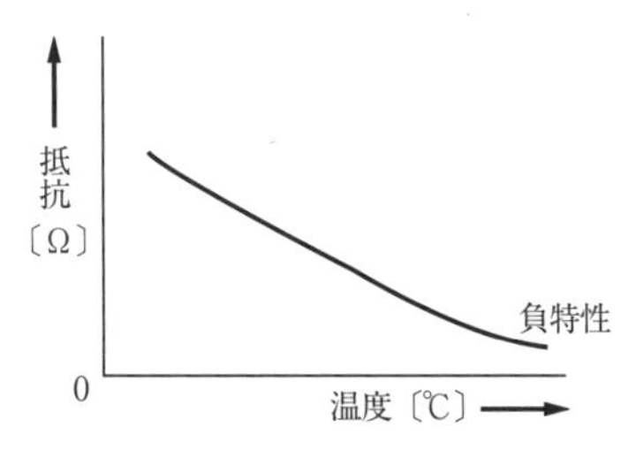

図4　サーミスタの温度特性

●バリスタ

pn接合の順方向特性を双方向に持つ素子で、その電圧－電流特性は点対称になっており、電圧がある値を超えると急激に電流が流れ出す性質を有している。

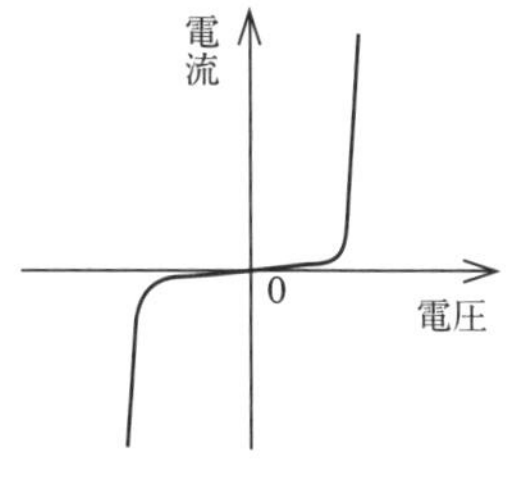

図5　バリスタの電流－電圧特性

次の各文章の[　　　]内に、それぞれの[　　]の解答群の中から最も適したものを選び、その番号を記せ。　(小計20点)

(1) p形半導体において、正孔を生成するために加えられた3価の不純物は、[(ア)]といわれる。(4点)
[① ドナー　② キャリア　③ アクセプタ]

(2) LEDは、pn接合ダイオードに[(イ)]を加えて発光させる半導体光素子である。　(4点)
[① 逆方向の電圧　② 順方向の電圧　③ 磁　界]

(3) 図1に示すトランジスタ回路の接地方式は、[(ウ)]接地である。　(4点)
[① エミッタ　② ベース　③ コレクタ]

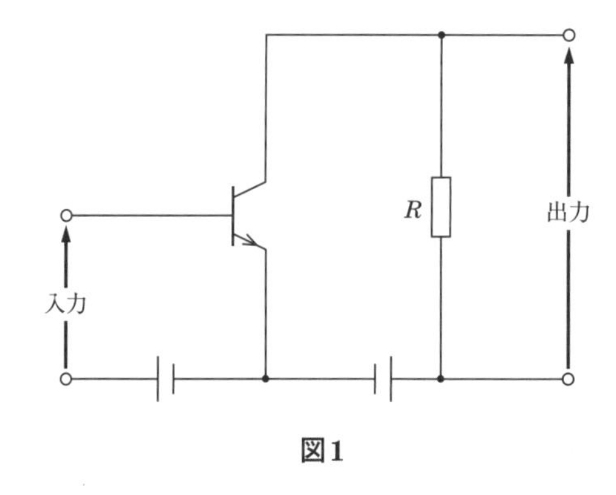

図1

(4) 加えられた電圧がある値を超えると急激に抵抗値が低下する非直線性の特性を利用し、サージ電圧から回路を保護するためのバイパス回路などに用いられる半導体素子は、[(エ)]といわれる。　(4点)
[① サーミスタ　② 定電流ダイオード　③ バリスタ]

(5) トランジスタ回路において、ベース電流が30マイクロアンペア、エミッタ電流が2.50ミリアンペアのとき、コレクタ電流は[(オ)]ミリアンペアである。　(4点)
[① 2.47　② 2.53　③ 2.80]

解　説

(1) 4価の原子の純粋な結晶である真性半導体に不純物を加えると、結晶中の電子に過不足が生じ、その結果キャリアが発生し、電気伝導に寄与する。真性半導体に3価の価電子を持つインジウムなどの不純物を加えた場合は、正孔が多数キャリアであるp(positive)形半導体となる。また、5価の価電子を持つリンなどの不純物を加えた場合は、自由電子が多数キャリアであるn(negative)形半導体となる。なお、p形半導体の不純物は、「価電子を受け取る者」という意味で**アクセプタ**(acceptor)と呼ばれ、n形半導体の不純物は、「価電子の提供者」という意味でドナー(donor)と呼ばれている。

表1　半導体のキャリア

	p形半導体	n形半導体
多数キャリア	正　孔	自由電子
少数キャリア	自由電子	正　孔

(2) 光ファイバ通信システムでは、システムの入口および出口で電気信号と光信号を相互変換する必要があり、その変換に半導体光素子(発光素子、受光素子)が用いられている。

発光ダイオード(LED：Light Emitting Diode)は、光ファイバ通信システムの入口で電気信号を光信号に変換する発光素子である。これはp形半導体とn形半導体の間に極めて薄い活性層を挟(はさ)み、境界をヘテロ接合(せつごう)(組成が異なる2種類の半導体間での接合状態)した構造になっており、**順方向の電圧**を加えると、pn接合面から光を発する。この光は、n形層からの自由電子とp形層からの正孔が活性層で再結合するときに発生するエネルギーに相当するものである。

(3) 一般に、電子回路は入力側が2端子、出力側が2端子の計4端子で扱われる。トランジスタの電極は3つあるので、4端子回路とするためには、このうちの電極の1つを入力側と出力側の共通端子とする必要がある。この共通端子の選び方により、表2に示すようにベース接地、エミッタ接地、コレクタ接地の3種類の接地方式に大別される。設問の図1は、共通端子がエミッタであることから、**エミッタ**接地方式である。エミッタ接地方式は、電力利得(電力増幅作用)が大きいので増幅回路に多く用いられている。

表2　接地方式

		ベース接地	エミッタ接地	コレクタ接地
回路図	npn	入力　R_L　出力	入力　R_L　出力	入力　R_L　出力
	pnp	入力　R_L　出力	入力　R_L　出力	入力　R_L　出力

【補足説明】

トランジスタの構造は、p形とn形の半導体を交互に三層に接合したもので、接合の違いにより、npn形とpnp形の2種類がある。いずれも電極は3つあり、中間層の電極をベース、他の電極をそれぞれコレクタ、エミッタと呼ぶ。

トランジスタの図記号では、エミッタの矢印の方向でnpn形かpnp形かを区別する。矢印の方向は電流が流れる方向を示し、矢印が外側を向いている場合はnpn形、矢印が内側を向いている場合はpnp形となる。設問の図1は、矢印が外側を向いているのでnpn形である。

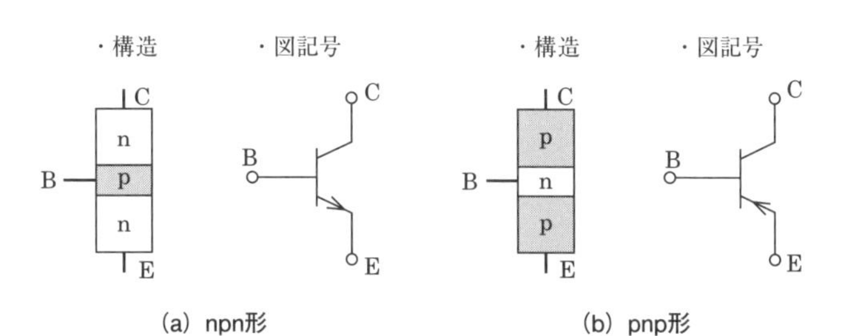

B：ベース (Base)
C：コレクタ (Collector)
E：エミッタ (Emitter)

図2　トランジスタの構造と図記号

(4) 図3に示すように**バリスタ**は、電圧−電流特性が原点に対して対称となっており、加えられた電圧が低いときは高抵抗で電流が流れにくいが、電圧がある値を超えると急激に抵抗値が下がり電流が流れ出す性質を持っている。この特性を利用して、電話機回路中の電気的衝撃音防止回路や、送話レベル、受話レベルの自動調整回路などに使用されている。

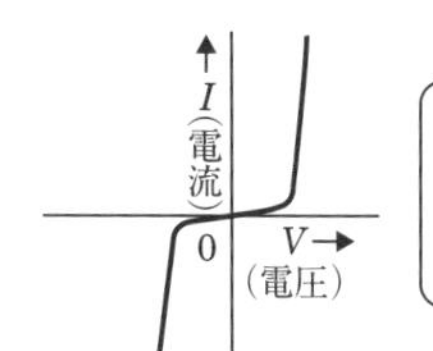

バリスタの電圧−電流特性は点対称である。バリスタは、過電圧の抑制や雑音の吸収を行う回路に用いられる。

図3　バリスタの電圧―電流特性

答	
(ア)	③
(イ)	②
(ウ)	①
(エ)	③
(オ)	①

(5) トランジスタにおけるエミッタ電流I_E、ベース電流I_B、コレクタ電流I_Cの間には次の関係がある。

$$I_E = I_B + I_C$$

上式に$I_E = 2.50$〔mA〕、$I_B = 30$〔μA〕$= 0.03$〔mA〕を代入してI_Cを求めると、次のようになる。

$$I_C = I_E - I_B = 2.50 - 0.03 = \mathbf{2.47}\text{〔mA〕}$$　(参考：1〔mA〕= 1,000〔μA〕)

次の各文章の□内に、それぞれの[　]の解答群の中から最も適したものを選び、その番号を記せ。
（小計20点）

(1) p形半導体のキャリアについて述べた次の記述のうち、正しいものは、（ア）である。（4点）

[① 正孔の数は自由電子の数より多い。　② 自由電子の数は正孔の数より多い。
③ 正孔の数と自由電子の数は同数である。]

(2) pn接合ダイオードに光を照射すると光の強さに応じた電流が流れる現象である光電効果を利用して、光信号を電気信号に変換する機能を持つ半導体素子は、一般に、（イ）といわれる。（4点）

[① 発光ダイオード　② 可変容量ダイオード　③ フォトダイオード]

(3) 図1に示すトランジスタ回路の接地方式は、（ウ）接地である。（4点）

[① ベース　② エミッタ　③ コレクタ]

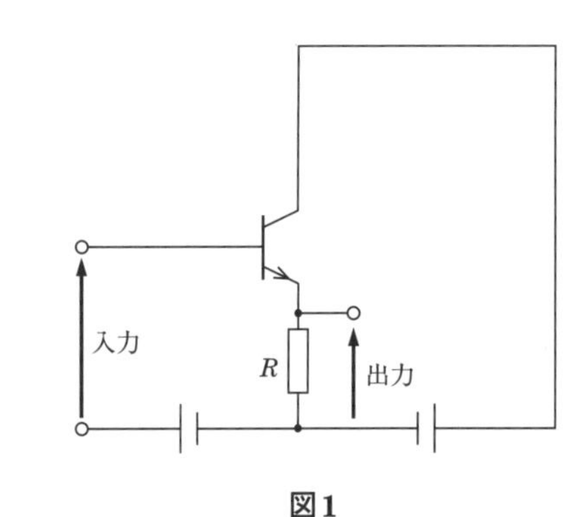

図1

(4) 半導体メモリのうち、記憶内容の保持のために繰り返し再書き込みを行う必要のあるメモリは、（エ）である。（4点）

[① DRAM　② ROM　③ ASIC]

(5) トランジスタ回路において、ベース電流が50マイクロアンペア、コレクタ電流が2.76ミリアンペアのとき、エミッタ電流は（オ）ミリアンペアである。（4点）

[① 2.71　② 2.81　③ 3.26]

解説

(1) 電荷をもっていて、それが移動することにより電流を流す働きをするものをキャリアという。半導体は、電気伝導にかかわるキャリアの違いにより、p(positive)形半導体とn(negative)形半導体に大別される。

表1 半導体のキャリア

	p形半導体	n形半導体
多数キャリア	正　孔	自由電子
少数キャリア	自由電子	正　孔

表1に示すようにp形半導体の多数キャリアは正孔、少数キャリアは自由電子である。つまり、p形半導体において、**正孔の数は自由電子の数より多い**。一方、n形半導体の多数キャリアは自由電子、少数キャリアは正孔であり、正孔の数は自由電子の数より少ない。

(2) p形の半導体結晶とn形の半導体結晶を接合(せつごう)させたものをpn接合という。**フォトダイオード**は、pn接合ダイオードに光を当てると電流が流れる光電効果を利用して、光信号を電気信号に変える半導体素子である。pn接合にn形側を高く、p形側を低くした逆方向電圧を加えておき、接合面に光を照射すると光の強さに応じた電流が流れる。

(3) 一般に、電子回路は入力側が2端子、出力側が2端子の計4端子で扱われる。トランジスタの電極は3つあるので、4端子回路とするためには、このうちの電極の1つを入力側と出力側の共通端子とする必要がある。この共通端子の選び方により、ベース接地、エミッタ接地、コレクタ接地の3種類の接地方式がある。設問の図1は、共通端子がコレクタであることから、**コレクタ**接地方式である。コレクタ接地方式は、入力インピーダンスが高く出力インピーダンスが低いので、高インピーダンスから低インピーダンスへのインピーダンス変換に使用されている。

(4) 半導体メモリはデータの記憶を行う装置であり、電源をOFFにするとメモリの内容が消去されてしまうRAM(Random Access Memory)と、電源をOFFにしてもメモリの内容が消去されないROM(Read Only Memory)の2種類に大別される。

一般に、RAMは揮発性メモリ、ROMは不揮発性メモリと呼ばれている。このうちRAMは、読み出し専用のROMとは異なり、随時読み書きが可能であり、記憶保持動作が不要なSRAM(Static RAM)と、記憶保持動作が必要な**DRAM**(Dynamic RAM)に分類される。DRAMは、メモリセルの構造上、電源がONのときでも一定時間経過するとデータが消失してしまうため、データの消失前に一定時間ごとに再書き込みを行う必要がある。この再書き込み動作をリフレッシュという。

(5) トランジスタにおけるエミッタ電流I_E、ベース電流I_B、コレクタ電流I_Cの間には次の関係がある。

$$I_E = I_B + I_C$$

上式に$I_B = 50$〔μA〕= 0.05〔mA〕、$I_C = 2.76$〔mA〕を代入してI_Eを求めると、次のようになる。

$$I_E = I_B + I_C = 0.05 + 2.76 = \mathbf{2.81}\text{〔mA〕}$$　(参考：1〔mA〕= 1,000〔μA〕)

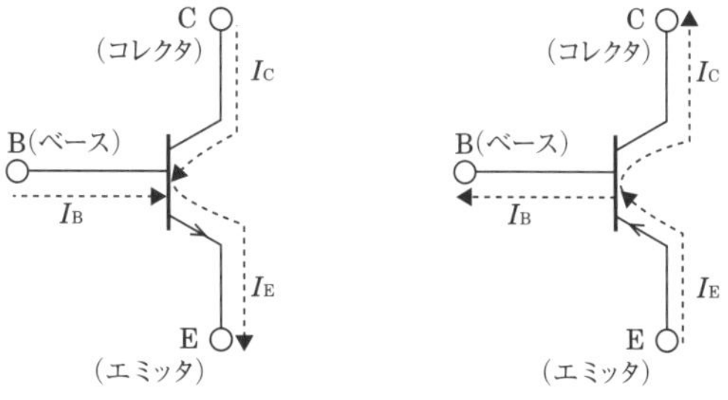

(a) npn 形　(b) pnp 形

図2 電流の関係

答
(ア)	①
(イ)	③
(ウ)	③
(エ)	①
(オ)	②

予想問題

問1

次の各文章の［　　］内に、それぞれの[　　]の解答群の中から最も適したものを選び、その番号を記せ。

21春 **1** 純粋な半導体の結晶内に不純物原子が加わると、（ア）結合を行う結晶中の電子に過不足が生ずることによりキャリアが発生し、導電性が高まる。
[① 共　有　② イオン　③ 誘　導]

21秋 **2** 図1－aに示すトランジスタ増幅回路において、正弦波の入力信号電圧V_Iに対する出力電圧V_{CE}は、この回路の動作点を中心に変化し、コレクタ電流I_Cが（イ）のとき、V_{CE}は最小となる。
[① 最　小　② ゼロ　③ 最　大]

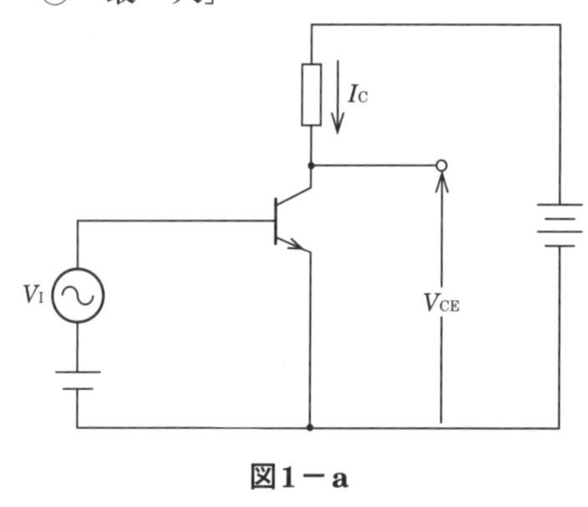

図1－a

3 半導体の集積回路(IC)は、回路に用いられるトランジスタの動作原理から、バイポーラ型とユニポーラ型に大別され、ユニポーラ型のICの代表的なものに（ウ）ICがある。
[① アナログ　② MOS型　③ プレーナ型]

21秋 **4** ツェナーダイオードは、逆方向電圧がある値を超えると逆方向電流が急激に増大する降伏現象を利用した素子であり、（エ）ダイオードともいわれる。
[① 定電圧　② 定電流　③ スイッチング]

22秋 **5** トランジスタ回路において、ベース電流が30マイクロアンペア、エミッタ電流が2.62ミリアンペアのとき、コレクタ電流は（オ）ミリアンペアである。
[① 2.32　② 2.59　③ 2.65]

類題

(1) 半導体には電気伝導に寄与する多数キャリアの違いによりp形とn形があり、このうちn形の半導体における多数キャリアは、(a)である。
[① 自由電子　② イオン　③ 正孔]

(2) 半導体のpn接合に外部から逆方向電圧を加えると、p形領域の多数キャリアである正孔は電源の負極に引かれ、(b)が広がる。
[① 荷電子帯　② 空乏層　③ n形領域]

(3) 半導体メモリは揮発性メモリと不揮発性メモリに大別され、揮発性メモリの一つに(c)がある。
[① フラッシュメモリ　② EPROM　③ DRAM]

(4) 図1に示すトランジスタ回路において、ベース電流I_Bの変化に伴って、コレクタ電流I_Cが大きく変化する現象は、トランジスタの(d)作用といわれる。
[① なだれ増倍　② 増幅　③ スイッチング]

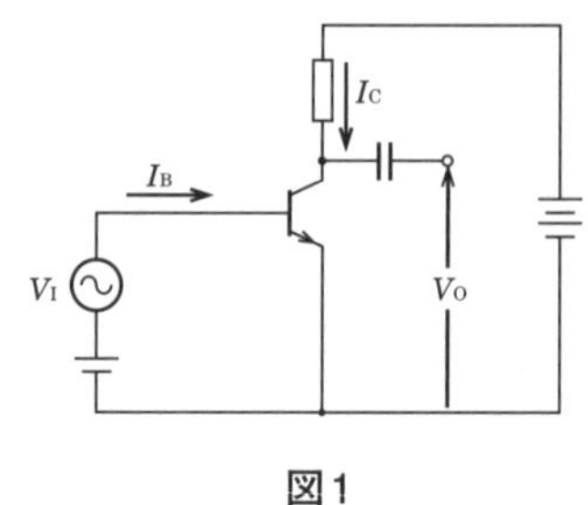

図1

問1-解説

1 原子は、中心部の原子核と、原子核を周回する電子で形成されている。電子は原子核のまわりをさまざまな軌道で周回しているが、このうち最も外側の軌道を周回する電子を「価電子」という。

価電子は、図1－1のように隣接する原子どうしで共有結合されている(この状態では、自由に動き回る自由電子がないため絶縁体となる)。ここで、4価の価電子を持つシリコン(Si)の純粋な結晶中に、3価の価電子を持つインジウム(In)などの不純物を混ぜると、電子が1個不足し共有結合ができないので正孔(ホール)ができる。この正孔が電気伝導に寄与する半導体をp形半導体という。

これとは逆に、シリコン(Si)の純粋な結晶中に、5価の価電子を持つリン(P)などの不純物を混ぜると、共有結合ができない電子が1個余る。これは過剰電子となり、常温で完全に自由化する。この自由電子が電気伝導に寄与する半導体をn形半導体という。

このように、純粋な半導体の結晶中に不純物が加わると、**共有**結合を行う結晶中の電子に過不足が生じる。これによりキャリア(電気伝導にかかわる電荷)が発生し、導電性が高まる。

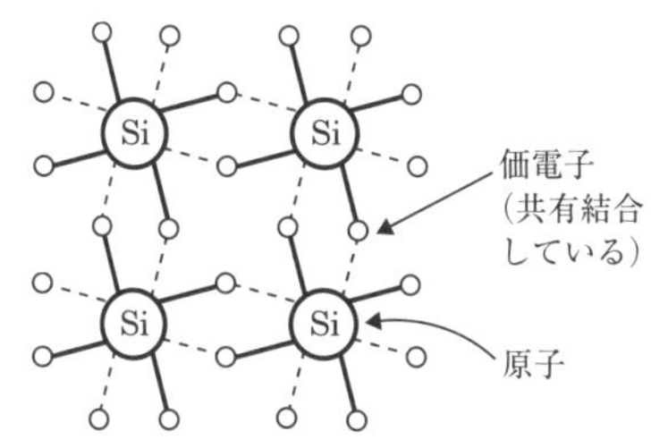

図1－1 価電子と共有結合

2 図1－2は、$I_C - V_{CE}$特性(出力特性)として負荷線のみを示した簡略図である。負荷線とは、トランジスタに負荷抵抗を接続したときのコレクタ電流I_Cとコレクタ－エミッタ電圧V_{CE}の関係を示した直線のことをいい、$I_C - V_{CE}$特性曲線上に引く。ここで、コレクタ側の直流バイアスをV_{CC}、負荷抵抗をRとすると、I_CおよびV_{CE}は、それぞれI_C(直流分)、V_{CE}($= V_{CC} - R \cdot I_C$)を中心として変化し、両者の交点がこの回路の動作点Pに相当する。

図1－2から、I_Cが**最大**のときは抵抗Rによる電圧降下($R \cdot I_C$)も最大となるので、V_{CE}は最小となる。

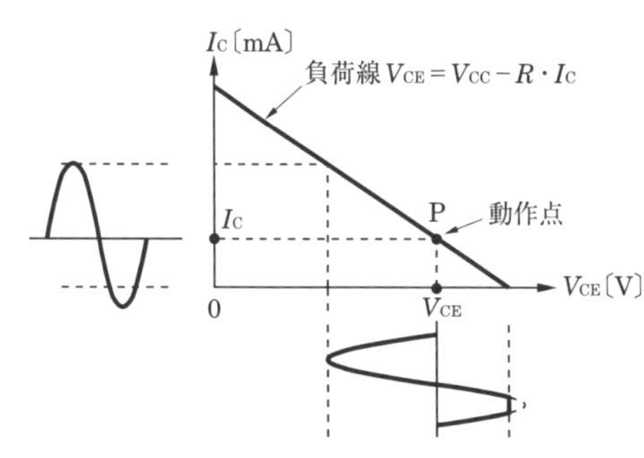

図1－2 出力特性の簡略図

3 半導体の集積回路(IC：Integrated Circuit)は、回路に使用されるトランジスタの動作原理から、バイポーラ型とユニポーラ型に大きく分けることができる。

バイポーラ(bi-polar)は、「2つの極」という意味であり、自由電子と正孔という2極性のキャリアで動作することから付けられた名前である。これに対しユニポーラ(uni-polar)は、「1つの極」という意味であり、動作に寄与するキャリアに自由電子または正孔のどちらか一方のみを使用するので、このように呼ばれている。ユニポーラ型のICとしては、半導体の表面に酸化膜を付け、その上に金属を配置した**MOS**(Metal Oxide Semiconductor：金属酸化膜半導体)**型**ICが多く用いられている。MOS型ICは、消費電力が比較的少ないという特徴を持つ。

4 ツェナーダイオードは、逆方向に加えた電圧を徐々に高くしていったとき、ある電圧(これを降伏電圧という)を超えると急激に電流が増大するが、加える電圧が変化しても広い電流範囲でダイオードの両端の電圧を一定にする働きを持つ。つまり、逆方向電圧の定電圧特性を持つ半導体である。このため、**定電圧**ダイオードと呼ばれている。

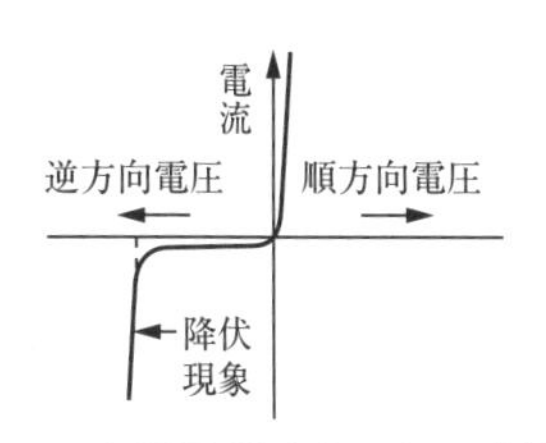

図1－3 定電圧ダイオードの降伏現象

5 トランジスタにおけるエミッタ電流I_E、ベース電流I_B、コレクタ電流I_Cの間には次の関係がある。

$$I_E = I_B + I_C$$

上式に$I_E = 2.62$〔mA〕、$I_B = 30$〔μA〕$= 0.03$〔mA〕を代入してI_Cを求めると、次のようになる。

$$I_C = I_E - I_B = 2.62 - 0.03 = \mathbf{2.59}\text{〔mA〕}$$ (参考：1〔mA〕= 1,000〔μA〕)

答	
(ア)	①
(イ)	③
(ウ)	②
(エ)	①
(オ)	②

類題の答 (a)① (b)② (c)③ (d)②

予想問題

問2

次の各文章の［　　］内に、それぞれの［　　］の解答群の中から最も適したものを選び、その番号を記せ。

21秋 **1** 電子デバイスに使われている半導体には、p形とn形がある。p形半導体で、通電時に電荷を運ぶ主なものは［（ア）］である。

［① 正 孔　② 自由電子　③ イオン］

21春 **2** 図2－aに示すトランジスタスイッチング回路において、I_Bを十分大きくすると、トランジスタの動作は［（イ）］領域に入り、出力電圧V_Oは、ほぼゼロとなる。このようなトランジスタの状態は、スイッチがオンの状態と対応させることができる。

［① 遮 断　② 飽 和　③ 降 伏］

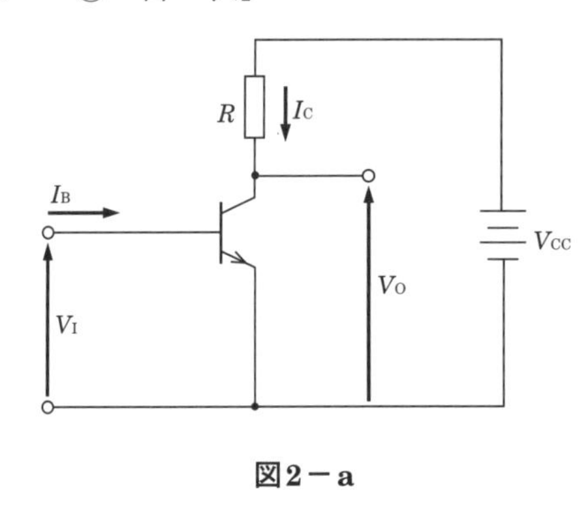

図2－a

22秋 21春 **3** 可変容量ダイオードは、コンデンサの働きを持つ半導体素子であり、pn接合ダイオードに加える［（ウ）］電圧の大きさを変化させることにより、静電容量が変化することを利用している。

［① 低周波　② 高周波　③ 順方向　④ 逆方向］

21秋 **4** ベース接地のトランジスタ回路において、コレクタ－ベース間の電圧V_{CB}を一定にして、エミッタ電流を2ミリアンペア変化させたところ、コレクタ電流が1.96ミリアンペア変化した。このトランジスタ回路の電流増幅率は［（エ）］である。

［① 0.04　② 0.98　③ 49］

22春 **5** トランジスタ回路の三つの接地方式のうち、入出力電流がほぼ等しくなるものは、［（オ）］接地方式である。

［① エミッタ　② ベース　③ コレクタ］

類題

(1) n形半導体において、［(a)］を生成するために加えられた5価の不純物はドナーといわれる。

［① 正孔　② 自由電子　③ 価電子］

(2) pn接合の半導体は、［(b)］領域側に正の電圧を加えたときに電流が流れ、負の電圧を加えたときに電流が流れにくくなる整流作用を有している。

［① p形　② n形　③ 真性］

(3) トランジスタ回路を接地方式により分類したとき、電力増幅度が最も大きく、入力電圧と出力電圧が逆位相となるのは、［(c)］接地方式である。

［① エミッタ　② ベース　③ コレクタ］

(4) 電話機の衝撃性雑音の吸収回路などに用いられる［(d)］は、加えられた電圧がある値を超えると、その抵抗値が急激に低下して電流が増大する非直線性を持つ素子である。

［① バリスタ　② バリキャップ　③ PINダイオード］

(5) フォトダイオードは、pn接合ダイオードに光を照射すると光の強さに応じた電流が流れる現象である［(e)］効果を利用して、光信号を電気信号に変換する機能を持つ半導体素子である。

［① 圧電　② ミラー　③ 光電］

問2-解説

1 半導体は、電気伝導にかかわる電荷(キャリア)によって、p形半導体とn形半導体に大別される。また、半導体中に多数存在するキャリアを多数キャリアといい、わずかながら存在するキャリアを少数キャリアという。p形半導体の多数キャリアは**正孔**、少数キャリアは自由電子である。一方、n形半導体の多数キャリアは自由電子、少数キャリアは正孔である。

2 設問の図2－aのトランジスタ回路において、I_Bを大きくしていくとI_Cも増加していくが、あるところまでいくとI_Cはそれ以上増加しなくなる。この状態を**飽和**という。抵抗Rの両端に発生する電圧はI_CR以上にはならないため、I_Cは$\frac{V_{CC}}{R}$以上とはならない。

ここで、トランジスタのコレクタ－エミッタ間の電圧V_Oは、

$$V_O = V_{CC} - I_CR$$

と表すことができる。この式より、I_Cが0から$\frac{V_{CC}}{R}$まで増加する間は、V_OはV_{CC}からほぼ0まで減少し、I_Cが飽和領域に入ったときは$V_O \fallingdotseq 0.1$〔V〕となる。この状態は、トランジスタをスイッチング回路として利用した場合のONの状態である。

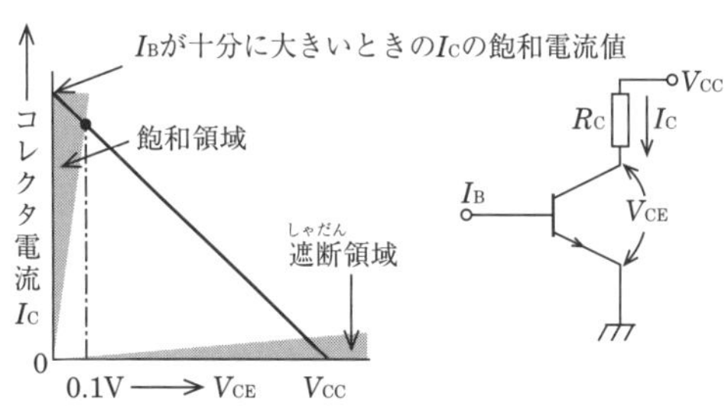

図2－1

3 可変容量ダイオードは、コンデンサの働きをする半導体素子である。ダイオードのpn接合面付近では、p形内部の正孔とn形内部の自由電子が拡散現象により相手領域に入り、自由電子と正孔が結合して消滅する。このため、pn接合面付近に、キャリアの存在しない空乏層ができる。

空乏層の幅は、pn接合に加える**逆方向**電圧により変化し、逆方向電圧が大きくなると広くなる。可変容量ダイオードが空乏層を利用すると、逆方向電圧によって静電容量を変化させるコンデンサになる。

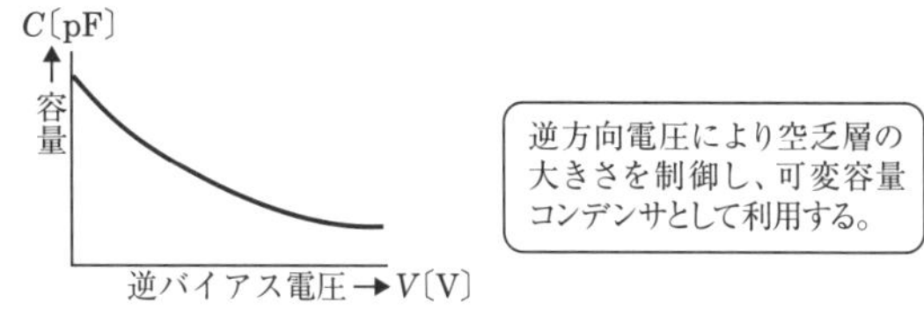

図2－2 可変容量ダイオードの静電容量―逆方向電圧特性

4 ベース接地形のトランジスタ回路では、エミッタを入力電極、コレクタを出力電極とし、コレクタ電流I_Cはエミッタ電流I_Eに制御される。このとき、I_Cの変化分ΔI_Cと、I_Eの変化分ΔI_Eの比をベース接地の電流増幅率といい、記号αで表す。

$$\alpha = \frac{\Delta I_C}{\Delta I_E}$$

上式においてΔI_Cに1.96〔mA〕、ΔI_Eに2〔mA〕を代入すると次のようになる。

$$\alpha = \frac{1.96}{2} = 0.98$$

したがって、電流増幅率は、**0.98**である。

5 トランジスタ回路の接地方式には、ベース接地、エミッタ接地、コレクタ接地がある。これらのうち入出力電流がほぼ等しくなるのは、**ベース**接地方式である。

ベース接地方式は電圧利得が大きく高周波特性が良好なため、高周波増幅回路に用いられている。また、エミッタ接地方式は電力利得が大きいため増幅回路に用いられ、コレクタ接地方式は入力インピーダンスが高く出力インピーダンスが低いため、インピーダンス変換に用いられている。

表2－1 トランジスタ回路の各接地方式の特性

項目＼接地方式	ベース接地	エミッタ接地	コレクタ接地
入力インピーダンス	低	中	高
出力インピーダンス	高	中	低
電流利得	小(<1)	大	大
電圧利得	大*	中	小(ほぼ1)
電力利得	中	大	小
高周波特性	非常に良い	悪い	良い
入・出力電圧位相	同位相	逆位相	同位相
代表的な用途	高周波増幅回路	増幅回路	インピーダンス変換

(注)＊は負荷抵抗が大の場合

答
(ア) ①
(イ) ②
(ウ) ④
(エ) ②
(オ) ②

類題の答 (a)② (b)① (c)① (d)① (e)③

予想問題

問3

次の各文章の　　　　内に、それぞれの[　　]の解答群の中から最も適したものを選び、その番号を記せ。

1　半導体のpn接合の接合面付近には、拡散と再結合によって自由電子などのキャリアが存在しない　（ア）　といわれる領域がある。

[① 禁制帯　② 絶縁層　③ 空乏層]

2　図3－aに示す波形の入力電圧V_Iを　（イ）　に示す回路に加えると、出力電圧V_Oは、図3－bに示すような波形となる。ただし、ダイオードは理想的な特性を持ち、$|V| > |E|$とする。

[
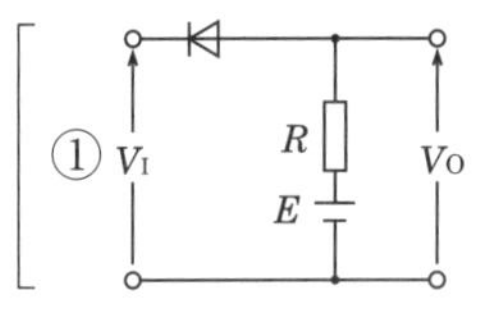

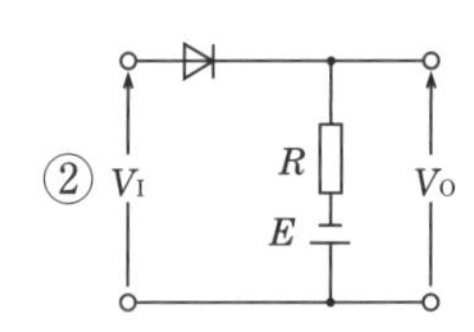

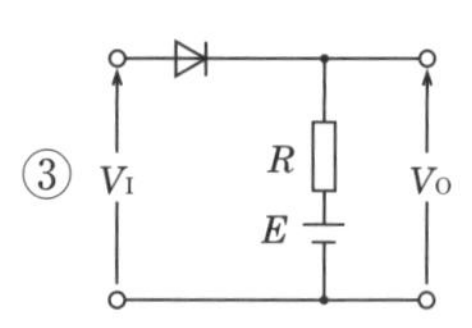

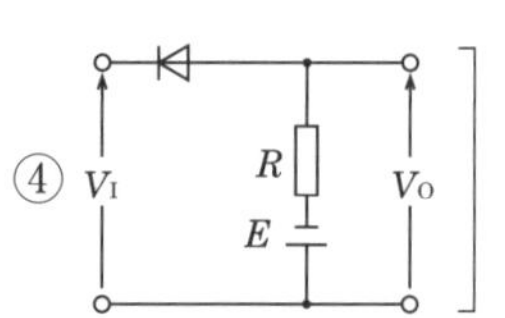

]

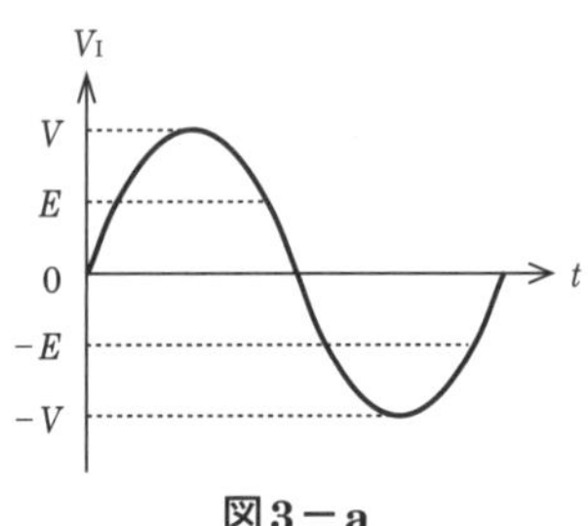

図3－a

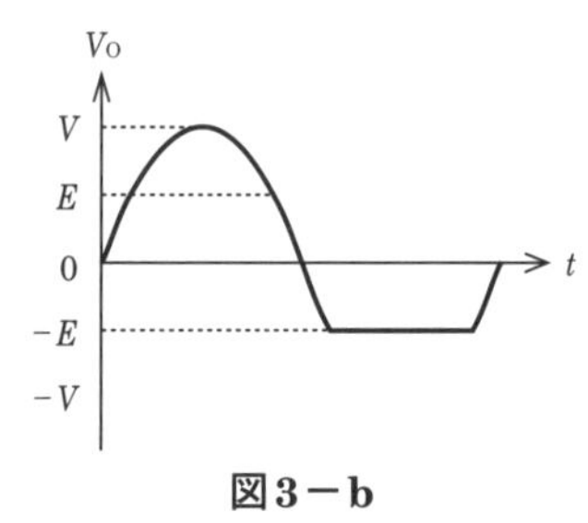

図3－b

3　光が照射されると電気抵抗が小さくなる光導電素子の一つに、　（ウ）　があり、光センサとして街灯の自動点滅器などに用いられている。

[① LED　② CdSセル　③ サイリスタ]

4　トランジスタによる増幅回路を構成する場合のバイアス回路は、トランジスタの動作点の設定を行うために必要な　（エ）　を供給するために用いられる。

[① 入力信号　② 出力信号　③ 交流電流　④ 直流電流]

21春 **5**　電源を切っても記憶されている情報が残る不揮発性メモリのうち、データの書き込みをユーザ側で行えるメモリは、一般に、　（オ）　といわれる。

[① RAM　② PROM　③ マスクROM]

類題

(1)　自由電子と正孔は、半導体中で電荷を運ぶ役目をすることから、　(a)　といわれる。

[① アクセプタ　② ドナー　③ キャリア]

(2)　真性半導体に不純物が加わると、結晶中において共有結合を行う電子に過不足が生じてキャリアが生成されることにより、　(b)　が増大する。

[① 導電率　② 抵抗率　③ 禁制帯幅]

(3)　電界効果トランジスタは、半導体の　(c)　キャリアの流れを電界によって制御する電圧制御形のトランジスタに分類される半導体素子である。

[① 少数　② 多数　③ 真性]

(4)　ダイオードの順方向抵抗は、一般に、周囲温度が　(d)　。

[① 上昇すると大きくなる　② 上昇しても変化しない　③ 上昇すると小さくなる]

(5)　半導体メモリのうち、記録されている情報を書き換えることができず、読み出しのみが可能なメモリは、　(e)　である。

[① DRAM　② ROM　③ SRAM]

(6)　半導体メモリのうち、紫外線を照射することにより記憶内容を消去し、書き直しができるようにしたものは、　(f)　といわれる。

[① EPROM　② マスクROM　③ SRAM]

問3-解説

1 p形とn形の半導体結晶を接合させた半導体を、pn接合半導体という。p形結晶内ではキャリアの濃度は正孔が自由電子よりも高く、n形結晶内では逆に自由電子の濃度が高い。半導体中でキャリアの濃度に差があると、キャリアは濃度の高い部分から低い部分に移動して全体として一様な濃度になろうとする(これを「拡散」という)ため、pn接合面付近の正孔はn側に移動し、自由電子はp側に移動して、それぞれ移動先の多数キャリアと再結合(中和)し平衡する。これにより、接合面付近にはキャリアの存在しない**空乏層**(くうぼう)と呼ばれる領域ができる。

さて、pn接合半導体の両端に電極を取り付け、電極間に電圧を加えたとき、電圧の極性によって電流が流れる場合と流れない場合がある。このような性質を整流作用という。

図3－1(a)のように、p形半導体側がプラス、n形半導体側がマイナスになるように電圧(順方向電圧)を加えた場合、n形半導体内にある自由電子はp形半導体に接続されたプラス電極に、また、p形半導体内にある正孔はn形半導体に接続されたマイナス電極に引き寄せられ、互いに接合面を越えて相手領域に入り、混ざり合う方向に移動する。この結果、空乏層の幅は狭くなり、全体としてはプラス電極からマイナス電極に向かう電流が流れる。

一方、図3－1(b)のように、p形半導体側がマイナス、n形半導体側がプラスになるように電圧(逆方向電圧)を加えた場合、p形半導体内にある正孔はp形半導体に接続されたマイナス電極に、また、n形半導体内にある自由電子はn形半導体に接続されたプラス電極にそれぞれ引き寄せられる。この結果、空乏層の幅が広がり、電流が流れない状態になる。

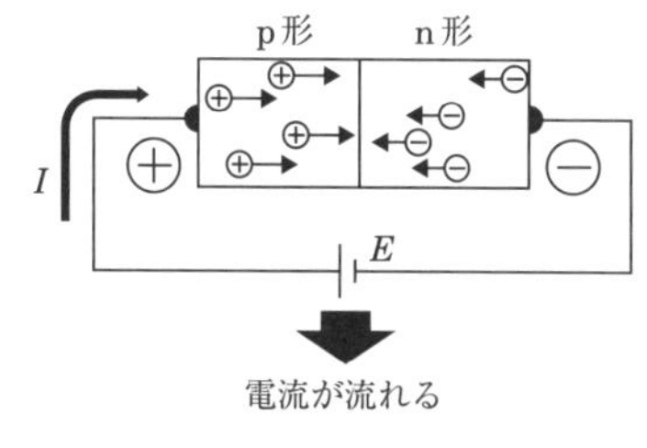

(a) 順方向電圧を加えたとき　(b) 逆方向電圧を加えたとき

図3－1　pn接合の整流作用

2 それぞれの回路中のダイオードの両端の電圧から、V_Iがダイオードによって遮断(しゃだん)される電圧を考える。V_Iが遮断されると、V_Oは電池の起電力と等しくなる。

①は、V_Iが$+E$を超えると遮断される。

②は、V_Iが$-E$を下回ると遮断される。

③は、V_Iが$+E$を下回ると遮断される。

④は、V_Iが$-E$を超えると遮断される。

したがって、設問の図3－bと一致するものは②である。

3 **CdSセル**は、硫化カドミウムを主成分とする光導電素子であり、光が照射されると電気抵抗が小さくなる。光センサとして、夜間など周囲が暗くなると自動的に点灯する街路灯や保安灯などに用いられている。

4 バイアス回路は、トランジスタの動作点の設定を行うために必要な**直流電流**を供給する回路である。トランジスタ増幅回路は、ベースにバイアス電圧を加え一定の直流電流を流し、そこに入力信号(交流)を加えることによって増幅が可能となる。仮にバイアス電圧を加えずに交流信号を入力すると、信号が正のときは順方向の電圧がかかるのでトランジスタは動作するが、信号が負のときは逆方向の電圧が加えられるため、トランジスタは動作しない。したがって、あらかじめベースにある程度の大きさの直流電流を流しておけば、入力信号が負であってもトランジスタは動作し増幅作用を行うことができる。

なお、このバイアスの大きさは、トランジスタの特性曲線によって、入力信号を直線的に増幅できる中心点、すなわち動作点に設定する必要がある。

5 半導体メモリは、揮発性メモリであるRAMと、不揮発性メモリであるROMの2種類に大別される。RAMは電源をOFFにするとメモリの内容が消去されるが、ROMは電源をOFFにしてもメモリの内容は消去されない。ROMのうちデータの書き込みをユーザ側で行えるメモリを一般に、**PROM**(Programmable ROM)という。PROMは、機器に組み込む前にユーザが手元でデータの書き込みを行い、記憶内容の読み出し専用のメモリとして用いられる。

答	
(ア)	③
(イ)	②
(ウ)	②
(エ)	④
(オ)	②

類題の答　(a)③　(b)①　(c)②　(d)③　(e)②　(f)①

基礎  論理回路

2進数、10進数、16進数

●2進数

基数を2とした数値の表現方法であり、コンピュータなどの電子回路で使用されている。桁が1つ増加するごとに値が2倍になり、"0"と"1"のみですべての数値を表現するので、電子回路のON／OFFと対応させることができる。

●10進数

基数を10とした数値の表現方法であり、一般の日常生活で使用されている。桁が1つ増加するごとに値が10倍になり、10種類の数字(0～9)を用いて数値を表現する。

●16進数

基数を16とした数値の表現方法である。桁が1つ増加するごとに値が16倍になり、10種類の数字(0～9)と6種類のアルファベット(A～F)を用いて数値を表現する。

●基数変換

2進数から10進数への変換、10進数から2進数への変換などのように、ある基数で表された数値を別の基数による数値に変換することを、基数変換という。

たとえば、2進数を10進数に変換するには、2進数のそれぞれの桁に、下位から2^0、2^1、2^2、2^3、・・・、2^nを対応させ、これに2進数の各桁の数字(1または0)を掛けて総和を求める。具体例として、4桁の2進数0110を10進数に変換すると、次のようになる。

0 1 1 0 $= 2^3 \times 0 + 2^2 \times 1 + 2^1 \times 1 + 2^0 \times 0$
↑ ↑ ↑ ↑ $= 0 + 4 + 2 + 0$
2^3 2^2 2^1 2^0 $= 6$
の の の の
位 位 位 位

これとは逆に、10進数を2進数に変換する場合は、10進数を2で割っていき、その余りを下から順に並べることにより求められる。たとえば、10進数の126を2進数に変換すると、次のように1111110となる。

```
2 )126
2 ) 63 ―― 余り0  ↑
2 ) 31 ―― 余り1
2 ) 15 ―― 余り1
2 )  7 ―― 余り1
2 )  3 ―― 余り1
     1 ―― 余り1
```

126を2進数で表現すると1111110

論理素子の図記号

●論理素子の図記号

2進数の論理演算を行う回路を論理回路といい、演算式を論理代数、またはブール代数という。

論理代数の論理素子を表す図記号として、現在、工事担任者試験で使用されているものは、図1のようなMIL規格のものである。

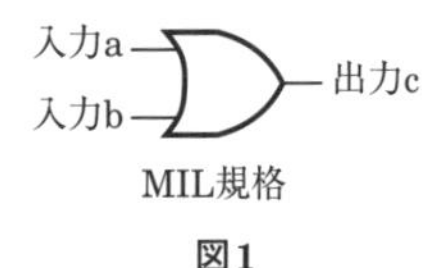

図1

それぞれの論理素子の図記号、入力レベルと出力は以下のとおりである。

●否定論理(NOT)

入力aと出力cが反転する。

否定論理(NOT)

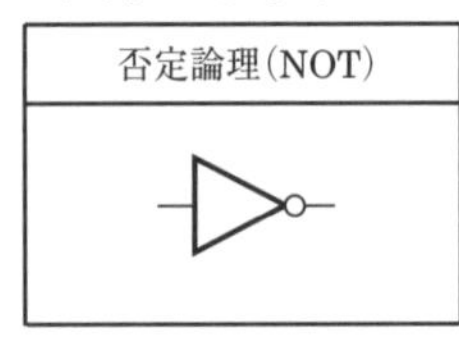

入力	出力
a	c
0	1
1	0

●論理和(OR)

入力a、bがともに0のときのみ出力cが0となり、その他は1となる。

論理和(OR)

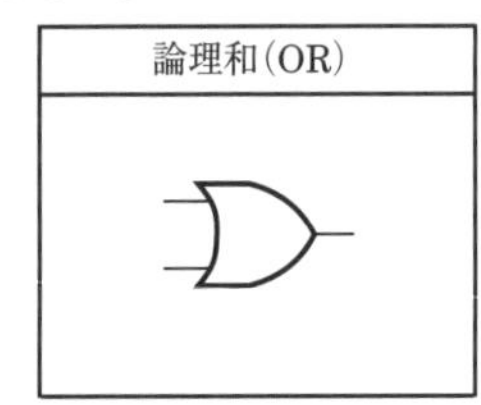

入力		出力
a	b	c
0	0	0
0	1	1
1	0	1
1	1	1

●論理積(AND)

入力a、bがともに1のときのみ出力cが1となり、その他は0となる。

論理積(AND)

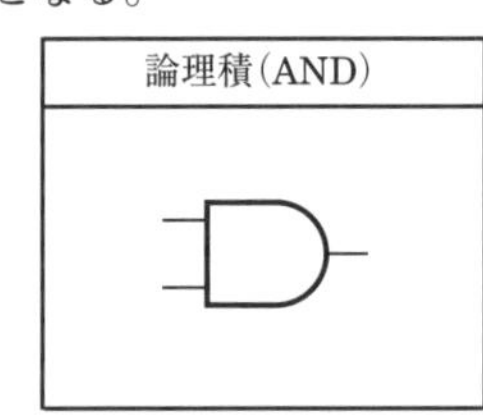

入力		出力
a	b	c
0	0	0
0	1	0
1	0	0
1	1	1

●否定論理和(NOR)

入力a、bがともに0のときのみ出力cが1となり、その他は0となる。論理和に否定論理が接続されたものと考えることができる。

否定論理和(NOR)

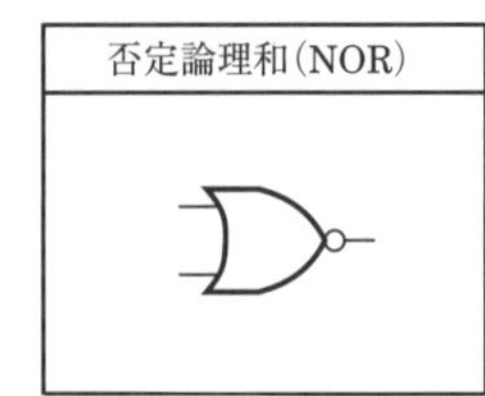

入力		出力
a	b	c
0	0	1
0	1	0
1	0	0
1	1	0

●否定論理積(NAND)

入力a、bがともに1のときのみ出力cが0となり、その他は1となる。論理積に否定論理が接続されたものと考えることができる。

否定論理積(NAND)

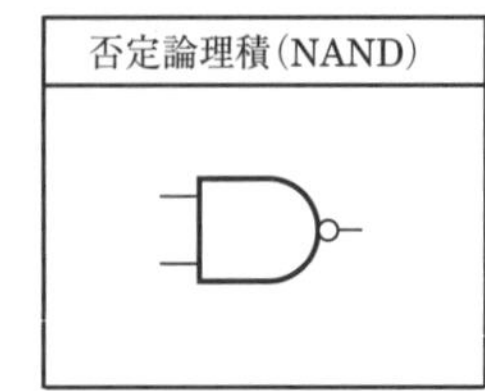

入力		出力
a	b	c
0	0	1
0	1	1
1	0	1
1	1	0

回路上の未知の論理素子

回路上の未知の論理素子“M”を求める場合は、真理値表から該当する論理素子を選択する。ここで真理値表とは、論理回路の動作を表にまとめたものをいう。
図2と表1の真理値表からMの素子を求める。

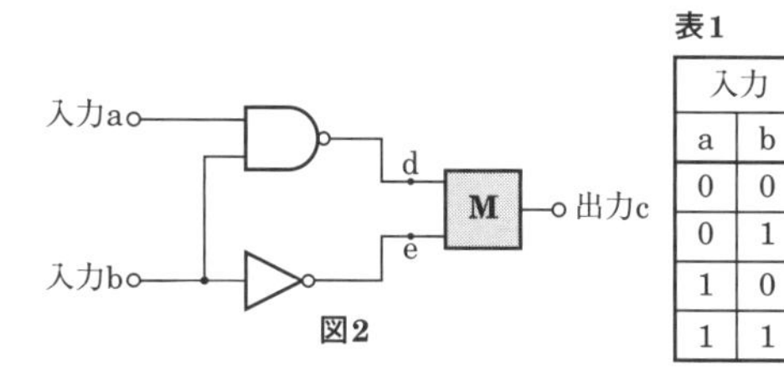

図2

表1

入力		出力
a	b	c
0	0	1
0	1	0
1	0	1
1	1	0

それぞれの入力a、bに対して、Mの入力d、eと出力cの関係を調べる。点dはNAND回路の出力であり、点eはNOT回路の出力となる。d、eおよびcより、Mに関する真理値表を作ると表2のようになる。このMの入力と出力の関係に一致する回路を表3より選択すると、AND回路が該当する。

表2

入力		Mの入力		出力
a	b	d	e	c
0	0	1	1	1
0	1	1	0	0
1	0	1	1	1
1	1	0	0	0

NAND　NOT　Mの入出力 →ANDの関係

表3

入力		出力c			
a	b	OR	AND	NOR	NAND
0	0	0	0	1	1
0	1	1	0	0	1
1	0	1	0	0	1
1	1	1	1	0	0

論理式

論理代数の基本式は以下の種類があり、複雑な論理回路の解析には論理代数の基本定理(ブール代数の公式)を用いて整理すると便利である。

●論理代数の基本式

①$\overline{A}$　否定論理
②$A+B$　論理和
③$A\cdot B$　論理積
④$\overline{A+B}$　否定論理和
⑤$\overline{A\cdot B}$　否定論理積

●ブール代数の公式

①交換の法則：$A+B=B+A$　$A\cdot B=B\cdot A$
②結合の法則：$A+(B+C)=(A+B)+C$
$A\cdot(B\cdot C)=(A\cdot B)\cdot C$
③分配の法則：$A\cdot(B+C)=A\cdot B+A\cdot C$
④恒等の法則：$A+1=1$　$A+0=A$
$A\cdot 1=A$　$A\cdot 0=0$
⑤同一の法則：$A+A=A$　$A\cdot A=A$
⑥補元の法則：$A+\overline{A}=1$　$A\cdot\overline{A}=0$
⑦ド・モルガンの法則：$\overline{A+B}=\overline{A}\cdot\overline{B}$　$\overline{A\cdot B}=\overline{A}+\overline{B}$
⑧復元の法則：$\overline{\overline{A}}=A$
⑨吸収の法則：$A+A\cdot B=A$　$A\cdot(A+B)=A$

ベン図

ベン図は範囲図とも呼ばれ、論理式を直観的な形で表す方法として用いられる。論理式の入力を表す場合、円の内側を1、外側を0と考える。
それぞれの論理式をベン図で表すと以下のようになる。

●論理積(AND)

$f=A\cdot B$

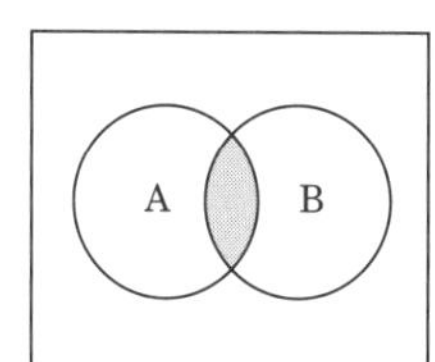

●否定論理(NOT)

$f=\overline{A}$

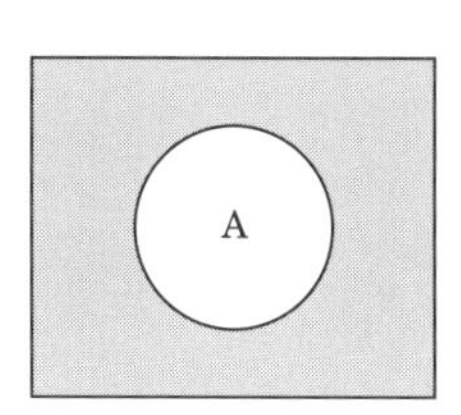

●否定論理和(NOR)

$f=\overline{A+B}$
$=\overline{A}\cdot\overline{B}$

●論理和(OR)

$f=A+B$

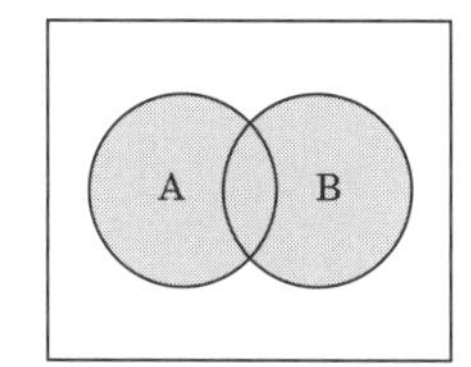

●否定論理積(NAND)

$f=\overline{A\cdot B}$
$=\overline{A}+\overline{B}$

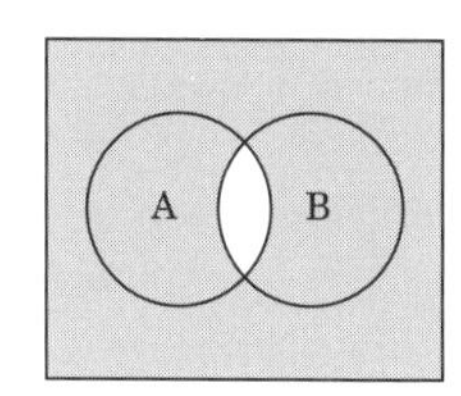

次の各文章の［　　］内に、それぞれの［　　］の解答群の中から最も適したものを選び、その番号を記せ。
（小計20点）

(1)　図1、図2及び図3に示すベン図において、A、B及びCが、それぞれの円の内部を表すとき、図1、図2及び図3の斜線部分を示すそれぞれの論理式の論理和は、［（ア）］と表すことができる。（5点）

［①　$B + C$　　②　$\overline{A} \cdot B \cdot \overline{C} + \overline{A} \cdot \overline{B} \cdot C$　　③　$A \cdot B \cdot \overline{C} + A \cdot \overline{B} \cdot C + \overline{A} \cdot B \cdot C$］

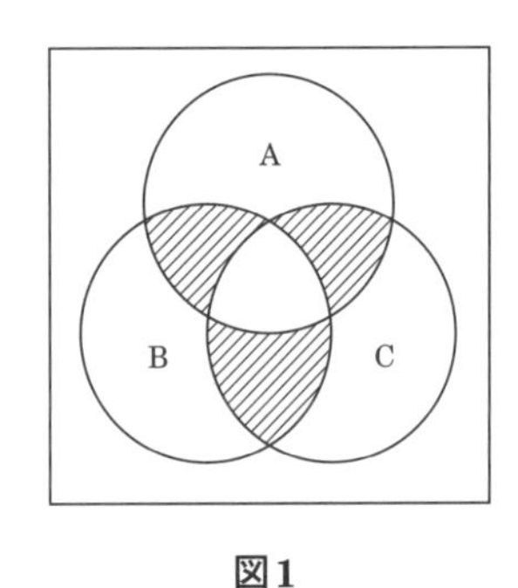

図1

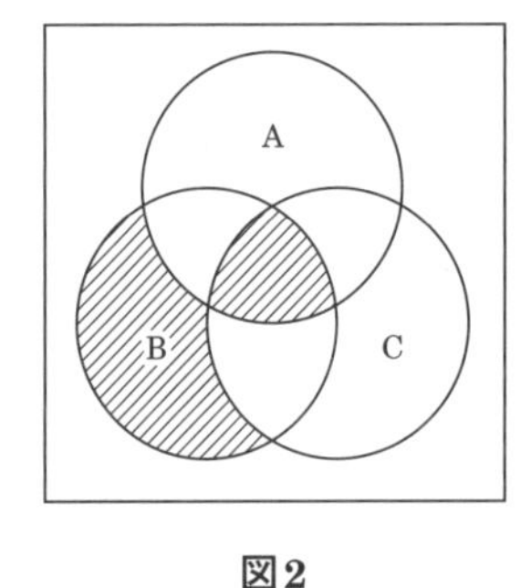

図2

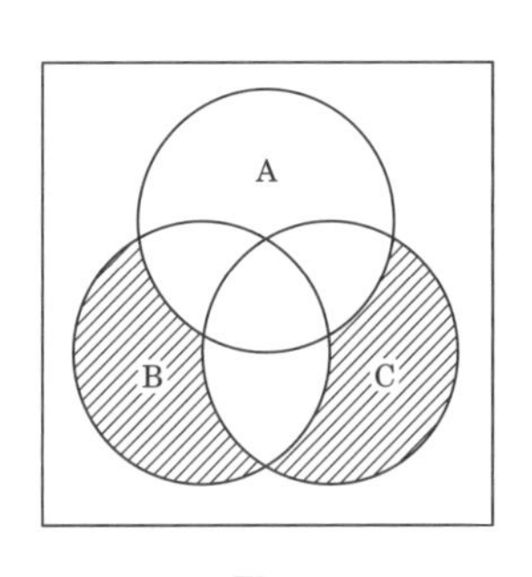

図3

(2)　表1に示す2進数X_1、X_2について、各桁それぞれに論理和を求め2進数で表記した後、10進数に変換すると、［（イ）］になる。（5点）

［①　260　　②　477　　③　737］

表1

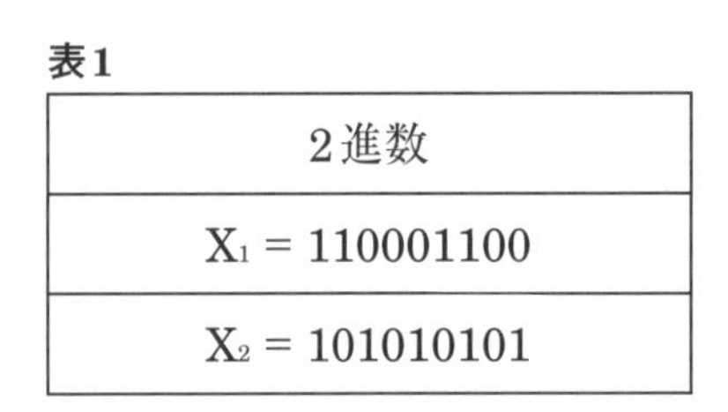

2進数
X_1 = 110001100
X_2 = 101010101

(3)　図4に示す論理回路において、Mの論理素子が［（ウ）］であるとき、入力a及びbと出力cとの関係は、図5で示される。（5点）

［①　　②　　③　　④　］

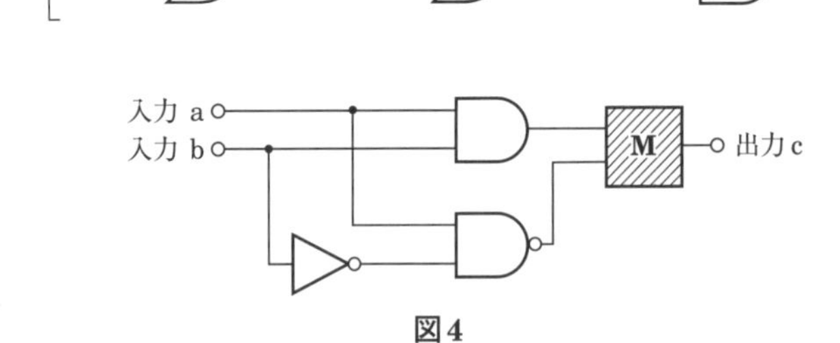

図4

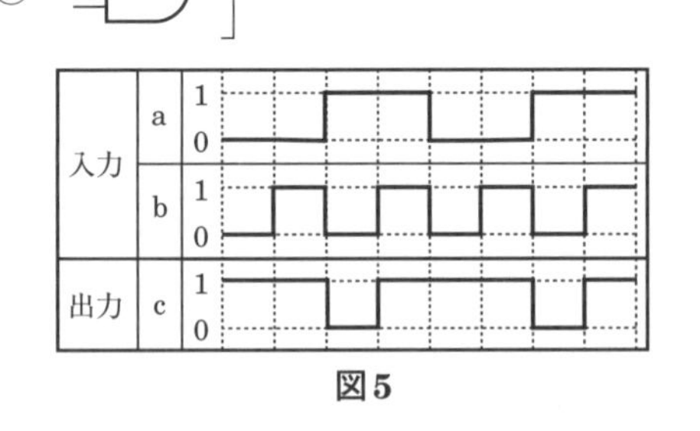

図5

(4)　次の論理関数Xは、ブール代数の公式等を利用して変形し、簡単にすると、［（エ）］になる。（5点）

$X = (\overline{A} + \overline{B}) \cdot (\overline{B} + C) + \overline{A} \cdot C$

［①　$\overline{A} \cdot \overline{B} + \overline{A} \cdot C + \overline{B} \cdot C$　　②　$\overline{A} \cdot C$　　③　$\overline{A} \cdot C + \overline{B}$］

解　説

(1)　設問の図1、図2、および図3の斜線部分を示す論理式の論理和をベン図で表すと、図6の右辺のようになる。

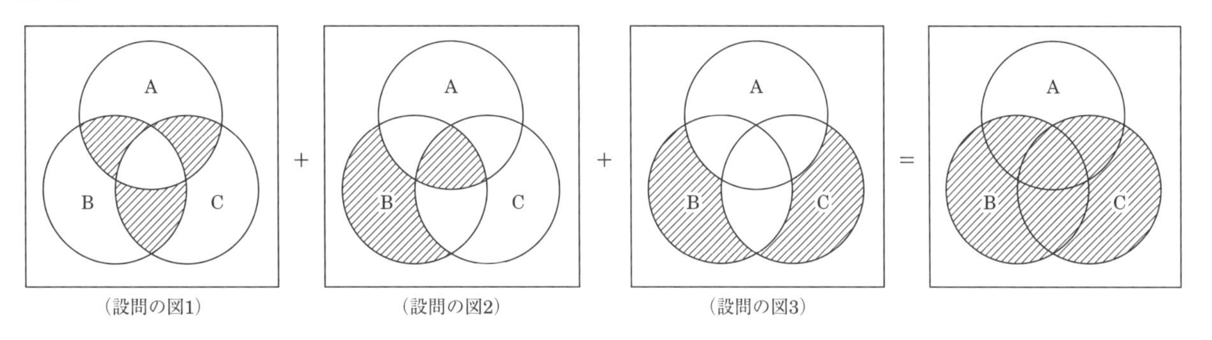

（設問の図1）　（設問の図2）　（設問の図3）

図6

図6の右辺のベン図の斜線部分は、図1、図2、および図3の論理和であり、これを論理式で示すと、**B＋C**となる。

(2)　論理和では、2値論理演算においてすべての入力値が"0"のとき出力が"0"となり、1つでも入力値に"1"があれば出力は"1"となる。複数桁の2進数について論理和を求める場合は、桁ごとに計算する。また、論理演算なので、桁の繰り上がりも繰り下がりも発生しないことに注意する必要がある。

設問の2進数X_1、X_2について論理和を求めると、次のようになる。

```
      110001100  ←…… X1
  OR) 101010101  ←…… X2
  -------------
      111011101  ……→ 出力
```

図7

次に、この9桁の2進数111011101を以下のように10進数に変換する。

1	1	1	0	1	1	1	0	1
↑	↑	↑	↑	↑	↑	↑	↑	↑
2^8の位	2^7の位	2^6の位	2^5の位	2^4の位	2^3の位	2^2の位	2^1の位	2^0の位

$= 2^8 \times 1 + 2^7 \times 1 + 2^6 \times 1 + 2^5 \times 0 + 2^4 \times 1 + 2^3 \times 1 + 2^2 \times 1 + 2^1 \times 0 + 2^0 \times 1$

$= 256 + 128 + 64 + 0 + 16 + 8 + 4 + 0 + 1$

$=$ **477**

【補足説明】

10進数は、基数を10とした数値の表現方法であり、一般の日常生活で使用されている。桁が1つ増加するごとに値が10倍になり、"0"から"9"までの10種類を用いて数値を表現する。

一方、2進数は、基数を2とした数値の表現方法であり、コンピュータなどの電子回路で使用される。桁が1つ増加するごとに値が2倍になり、"0"と"1"の2種類のみですべての数値を表現するので、電子回路のON/OFFと対応させることができる。

さて、2進数から10進数への変換については先ほど述べたが、その逆、すなわち10進数から2進数に変換する場合は、10進数を2で割っていき、その余りを下から順に並べることにより求められる。たとえば10進数の255を2進数に変換すると、図8より、11111111となる。

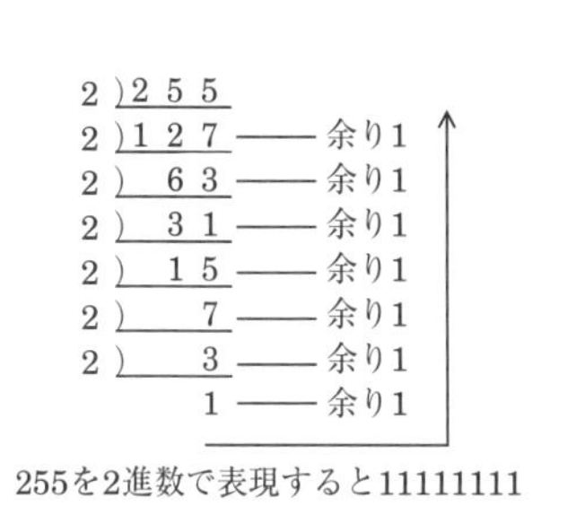

255を2進数で表現すると11111111

図8

(3) コンピュータでは、“1”と“0”の2値で演算処理を行う。この2値の演算を行う回路を論理回路といい、論理素子の組合せで構成される。論理素子には、OR(論理和)、AND(論理積)、NOR(否定論理和)、NAND(否定論理積)、NOT(否定論理)などがある。

主な論理素子の真理値表(論理回路の動作を表にまとめたもの)を表2に示す。この表から、たとえばOR素子は、すべての入力が“0”の場合のみ出力が“0”となり、少なくとも1つの入力が“1”のときに出力が“1”になるという性質を持っていることがわかる。

表2

入力		出力c			
a	b	OR	AND	NOR	NAND
0	0	0	0	1	1
0	1	1	0	0	1
1	0	1	0	0	1
1	1	1	1	0	0

- OR素子は、すべての入力が“0”の場合のみ出力が“0”となり、その他の場合は出力が“1”になる。
- AND素子は、すべての入力が“1”の場合のみ出力が“1”となり、その他の場合は出力が“0”になる。
- NOR素子は、すべての入力が“0”の場合のみ出力が“1”となり、その他の場合は出力が“0”になる。
- NAND素子は、すべての入力が“1”の場合のみ出力が“0”となり、その他の場合は出力が“1”になる。

さて、設問の図5の入出力の関係を表で示すと、表3のようになる。この表3を整理して、入力a、入力b、出力cの論理レベルの関係を表した真理値表を作成すると、表4のようになる。

表3 図4の論理回路の入出力

入力	a	0	0	1	1	0	0	1	1
	b	0	1	0	1	0	1	0	1
出力	c	1	1	0	1	1	1	0	1

表4 図4の論理回路の真理値表

入力	a	0	0	1	1
	b	0	1	0	1
出力	c	1	1	0	1

次に、設問の図4の論理回路の入力a、b、および出力cに表4の真理値表の論理レベルをそれぞれ代入すると、各論理素子における論理レベルの変化は図9のようになる。

この図9に示すように、論理素子Mの入力端子の一方を点e、他方を点fと定め、入力a、bの入力条件に対応した点e、fおよび出力cの真理値表を作ると表5のようになる。この表より、Mは①のORであることがわかる。

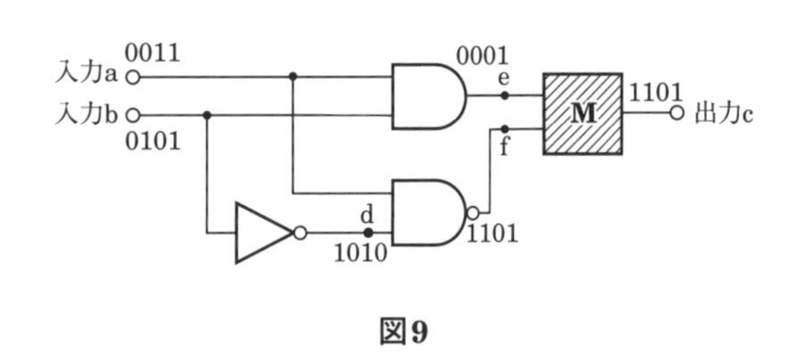

図9

表5 論理素子Mに関する真理値表

入力		空欄Mの入力		出力
a	b	e	f	c
0	0	0	1	1
0	1	0	1	1
1	0	0	0	0
1	1	1	1	1

Mの入出力 → ORの関係

(4) 設問の論理関数Xをブール代数の公式を用いて変形し、簡単にすると、以下のようになる。

$X = (\overline{A} + \overline{B}) \cdot (\overline{B} + C) + \overline{A} \cdot C$
$= \overline{A} \cdot \overline{B} + \overline{A} \cdot C + \overline{B} \cdot \overline{B} + \overline{B} \cdot C + \overline{A} \cdot C$ 〔分配の法則〕
$= \overline{A} \cdot \overline{B} + \overline{A} \cdot C + \overline{B} + \overline{B} \cdot C$ 〔同一の法則：$\overline{A} \cdot C + \overline{A} \cdot C = \overline{A} \cdot C$、$\overline{B} \cdot \overline{B} = \overline{B}$〕
$= \overline{A} \cdot C + \overline{B} \cdot \overline{A} + \overline{B} + \overline{B} \cdot C$ 〔交換の法則〕
$= \overline{A} \cdot C + \overline{B} \cdot (\overline{A} + 1 + C)$ 〔分配の法則〕
$= \overline{A} \cdot C + \overline{B} \cdot 1$ 〔恒等の法則：$\overline{A} + 1 + C = 1$〕
$= \mathbf{\overline{A} \cdot C + \overline{B}}$ 〔恒等の法則：$\overline{B} \cdot 1 = \overline{B}$〕

表6　ブール代数の公式

名称	公式
交換の法則	$A + B = B + A$　　$A \cdot B = B \cdot A$
結合の法則	$A + (B + C) = (A + B) + C$　　$A \cdot (B \cdot C) = (A \cdot B) \cdot C$
分配の法則	$A \cdot (B + C) = A \cdot B + A \cdot C$
恒等の法則	$A + 1 = 1$　　$A + 0 = A$　　$A \cdot 1 = A$　　$A \cdot 0 = 0$
同一の法則	$A + A = A$　　$A \cdot A = A$
補元の法則	$A + \overline{A} = 1$　　$A \cdot \overline{A} = 0$
ド・モルガンの法則	$\overline{A + B} = \overline{A} \cdot \overline{B}$　　$\overline{A \cdot B} = \overline{A} + \overline{B}$
復元の法則	$\overline{\overline{A}} = A$
吸収の法則	$A + A \cdot B = A$　　$A \cdot (A + B) = A$

答	
(ア)	①
(イ)	②
(ウ)	①
(エ)	③

次の各文章の［　　］内に、それぞれの[　　]の解答群の中から最も適したものを選び、その番号を記せ。
(小計20点)

(1) 図1、図2及び図3に示すベン図において、A、B及びCが、それぞれの円の内部を表すとき、図1、図2及び図3の斜線部分を示すそれぞれの論理式の論理積は、［(ア)］と表すことができる。　(5点)

[① $A \cdot B \cdot C$　② $\overline{A} \cdot B \cdot \overline{C} + \overline{A} \cdot \overline{B} \cdot C$　③ $A \cdot \overline{B} \cdot \overline{C} + \overline{A} \cdot B \cdot \overline{C} + \overline{A} \cdot \overline{B} \cdot C$]

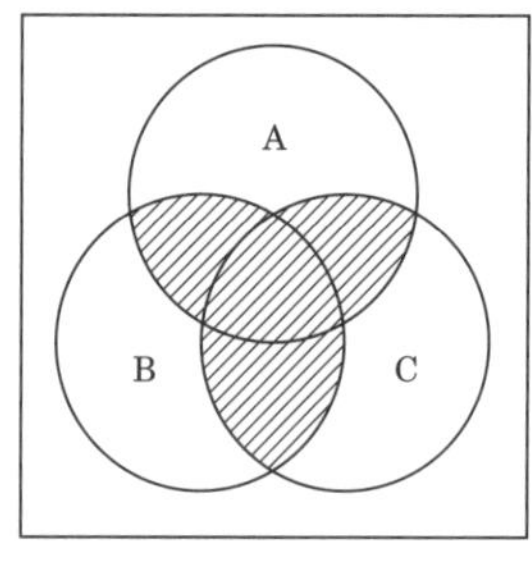

図1

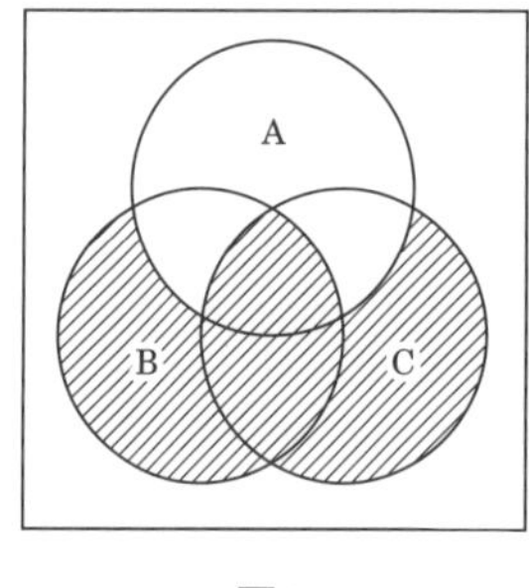

図2

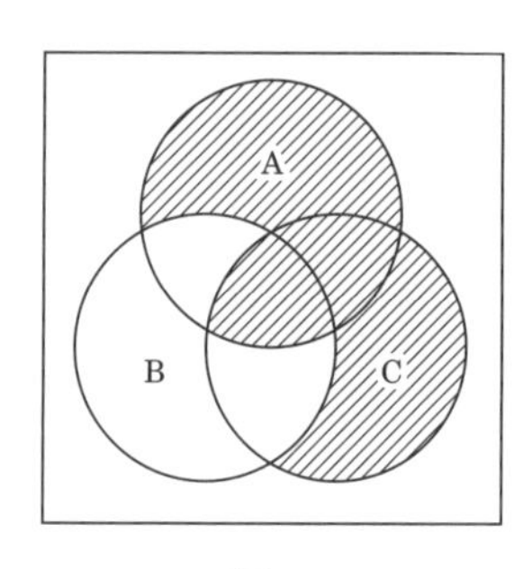

図3

(2) 16進数のある数Xが次式で示されるとき、この数を2進数で表すと、［(イ)］になる。　(5点)

X = 25

[① 10101　② 11001　③ 100101]

(3) 図4に示す論理回路において、Mの論理素子が［(ウ)］であるとき、入力a及びbと出力cとの関係は、図5で示される。　(5点)

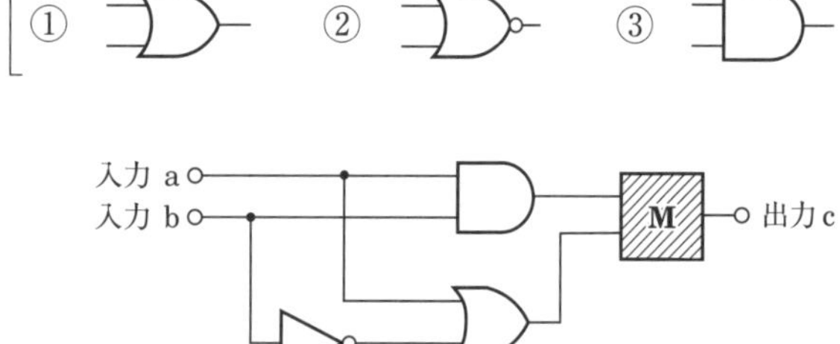

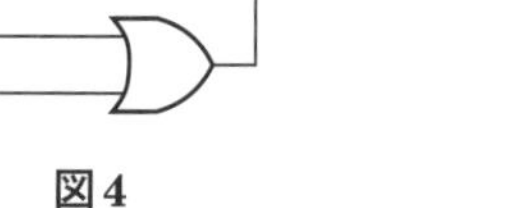

図4

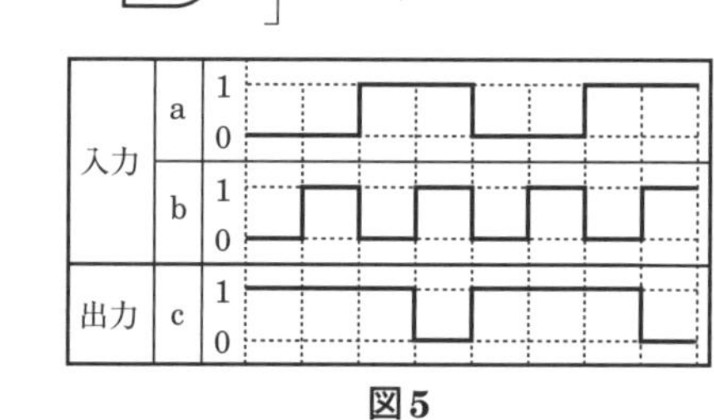

図5

(4) 次の論理関数Xは、ブール代数の公式等を利用して変形し、簡単にすると、［(エ)］になる。(5点)

$X = \overline{A} + B + C + \overline{A \cdot \overline{B}}$

[① 1　② $\overline{A} + B + C$　③ $\overline{A} \cdot B + C$]

解　説

(1)　設問の図1、図2、および図3の斜線部分を示す論理式の論理積をベン図で示す。図1、図2、および図3のいずれにおいても共通して斜線になっている領域を求めればよいので、図6の右辺のようになる。したがって正解は、**A・B・C**である。

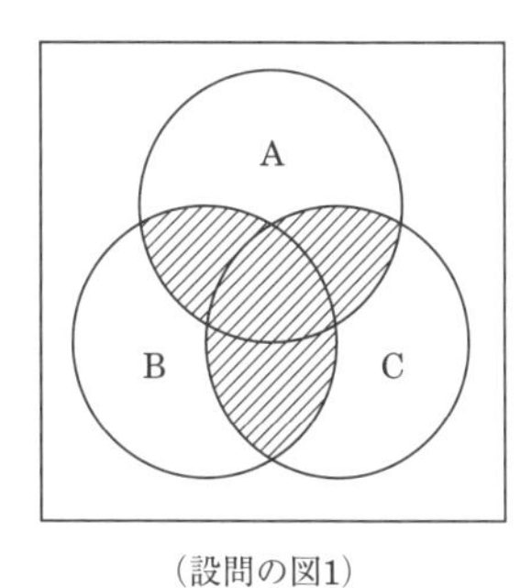

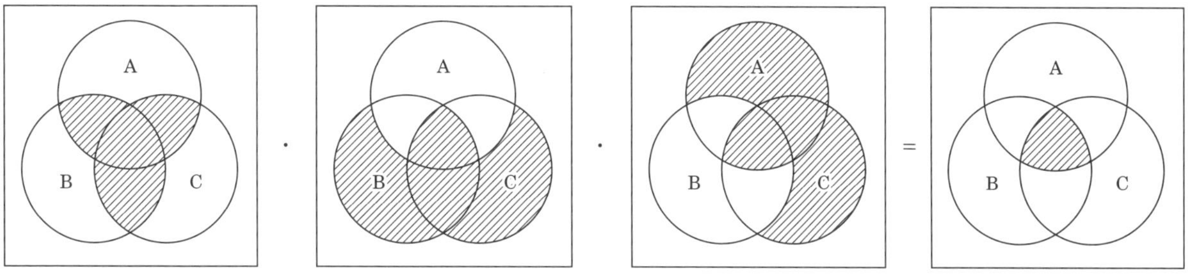

（設問の図1）

・

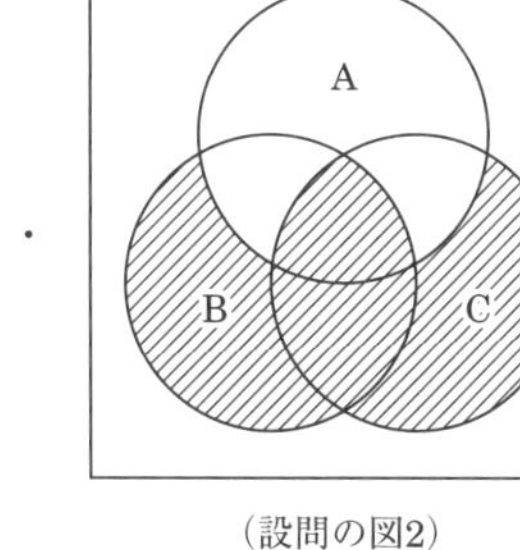

（設問の図2）

・

（設問の図3）

＝

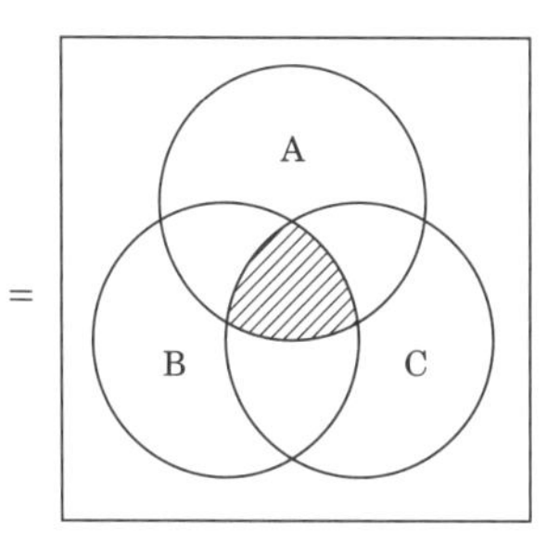

図1、図2、および図3のいずれにおいても共通して斜線になっている領域を示すと、上図のようになる。

図6

(2)　10進数は10種類の数字(0～9)、2進数は"0"と"1"の2 種類のみで、それぞれ数値を表現する。一方、16進数は、10種類の数字(0～9)と6種類のアルファベット(A～F)を用いて数値を表現する。

10進数、2進数、16進数は表1のような対応関係がある。

表1　10進数、2進数、16進数の対応関係

10進数	2進数	16進数
0	0000	0
1	0001	1
2	0010	2
3	0011	3
4	0100	4
5	0101	5
6	0110	6
7	0111	7
8	1000	8
9	1001	9
10	1010	A
11	1011	B
12	1100	C
13	1101	D
14	1110	E
15	1111	F

本問を解くにあたって、16進数と2進数の対応関係をすべておぼえるのは労力を要するため、ここでは、16進数「25」を1桁ずつ10進数に変換し、それをもとに2進数の数値を求めることにする。

まず、16進数の2は10進数の2、16進数の5は10進数の5である(表1)。次に、これらを2進数に変換する。10進数から2進数への変換については、10進数を2で割っていき、その余りを下から順に並べることにより求められる。10進数の2を2進数に変換すると、図7より10となる。また、10進数の5を2進数に変換すると、図8より101となり、これを4桁で表すと0101である。

本問の正解は、10と0101を結合した数値**100101**である。

図7　　**図8**

(3) この設問を解くにあたって、まず初めに、各種論理素子の真理値表を表2に示す。この表から、たとえばAND素子は、すべての入力が“1”の場合のみ出力が“1”となり、少なくとも1つの入力が“0”のときに出力が“0”になるという性質を持っていることがわかる。

表2

入力		出力c			
a	b	OR	AND	NOR	NAND
0	0	0	0	1	1
0	1	1	0	0	1
1	0	1	0	0	1
1	1	1	1	0	0

・OR素子は、すべての入力が“0”の場合のみ出力が“0”となり、その他の場合は出力が“1”になる。
・AND素子は、すべての入力が“1”の場合のみ出力が“1”となり、その他の場合は出力が“0”になる。
・NOR素子は、すべての入力が“0”の場合のみ出力が“1”となり、その他の場合は出力が“0”になる。
・NAND素子は、すべての入力が“1”の場合のみ出力が“0”となり、その他の場合は出力が“1”になる。

さて、設問の図5の入出力の関係を表で示すと、表3のようになる。この表3を整理して、さらに入力a、入力b、出力cの論理レベルの関係を表した真理値表を作成すると、表4のようになる。

表3　図4の論理回路の入出力

入力	a	0	0	1	1	0	0	1	1
	b	0	1	0	1	0	1	0	1
出力	c	1	1	1	0	1	1	1	0

表4　図4の論理回路の真理値表

入力	a	0	0	1	1
	b	0	1	0	1
出力	c	1	1	1	0

次に、設問の図4の論理回路の入力a、b、および出力cに表4の真理値表の論理レベルをそれぞれ代入すると、各論理素子における論理レベルの変化は図9のようになる。

この図9に示すように、論理素子Mの入力端子の一方を点e、他方を点fと定め、入力a、bの入力条件に対応した点e、fおよび出力cの真理値表を作ると表5のようになる。この表より、Mは④のNANDであることがわかる。

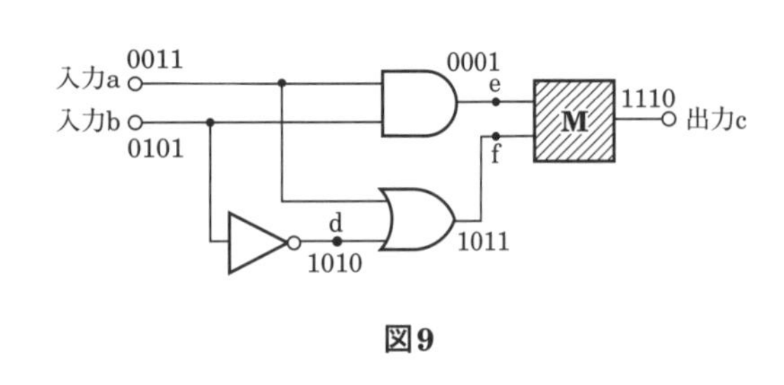

図9

表5　論理素子Mに関する真理値表

入力		空欄Mの入力		出力
a	b	e	f	c
0	0	0	1	1
0	1	0	0	1
1	0	0	1	1
1	1	1	1	0

Mの入出力
→ NANDの関係

(4) 設問の論理関数Xをブール代数の公式を用いて変形し、簡単にすると、以下のようになる。

$$
\begin{aligned}
X &= \overline{A} + B + C + \overline{A \cdot \overline{B}} \\
&= \overline{A} + B + C + \overline{A} + \overline{\overline{B}} \quad \text{〔ド・モルガンの法則：} \overline{A \cdot \overline{B}} = \overline{A} + \overline{\overline{B}} \text{〕} \\
&= \overline{A} + B + C + \overline{A} + B \quad \text{〔復元の法則：} \overline{\overline{B}} = B \text{〕} \\
&= \mathbf{\overline{A} + B + C} \quad \text{〔同一の法則：} \overline{A} + \overline{A} = \overline{A}\text{、} B + B = B \text{〕}
\end{aligned}
$$

ブール代数は、ベン図とも密接な関わりを持つ。ブール代数をベン図で表記すると表6のようになる。

表6　ブール代数の諸法則

法則	式	法則	式
交換の法則	$A+B=B+A$　　$A \cdot B=B \cdot A$		
結合の法則	$A+(B+C)=(A+B)+C$　　$A \cdot (B \cdot C)=(A \cdot B) \cdot C$		
恒等の法則	$A+1=1$　　$A+0=A$　　$A \cdot 1=A$　　$A \cdot 0=0$		
同一の法則	$A+A=A$　　$A \cdot A=A$	補元の法則	$A+\overline{A}=1$　　$A \cdot \overline{A}=0$
復元の法則	$\overline{\overline{A}}=A$	ド・モルガンの法則	$\overline{A+B}=\overline{A} \cdot \overline{B}$　　$\overline{A \cdot B}=\overline{A}+\overline{B}$
分配の法則	$A \cdot (B+C)=A \cdot B+A \cdot C$	吸収の法則	$A+A \cdot B=A$　　$A \cdot (A+B)=A$

答	
(ア)	①
(イ)	③
(ウ)	④
(エ)	②

予想問題

問1

次の各文章の［　　］内に、それぞれの［　　］の解答群の中から最も適したものを選び、その番号を記せ。

21春 **1** 図1－a、図1－b及び図1－cに示すベン図において、A、B及びCが、それぞれの円の内部を表すとき、図1－a、図1－b及び図1－cの斜線部分を示すそれぞれの論理式の論理和は、［（ア）］と表すことができる。

［① $A \cdot B \cdot C$　② $A \cdot B + A \cdot C + B \cdot C$　③ $A \cdot B \cdot C + \overline{A} \cdot \overline{B} \cdot \overline{C}$］

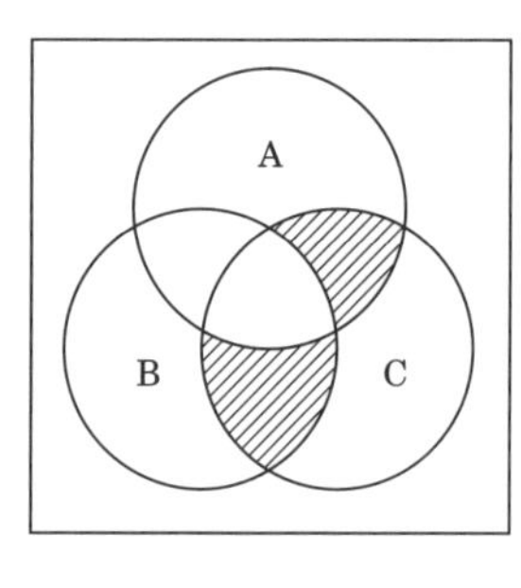

図1－a

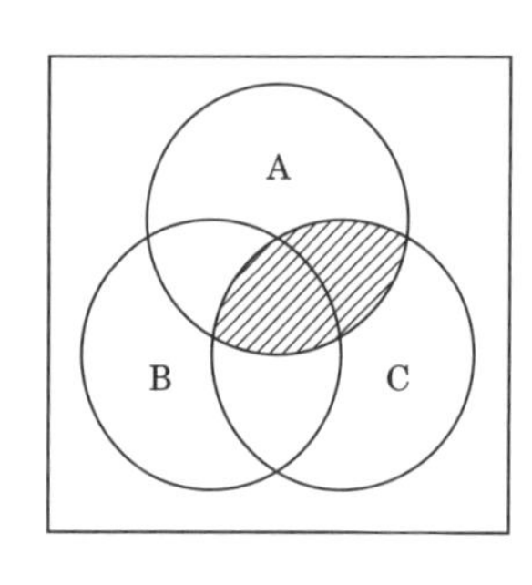

図1－b

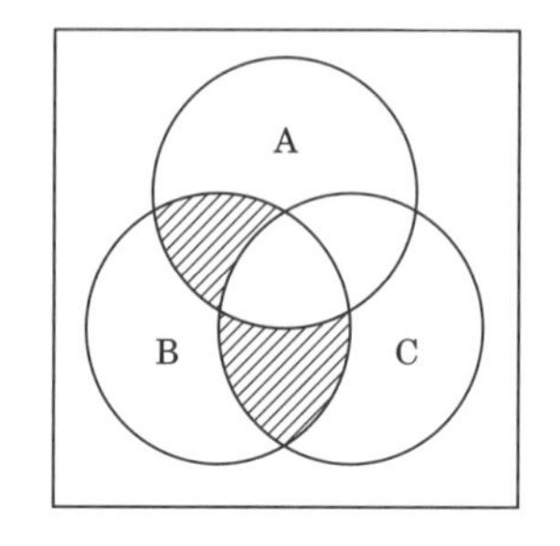

図1－c

22秋 **2** 表1－aに示す2進数のX_1、X_2を用いて、計算式(加算)$X_0 = X_1 + X_2$からX_0を求め2進数で表記した後、10進数に変換すると、［（イ）］になる。

［① 479　② 484　③ 740］

表1－a

2進数
X_1 = 110001101
X_2 = 101010111

21秋 **3** 図1－dに示す論理回路において、Mの論理素子が［（ウ）］であるとき、入力a及びbと出力cとの関係は、図1－eで示される。

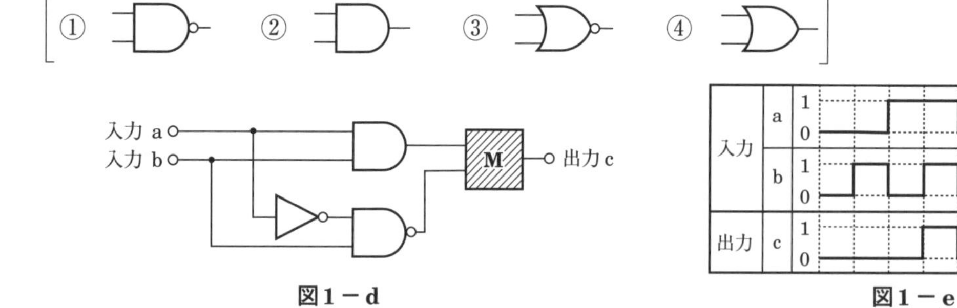

図1－d　　図1－e

4 次の論理関数Xは、ブール代数の公式等を利用して変形し、簡単にすると、［（エ）］になる。

$$X = \overline{(A+B) \cdot (A+\overline{C})} + \overline{A} + B$$

［① $\overline{A} + B$　② $\overline{A} + B \cdot C$　③ $\overline{A} + B + C$］

類題

(1) 図1、図2及び図3に示すベン図において、A、B及びCが、それぞれの円の内部を表すとき、図1、図2及び図3の斜線部分を示すそれぞれの論理式の論理和は、 (a) と表すことができる。

[① $A \cdot \overline{C} + \overline{A} \cdot C$
② $A \cdot \overline{C} + \overline{A} \cdot C + A \cdot B \cdot C$
③ $A \cdot \overline{C} + A \cdot B \cdot C + \overline{A} \cdot \overline{B} \cdot C$]

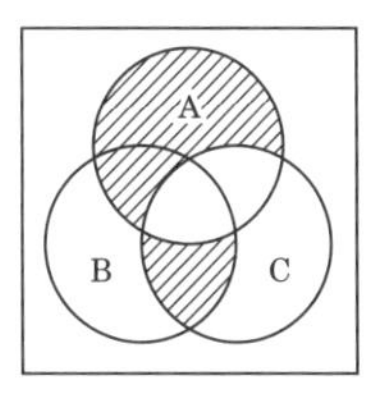

図1

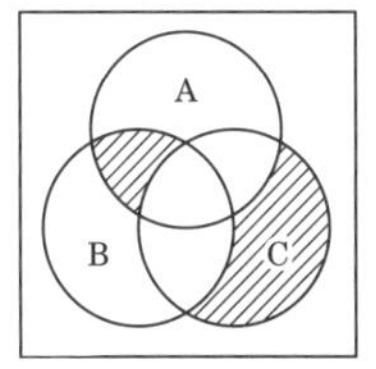

図2

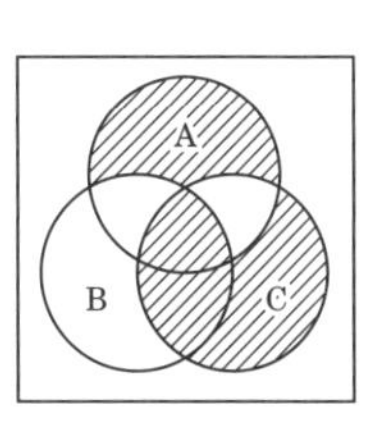

図3

(2) 図4、図5及び図6に示すベン図において、A、B及びCが、それぞれの円の内部を表すとき、図4、図5及び図6の斜線部分を示すそれぞれの論理式の論理和は、 (b) と表すことができる。

[① $A \cdot B \cdot C$
② $A \cdot B \cdot C + \overline{A} \cdot \overline{B} \cdot \overline{C}$
③ $A \cdot B + B \cdot C + C \cdot A$]

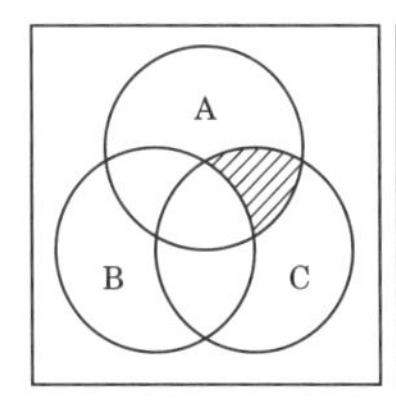

図4

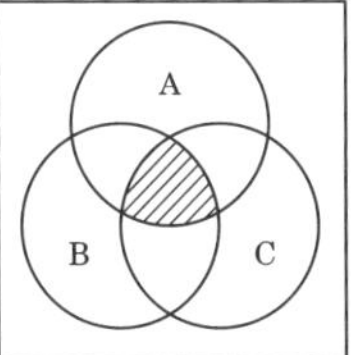

図5

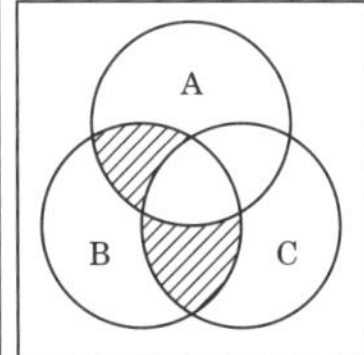

図6

(3) 表1に示す2進数のX_1、X_2を用いて、計算式(加算)$X_0 = X_1 + X_2$からX_0を求め2進数で表示すると、 (c) である。

[① 11101111　② 110110010　③ 110010010]

表1

2進数
X_1 = 11100111
X_2 = 10101011

(4) 表2に示す2進数のX_1、X_2を用いて、計算式(加算)$X_0 = X_1 + X_2$からX_0を求め2進数で表記した後、10進数に変換すると、 (d) になる。

[① 481　② 737　③ 1,474]

表2

2進数
X_1 = 110001100
X_2 = 101010101

(5) 次の論理関数Xは、ブール代数の公式等を利用して変形し、簡単にすると、 (e) になる。

$$X = (A + B) \cdot (A + C) + A \cdot (B + C)$$

[① $A + B$　② $B + C$　③ $A + B \cdot C$]

(6) 次の論理関数Xは、ブール代数の公式等を利用して変形し、簡単にすると、 (f) になる。

$$X = (A + B) \cdot (\overline{A} + \overline{C}) + (\overline{A} + B) \cdot (B + \overline{C})$$

[① B　② $B + \overline{C}$　③ $\overline{A} \cdot B + B \cdot \overline{C}$]

予想問題

問1-解説

1 設問の図1－a、図1－b、および図1－cの斜線部分を示す論理式の論理和をベン図で表すと、図1－1の右辺のようになる。

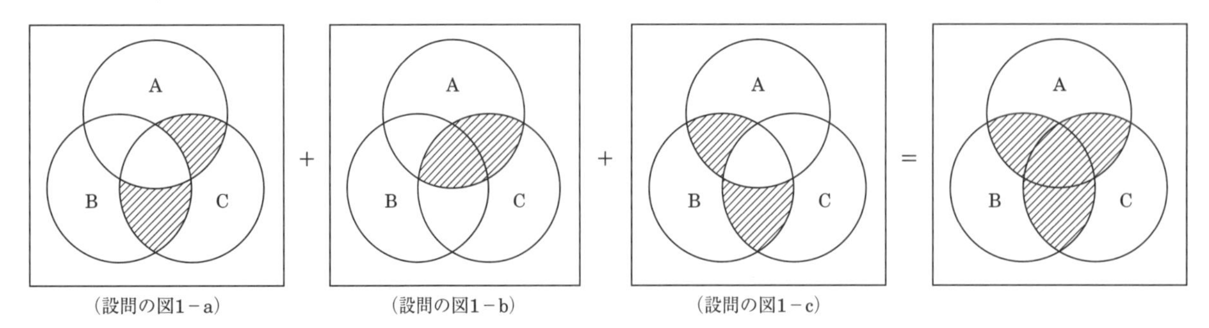

（設問の図1－a） （設問の図1－b） （設問の図1－c）

図1－1

図1－1の右辺のベン図の斜線部分は、図1－a、図1－b、および図1－cの論理和であり、これを論理式で示すと、**A・B＋A・C＋B・C**となる。

【検 証】

図1－1の右辺のベン図の斜線部分は、「AとBの共通部分(A・B)」と、「AとCの共通部分(A・C)」と、「BとCの共通部分(B・C)」とを足し合わせたものである。つまり、これを論理式で表すと、A・B＋A・C＋B・Cとなる。

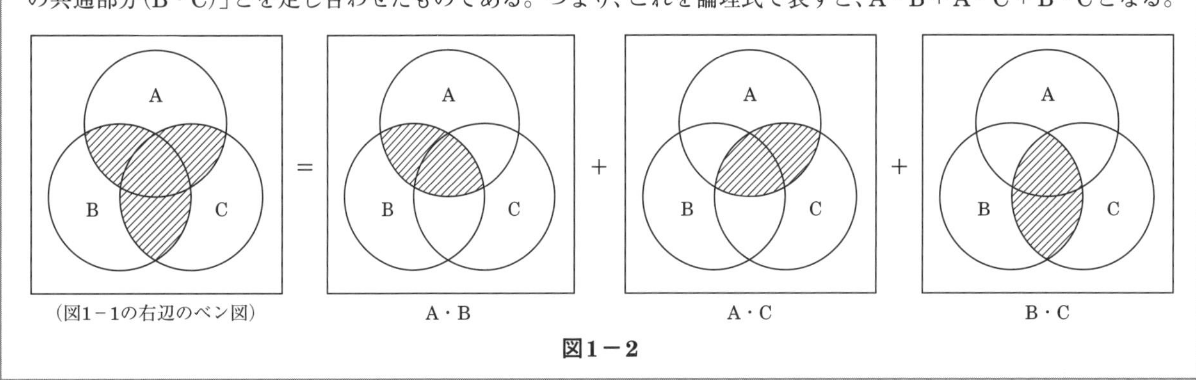

（図1－1の右辺のベン図） A・B A・C B・C

図1－2

2 10進数では、1と1を足し合わせると2になる(1＋1＝2)。しかし、2進数では1と1を足し合わせると桁が上がり、10となる(1＋1＝10)。したがって、2進数の加算は、最下位の桁の位置(右端)をそろえて、下位の桁から順に桁上がりを考慮しながら行う必要がある。

設問のX_1(110001101)とX_2(101010111)を足し合わせた値X_0(＝X_1＋X_2)は、図1－3に示すように10桁の2進数1011100100となる。

```
     1 1 0 0 0 1 1 0 1  …… X1
 +)  1 0 1 0 1 0 1 1 1  …… X2
   1 0 1 1 1 0 0 1 0 0  …… X0
```

【2進数の加算】
0＋0＝0
0＋1＝1
1＋0＝1
1＋1＝10（桁上がり）
※1＋1＋1は11
((1＋1)＋1＝10＋1＝11)

図1－3

次に、これを10進数に変換するには、2進数のそれぞれの桁に、下位から2^0、2^1、2^2、2^3、・・・2^nを対応させ、これに2進数の各桁の数字(1または0)を掛けて、総和を求める。したがって、この10桁の2進数1011100100を10進数に変換すると、次のようになる。

1 0 1 1 1 0 0 1 0 0
↑ ↑ ↑ ↑ ↑ ↑ ↑ ↑ ↑ ↑
2^9 2^8 2^7 2^6 2^5 2^4 2^3 2^2 2^1 2^0
の の の の の の の の の の
位 位 位 位 位 位 位 位 位 位

$$=2^9\times1+2^8\times0+2^7\times1+2^6\times1+2^5\times1+2^4\times0+2^3\times0+2^2\times1+2^1\times0+2^0\times0$$
$$=512+0+128+64+32+0+0+4+0+0$$
$$=\mathbf{740}$$

3 設問の図1－eの入出力の関係を表で示すと、表1－1のようになる。この表1－1を整理して、入力a、入力b、出力cの論理レベルの関係を表した真理値表を作成すると、表1－2のようになる。

表1－1　図1－dの論理回路の入出力

入力	a	0	0	1	1	0	0	1	1
	b	0	1	0	1	0	1	0	1
出力	c	0	0	0	1	0	0	0	1

表1－2　図1－dの論理回路の真理値表

入力	a	0	0	1	1
	b	0	1	0	1
出力	c	0	0	0	1

次に、設問の図1－dの論理回路の入力a、b、および出力cに表1－2の真理値表の論理レベルをそれぞれ代入すると、各論理素子における論理レベルの変化は図1－4のようになる。

この図1－4に示すように、論理素子Mの入力端子の一方を点e、他方を点fと定め、入力a、bの入力条件に対応した点e、fおよび出力cの真理値表を作ると表1－3のようになる。この表より、Mは②のANDであることがわかる。

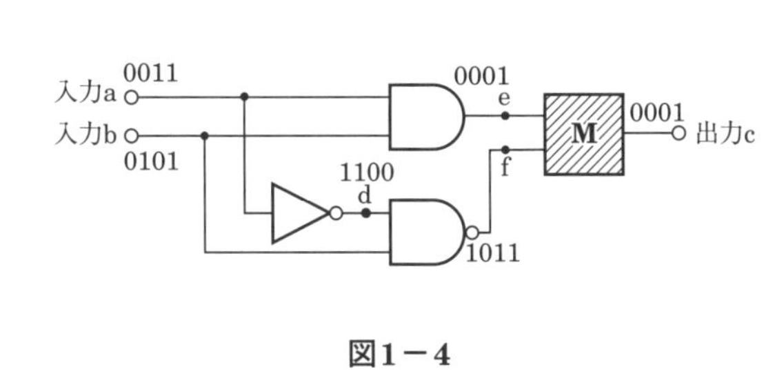

図1－4

表1－3　論理素子Mに関する真理値表

入力		空欄Mの入力		出力
a	b	e	f	c
0	0	0	1	0
0	1	0	0	0
1	0	0	1	0
1	1	1	1	1

Mの入出力
→ ANDの関係

4 設問の論理関数Xをブール代数の公式を用いて変形し、簡単にすると、以下のようになる。

$X = \overline{(A + B) \cdot (A + \overline{C})} + \overline{A} + B$

$= \overline{(A + B)} + \overline{(A + \overline{C})} + \overline{A} + B$　〔ド・モルガンの法則：$\overline{(A + B) \cdot (A + \overline{C})} = \overline{(A + B)} + \overline{(A + \overline{C})}$〕

$= \overline{A} \cdot \overline{B} + \overline{A} \cdot \overline{\overline{C}} + \overline{A} + B$　〔ド・モルガンの法則：$\overline{(A + B)} = \overline{A} \cdot \overline{B}$、$\overline{(A + \overline{C})} = \overline{A} \cdot \overline{\overline{C}}$〕

$= \overline{A} \cdot \overline{B} + \overline{A} \cdot C + \overline{A} + B$　〔復元の法則：$\overline{\overline{C}} = C$〕

$= \overline{A} \cdot (\overline{B} + C + 1) + B$　〔分配の法則〕

$= \overline{A} \cdot 1 + B$　〔恒等の法則：$\overline{B} + C + 1 = 1$〕

$= \mathbf{\overline{A} + B}$　〔恒等の法則：$\overline{A} \cdot 1 = \overline{A}$〕

答	
(ア)	②
(イ)	③
(ウ)	②
(エ)	①

類題の答　(a)②　(b)③　(c)③　(d)②　(e)③　(f)②

予想問題

問2

次の各文章の［　　］内に、それぞれの［　］の解答群の中から最も適したものを選び、その番号を記せ。

1 図2－a、図2－b及び図2－cに示すベン図において、A、B及びCが、それぞれの円の内部を表すとき、図2－a、図2－b及び図2－cの斜線部分を示すそれぞれの論理式の論理積は、［（ア）］と表すことができる。

［① $A+B$　② $A \cdot B \cdot C+\overline{A} \cdot B \cdot \overline{C}$　③ $A \cdot B \cdot C+A \cdot \overline{B} \cdot \overline{C}$］

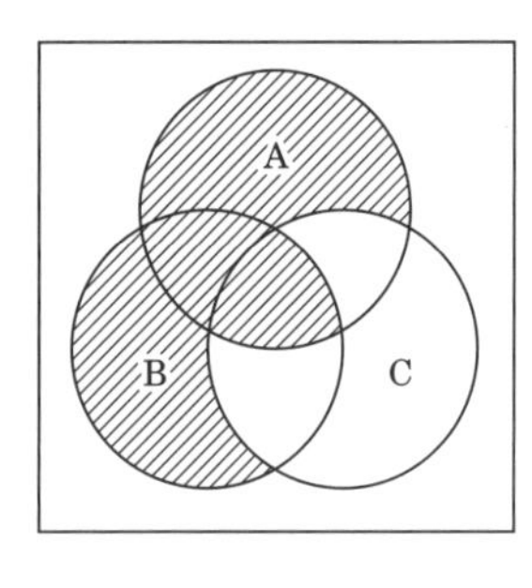

図2－a

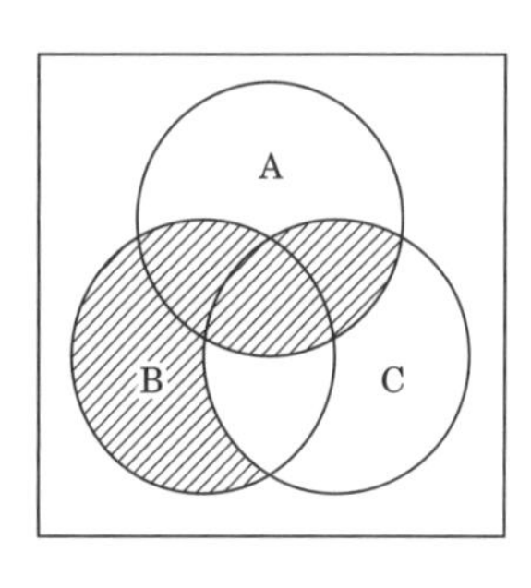

図2－b

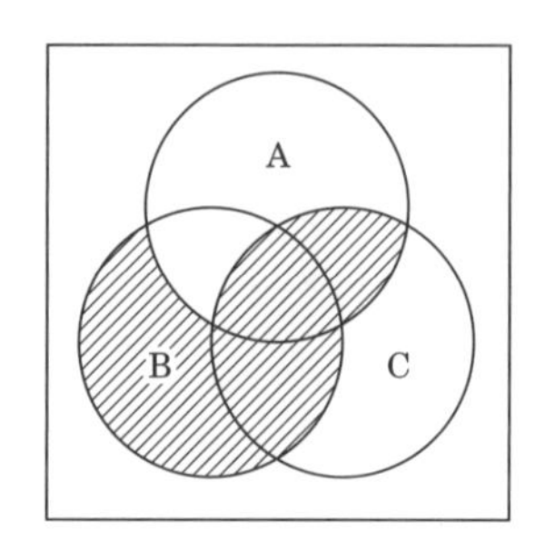

図2－c

2 表2－aに示す2進数X_1、X_2について、各桁それぞれに論理和を求め2進数で表記した後、10進数に変換すると、［（イ）］になる。

［① 81　② 119　③ 200］

表2－a

2進数
X_1 = 1110011
X_2 = 1010101

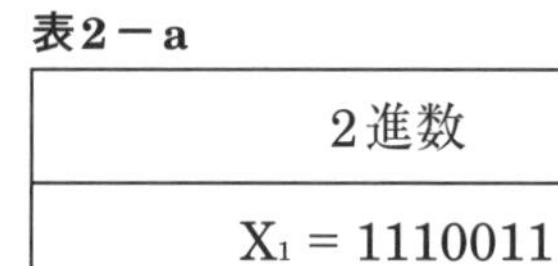

3 図2－dに示す論理回路において、Mの論理素子が［（ウ）］であるとき、入力a及びbと出力cとの関係は、図2－eで示される。

［① 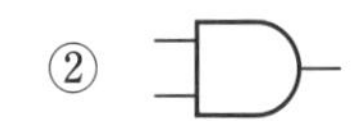　② 　③ 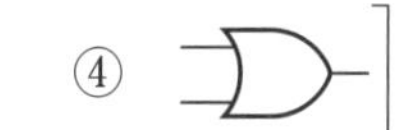　④ ］

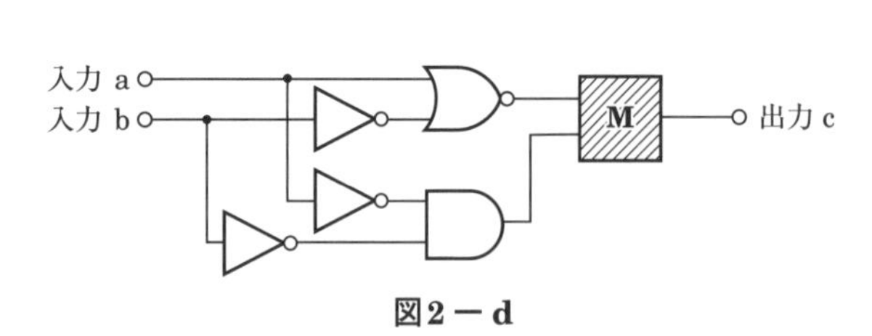

図2－d

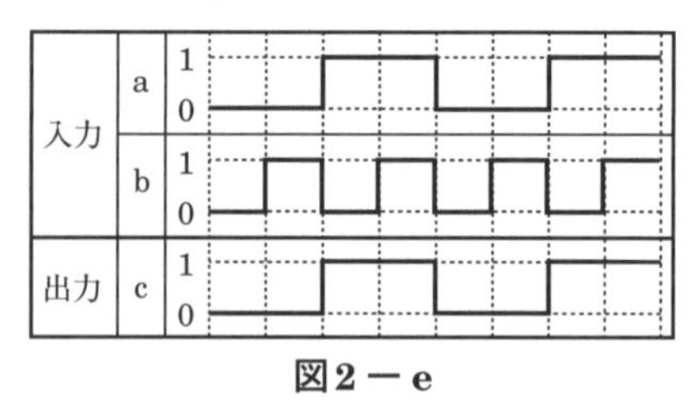

図2－e

22秋 **4** 次の論理関数Xは、ブール代数の公式等を利用して変形し、簡単にすると、［（エ）］になる。

$X=(A+\overline{B})+(B+\overline{C}) \cdot (\overline{A}+B)+(\overline{B}+C)$

［① 1　② A　③ $A+C+\overline{A} \cdot \overline{C}$］

類題

(1) 図1、図2及び図3に示すベン図において、A、B及びCが、それぞれの円の内部を表すとき、図1、図2及び図3の斜線部分を示すそれぞれの論理式の論理積は、 (a) と表すことができる。

[① $\overline{A} \cdot B \cdot C$　② $A \cdot B + B \cdot C$
③ $A \cdot \overline{B} \cdot C + \overline{A} \cdot B \cdot C$]

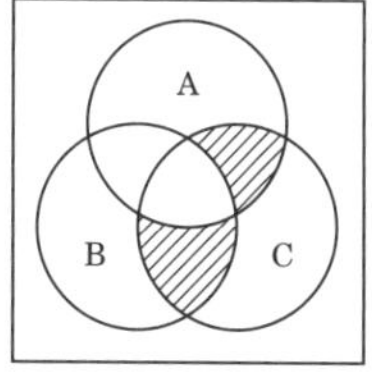

図1

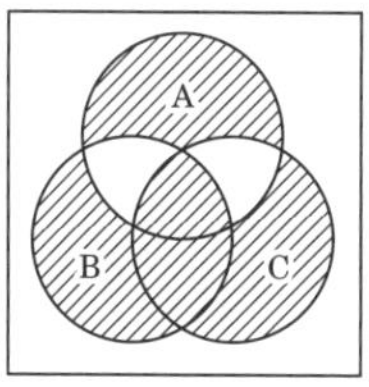

図2

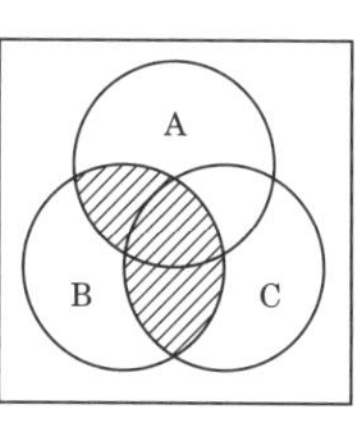

図3

(2) 図4、図5及び図6に示すベン図において、A、B及びCが、それぞれの円の内部を表すとき、図4、図5及び図6の斜線部分を示すそれぞれの論理式の論理積は、 (b) と表すことができる。

[① $\overline{A} \cdot B \cdot C$　② $A \cdot B \cdot \overline{C}$　③ $A \cdot \overline{B} \cdot C$]

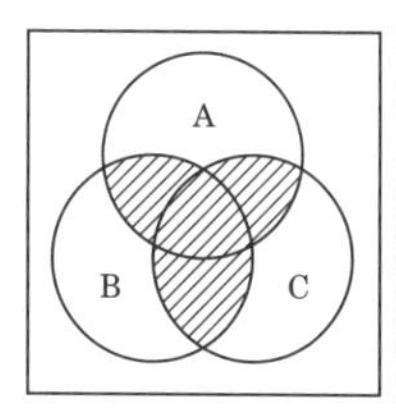

図4

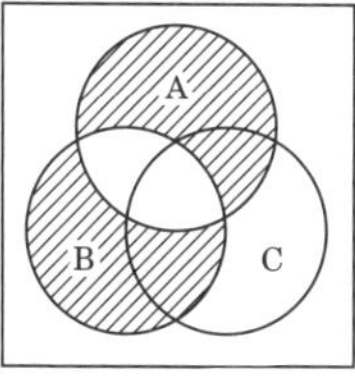

図5

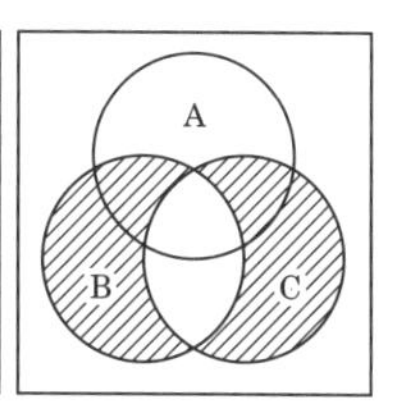

図6

(3) 表1に示す2進数X_1、X_2について、各桁それぞれに論理和を求め2進数で表記した後、10進数に変換すると、 (c) になる。

[① 20　② 29　③ 49]

表1

2進数
X_1 = 11100
X_2 = 10101

(4) 次の論理関数Xは、ブール代数の公式等を利用して変形し、簡単にすると、 (d) になる。

$$X = (A + B) \cdot (A + \overline{C}) + (\overline{\overline{A} \cdot \overline{B}}) + (\overline{\overline{A} \cdot C})$$

[① $A + B + \overline{C}$　② $A + B \cdot \overline{C}$　③ 1]

(5) 次の論理関数Xは、ブール代数の公式等を利用して変形し、簡単にすると、 (e) になる。

$$X = (\overline{A} + B) \cdot (B + \overline{C}) + (A + B) \cdot (\overline{A} + \overline{C})$$

[① B　② $B + \overline{C}$　③ $\overline{A} \cdot B + B \cdot \overline{C}$]

(6) 次の論理関数Xは、ブール代数の公式等を利用して変形し、簡単にすると、 (f) になる。

$$X = \overline{A} \cdot \overline{B} \cdot (A + \overline{C}) + A \cdot C \cdot (\overline{A} + B)$$

[① $A \cdot B \cdot C$　② $A \cdot B \cdot C + \overline{A} \cdot \overline{B} \cdot \overline{C}$
③ $\overline{A} \cdot \overline{B} \cdot \overline{C}$]

予想問題

問2-解説

1　設問の図2－a、図2－b、および図2－cの斜線部分を示す論理式の論理積をベン図で示す。図2－a、図2－b、および図2－cのいずれにおいても共通して斜線になっている領域を求めればよいので、図2－1の右辺のようになる。したがって正解は、$\mathbf{A \cdot B \cdot C + \overline{A} \cdot B \cdot \overline{C}}$である。

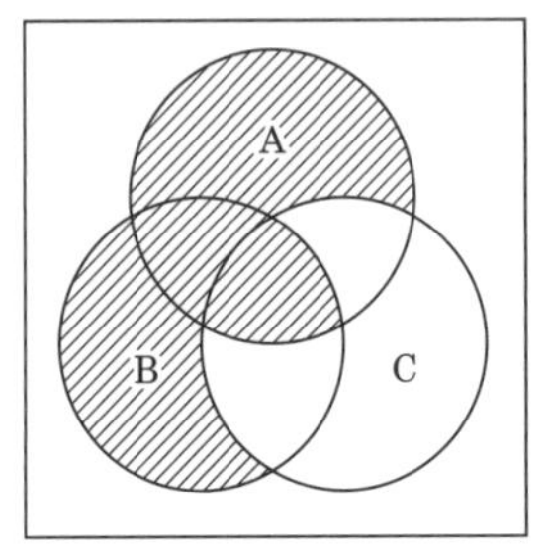

（設問の図2－a）

・

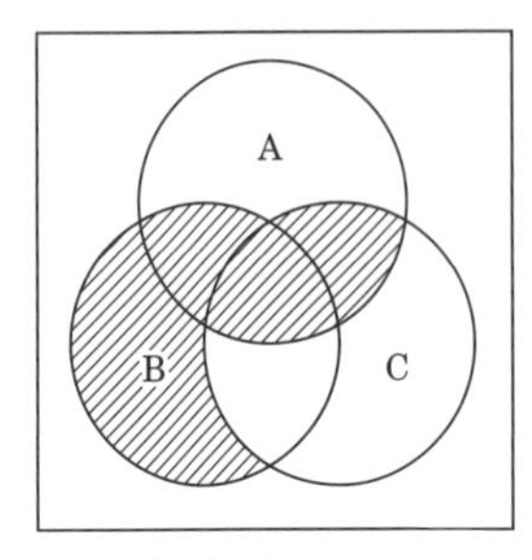

（設問の図2－b）

・

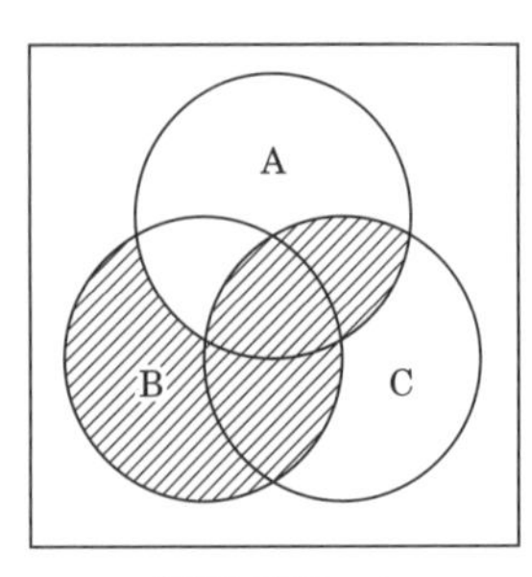

（設問の図2－c）

＝

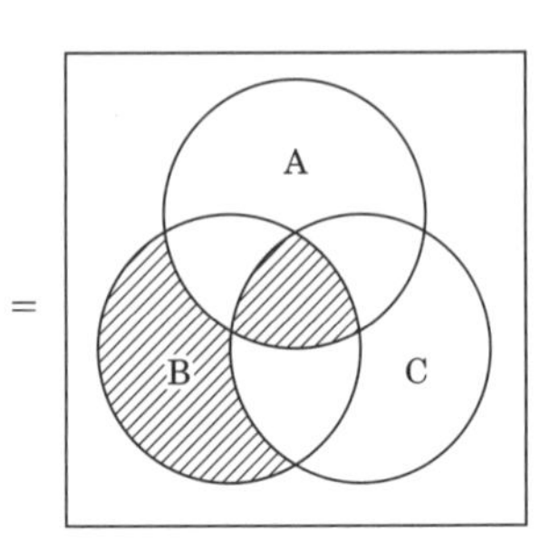

図2－a、図2－b、および図2－cのいずれにおいても共通して斜線になっている領域を示すと、上図のようになる。

図2－1

2　論理和では、2値論理演算においてすべての入力値が“0”のとき出力が“0”となり、1つでも入力値に“1”があれば出力は“1”となる。複数桁の2進数について論理和を求める場合は、桁ごとに計算する。また、論理演算なので、桁の繰り上がりも繰り下がりも発生しないことに注意する必要がある。

設問の2進数X_1、X_2について論理和を求めると、次のようになる。

```
      1110011  ←…… X1
  OR）1010101  ←…… X2
  ───────────
      1110111  ……→ 出力
```

図2－2

次に、この7桁の2進数1110111を以下のように10進数に変換する。

1 1 1 0 1 1 1 $= 2^6 \times 1 + 2^5 \times 1 + 2^4 \times 1 + 2^3 \times 0 + 2^2 \times 1 + 2^1 \times 1 + 2^0 \times 1$

↑ ↑ ↑ ↑ ↑ ↑ ↑ $= 64 + 32 + 16 + 0 + 4 + 2 + 1$

2^6 2^5 2^4 2^3 2^2 2^1 2^0 の位 $=$ **119**

3　設問の図2－eの入出力の関係を表で示すと、表2－1のようになる。この表2－1を整理して、さらに入力a、入力b、出力cの論理レベルの関係を表した真理値表を作成すると、表2－2のようになる。

表2－1　図2－dの論理回路の入出力

入力	a	0	0	1	1	0	0	1	1
	b	0	1	0	1	0	1	0	1
出力	c	0	0	1	1	0	0	1	1

表2－2　図2－dの論理回路の真理値表

入力	a	0	0	1	1
	b	0	1	0	1
出力	c	0	0	1	1

次に、設問の図2－dの論理回路の入力a、b、および出力cに表2－2の真理値表の論理レベルをそれぞれ代入すると、各論理素子における論理レベルの変化は図2－3のようになる。

この図2－3に示すように、論理素子Mの入力端子の一方を点d、他方を点eと定め、入力a、bの入力条件に対応した点d、eおよび出力cの真理値表を作ると表2－3のようになる。この表より、Mは③のNORであることがわかる。

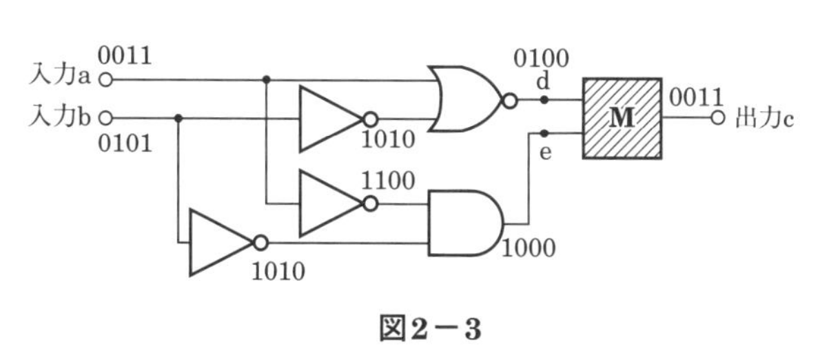

図2－3

表2－3　論理素子Mに関する真理値表

入力		空欄Mの入力		出力
a	b	d	e	c
0	0	0	1	0
0	1	1	0	0
1	0	0	0	1
1	1	0	0	1

Mの入出力
└→ NORの関係

4　設問の論理関数Xをブール代数の公式を用いて変形し、簡単にすると、以下のようになる。

$X = (A + \overline{B}) + (B + \overline{C}) \cdot (\overline{A} + B) + (\overline{B} + C)$
$= A + \overline{B} + B \cdot \overline{A} + B \cdot B + \overline{C} \cdot \overline{A} + \overline{C} \cdot B + \overline{B} + C$ 〔分配の法則〕
$= A + \overline{B} + B \cdot \overline{A} + B + \overline{C} \cdot \overline{A} + \overline{C} \cdot B + C$ 〔同一の法則：$\overline{B} + \overline{B} = \overline{B}$、$B \cdot B = B$〕
$= A + \overline{B} + B \cdot (\overline{A} + 1 + \overline{C}) + \overline{C} \cdot \overline{A} + C$ 〔交換の法則〕〔分配の法則〕
$= A + \overline{B} + B \cdot 1 + \overline{C} \cdot \overline{A} + C$ 〔恒等の法則：$\overline{A} + 1 + \overline{C} = 1$〕
$= A + \overline{B} + B + \overline{C} \cdot \overline{A} + C$ 〔恒等の法則：$B \cdot 1 = B$〕
$= A + 1 + \overline{C} \cdot \overline{A} + C$ 〔補元の法則：$\overline{B} + B = 1$〕
$= \mathbf{1}$ 〔恒等の法則：$A + 1 + \overline{C} \cdot \overline{A} + C = 1$〕

答	
(ア)	②
(イ)	②
(ウ)	③
(エ)	①

類題の答　(a)①　(b)③　(c)②　(d)①　(e)②　(f)②

予想問題

問3

次の各文章の［　　］内に、それぞれの[　　]の解答群の中から最も適したものを選び、その番号を記せ。

22秋 **1** 図3－a、図3－b及び図3－cに示すベン図において、A、B及びCが、それぞれの円の内部を表すとき、斜線部分を示す論理式が$A \cdot \overline{B} \cdot \overline{C} + \overline{A} \cdot B \cdot \overline{C} + \overline{A} \cdot \overline{B} \cdot C$と表すことができるベン図は、［（ア）］である。

[① 図3－a　② 図3－b　③ 図3－c]

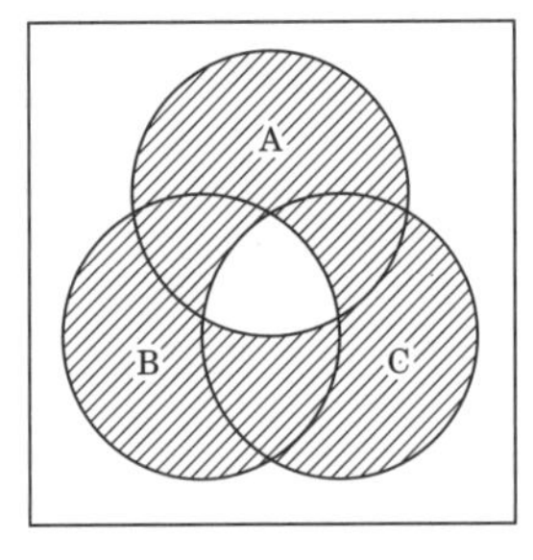

図3－a

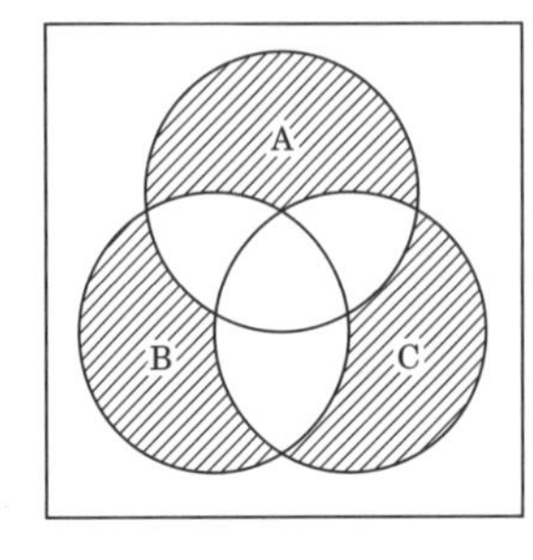

図3－b

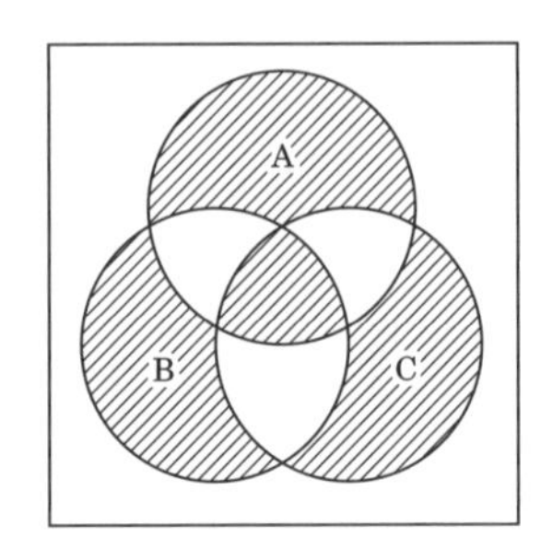

図3－c

21春 **2** 表3－aに示す2進数X_1、X_2について、各桁それぞれに論理積を求め2進数で表記した後、10進数に変換すると、［（イ）］になる。

[① 297　② 329　③ 658]

表3－a

2進数
X_1 = 111001011
X_2 = 101101101

3 図3－dに示す論理回路において、Mの論理素子が［（ウ）］であるとき、入力a及びbと出力cとの関係は、図3－eで示される。

[① 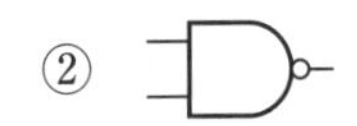　② 　③ 　④]

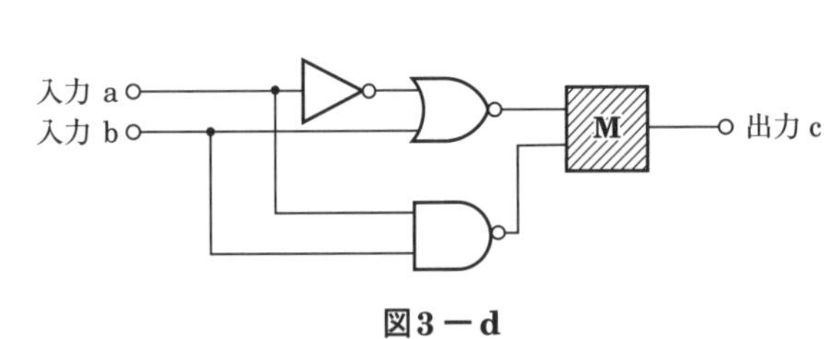

図3－d

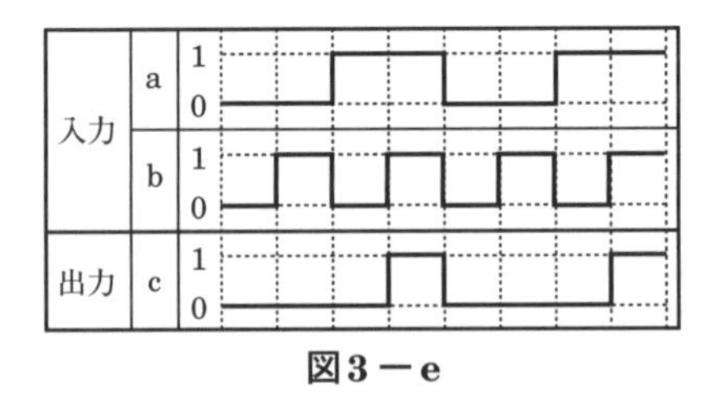

図3－e

22春 **4** 次の論理関数Xは、ブール代数の公式等を利用して変形し、簡単にすると、［（エ）］になる。

$X = \overline{(\overline{A} + \overline{B}) \cdot (\overline{A} + C)} + \overline{(A + \overline{B})} + \overline{(A + C)}$

[① $B + \overline{C}$　② $\overline{B} + C$　③ $A + B + \overline{C}$]

類題

⑴　図1、図2及び図3に示すベン図において、A、B及びCが、それぞれの円の内部を表すとき、斜線部分を示す論理式が$\overline{A} \cdot C + B \cdot \overline{C} + \overline{B} \cdot C$と表すことができるベン図は、（a）である。

［① 図1　② 図2　③ 図3］

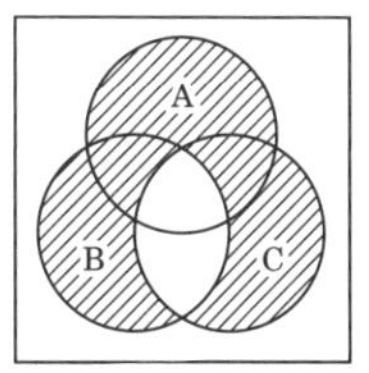

図1

図2

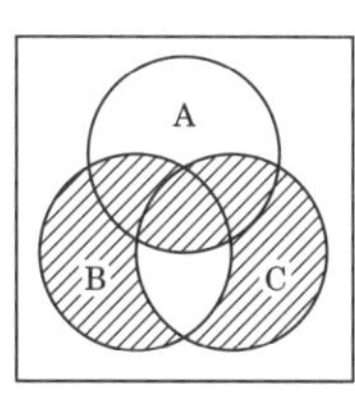

図3

⑵　図4、図5及び図6に示すベン図において、A、B及びCが、それぞれの円の内部を表すとき、斜線部分を示す論理式が$A \cdot \overline{B} + B \cdot \overline{C} + \overline{B} \cdot C$と表すことができるベン図は、（b）である。

［① 図4　② 図5　③ 図6］

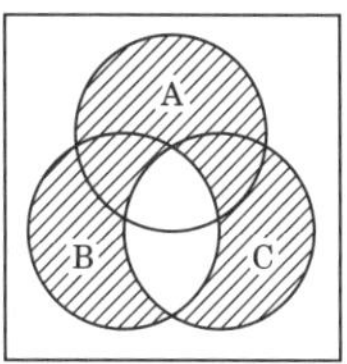

図4

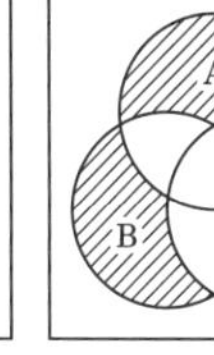

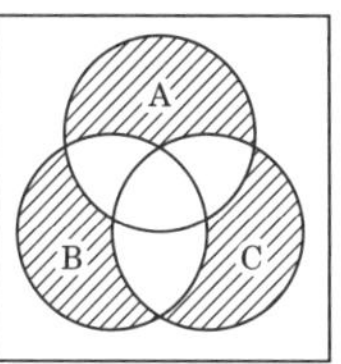

図5

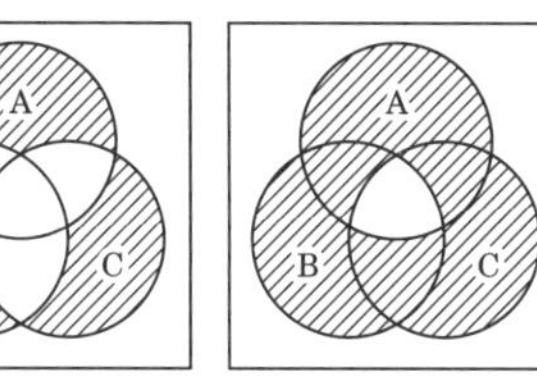

図6

⑶　表1に示す2進数X_1、X_2について、各桁それぞれに論理積を求め2進数で表記した後、10進数に変換すると、（c）になる。

［① 257　② 511　③ 768］

表1

2進数
X_1 = 110101011
X_2 = 101010101

⑷　表2に示す2進数X_1、X_2について、各桁それぞれに論理積を求め2進数で表記した後、10進数に変換すると、（d）になる。

［① 297　② 511　③ 594］

表2

2進数
X_1 = 110101011
X_2 = 101111101

⑸　次の論理関数Xは、ブール代数の公式等を利用して変形し、簡単にすると、（e）になる。

$$X = (A + B) \cdot (A + C) + \overline{B} \cdot C$$

［① A　② B　③ C + A］

⑹　次の論理関数Xは、ブール代数の公式等を利用して変形し、簡単にすると、（f）になる。

$$X = (A + B) \cdot ((A + \overline{C}) + (\overline{A} + B)) \cdot (\overline{A} + \overline{C})$$

［① 1　② $B + \overline{C}$　③ $A \cdot \overline{C} + \overline{A} \cdot B + B \cdot \overline{C}$］

予想問題

問3-解説

1　設問文で与えられた論理式$A \cdot \overline{B} \cdot \overline{C} + \overline{A} \cdot B \cdot \overline{C} + \overline{A} \cdot \overline{B} \cdot C$を、論理和の記号“＋”で区切られた項ごとに考えていくとわかりやすい。まず、第1項の$A \cdot \overline{B} \cdot \overline{C}$の範囲をベン図で表すと、図3－1のようになる。次に、第2項の$\overline{A} \cdot B \cdot \overline{C}$の範囲、第3項の$\overline{A} \cdot \overline{B} \cdot C$の範囲をベン図で表すと、それぞれ図3－2、図3－3のようになる。

したがって、第1項と第2項と第3項の論理和である$A \cdot \overline{B} \cdot \overline{C} + \overline{A} \cdot B \cdot \overline{C} + \overline{A} \cdot \overline{B} \cdot C$は図3－4のようになり、設問の図3－a、図3－b、図3－cのうち、**図3－b**が正解となる。

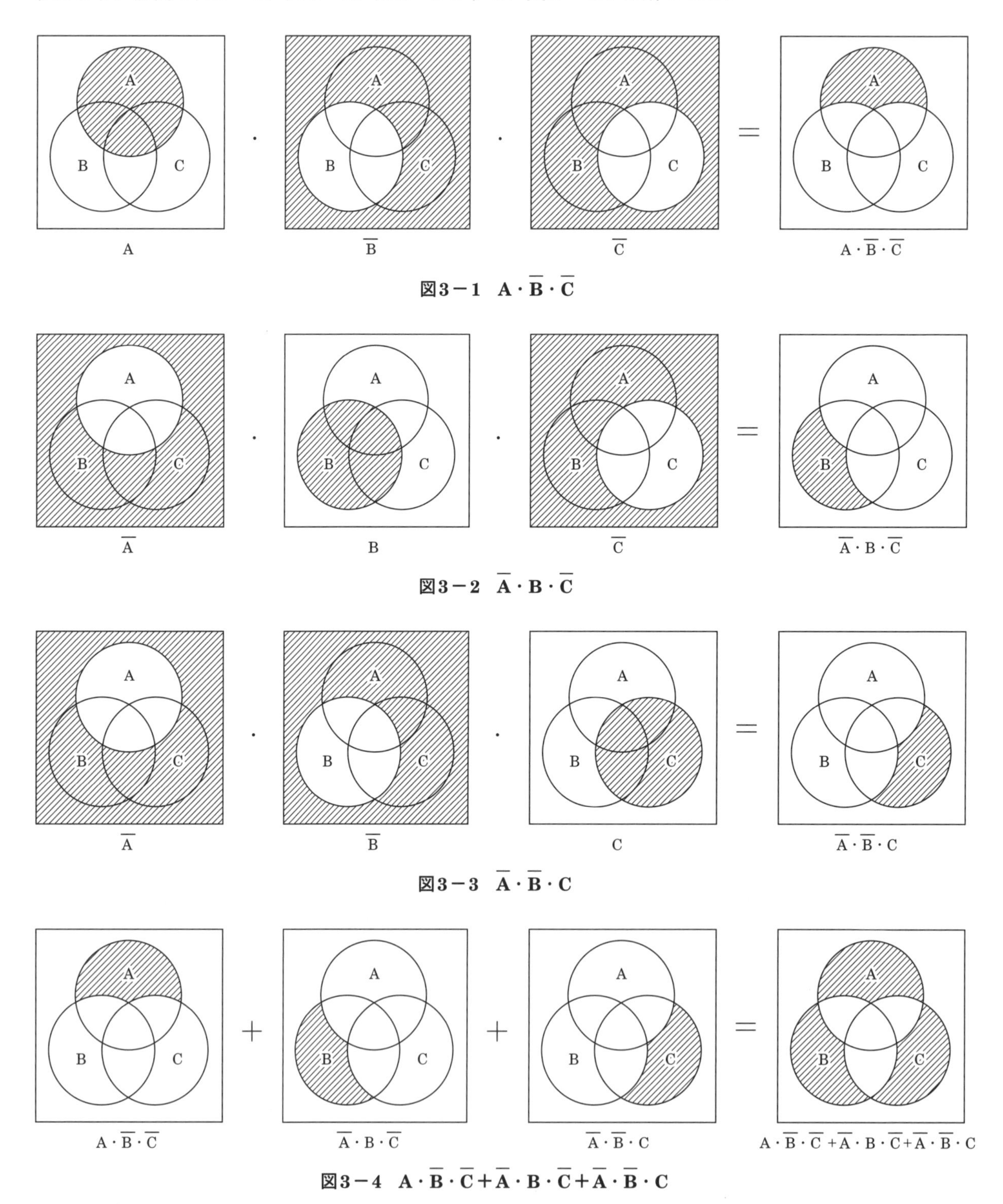

図3－1　$A \cdot \overline{B} \cdot \overline{C}$

図3－2　$\overline{A} \cdot B \cdot \overline{C}$

図3－3　$\overline{A} \cdot \overline{B} \cdot C$

図3－4　$A \cdot \overline{B} \cdot \overline{C} + \overline{A} \cdot B \cdot \overline{C} + \overline{A} \cdot \overline{B} \cdot C$

2　論理積では、2値論理演算においてすべての入力値が1のとき出力が1となり、1つでも入力値に0があれば出力は0となる。また、複数桁の2進数について論理積を求める場合は、桁ごとに計算する。この規則に従って設問のX_1(111001011)とX_2(101101101)について論理積を求めると、図3－5に示すように9桁の2進数101001001となる。

```
     111001011  ←…… X1
AND) 101101101  ←…… X2
     101001001  ……→ 出力
```

図3－5

次に、9桁の2進数101001001を10進数に変換すると、以下のようになる。

1 0 1 0 0 1 0 0 1 $= 2^8\times1+2^7\times0+2^6\times1+2^5\times0+2^4\times0+2^3\times1+2^2\times0+2^1\times0+2^0\times1$

↑↑↑↑↑↑↑↑↑ $= 256+0+64+0+0+8+0+0+1$

2^8 2^7 2^6 2^5 2^4 2^3 2^2 2^1 2^0 の位 $=$ **329**

3 設問の図3－eの入出力の関係を表で示すと、表3－1のようになる。この表3－1を整理して、入力a、入力b、出力cの論理レベルの関係を表した真理値表を作成すると、表3－2のようになる。

表3－1　図3－dの論理回路の入出力

入力	a	0	0	1	1	0	0	1	1
	b	0	1	0	1	0	1	0	1
出力	c	0	0	0	1	0	0	0	1

表3－2　図3－dの論理回路の真理値表

入力	a	0	0	1	1
	b	0	1	0	1
出力	c	0	0	0	1

次に、設問の図3－dの論理回路の入力a、b、および出力cに表3－2の真理値表の論理レベルをそれぞれ代入すると、各論理素子における論理レベルの変化は図3－6のようになる。

この図3－6に示すように、論理素子Mの入力端子の一方を点d、他方を点eと定め、入力a、bの入力条件に対応した点d、eおよび出力cの真理値表を作ると表3－3のようになる。この表より、Mは④のNORであることがわかる。

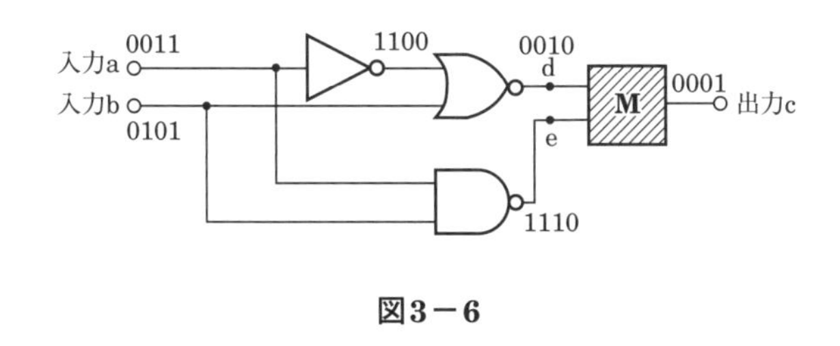

図3－6

表3－3　論理素子Mに関する真理値表

入力		空欄Mの入力		出力
a	b	d	e	c
0	0	0	1	0
0	1	0	1	0
1	0	1	1	0
1	1	0	0	1

Mの入出力 → NORの関係

4 設問の論理関数Xをブール代数の公式を用いて変形し、簡単にすると、以下のようになる。

$X = \overline{(\overline{A}+\overline{B})\cdot(\overline{A}+C)} + \overline{(A+\overline{B})} + \overline{(A+C)}$

$= \overline{(\overline{A}+\overline{B})} + \overline{(\overline{A}+C)} + (\overline{A}\cdot\overline{\overline{B}}) + (\overline{A}\cdot\overline{C})$ 〔ド・モルガンの法則：$\overline{(\overline{A}+\overline{B})\cdot(\overline{A}+C)} = \overline{(\overline{A}+\overline{B})} + \overline{(\overline{A}+C)}$、$\overline{(A+\overline{B})} = (\overline{A}\cdot\overline{\overline{B}})$、$\overline{(A+C)} = (\overline{A}\cdot\overline{C})$〕

$= (\overline{\overline{A}}\cdot\overline{\overline{B}}) + (\overline{\overline{A}}\cdot\overline{C}) + (\overline{A}\cdot B) + (\overline{A}\cdot\overline{C})$ 〔ド・モルガンの法則：$\overline{(\overline{A}+\overline{B})} = (\overline{\overline{A}}\cdot\overline{\overline{B}})$、$\overline{(\overline{A}+C)} = (\overline{\overline{A}}\cdot\overline{C})$〕〔復元の法則：$\overline{\overline{B}} = B$〕

$= A\cdot B + A\cdot\overline{C} + \overline{A}\cdot B + \overline{A}\cdot\overline{C}$ 〔復元の法則：$\overline{\overline{A}} = A$、$\overline{\overline{B}} = B$〕

$= B\cdot(A+\overline{A}) + \overline{C}\cdot(A+\overline{A})$ 〔交換の法則〕〔分配の法則〕

$= B\cdot 1 + \overline{C}\cdot 1$ 〔補元の法則：$A+\overline{A} = 1$〕

$= \mathbf{B} + \overline{\mathbf{C}}$ 〔恒等の法則：$B\cdot 1 = B$、$\overline{C}\cdot 1 = \overline{C}$〕

答

(ア) ②
(イ) ②
(ウ) ④
(エ) ①

類題の答　(a)②　(b)①　(c)①　(d)①　(e)③　(f)③

基礎  伝送理論

伝送量の求め方

●伝送量とデシベル

電気通信回線の伝送量を表現する方法として、送信側と受信側の関係を想定している。一般には送信側の電力P_1と受信側の電力P_2の比をとり、これを常用対数(10を底とする対数)で表す。

$$伝送量 = 10\ log_{10}\frac{P_2}{P_1}〔\mathrm{dB}〕$$

この式において、$P_2 > P_1$の場合、伝送量は正の値となり、回路網では増幅が行われていることを示す。これを**電力利得**という。また、$P_2 < P_1$の場合、伝送量は負の値となり、回路網では減衰が行われていることを示す。これを**伝送損失**という。また、入出力のインピーダンスが整合している場合、伝送量は次の式のように電圧比あるいは電流比で表すこともできる。

$$伝送量 = 10\ log_{10}\frac{P_2}{P_1}〔\mathrm{dB}〕$$

$$= 20\ log_{10}\frac{V_2}{V_1} = 20\ log_{10}\frac{I_2}{I_1}〔\mathrm{dB}〕$$

図1　電気通信回線の伝送量

●相対レベルと絶対レベル

電気通信回線の伝送量は、送信側の電力と受信側の電力比の対数であるが、このような2点間の電力比をデシベル〔dB〕で表したものを相対レベルという。相対レベルは電気通信回線や伝送回路網の減衰量や増幅量を示している。

これに対し、伝送路のある点における皮相電力を1mWを基準電力として対数で表したものを絶対レベルといい、単位は〔dBm〕で表す。絶対レベルは電気通信回線上の各点の伝送レベルを表す場合に用いられる。

$$絶対レベル = 10\ log_{10}\frac{P〔\mathrm{mW}〕}{1〔\mathrm{mW}〕}〔\mathrm{dBm}〕$$

●伝送量の計算例

電気通信回線には伝送損失を補償するため増幅器などを挿入している場合が多い。このような場合、伝送路全体の伝送量は、各伝送量の代数和として求められる。

全体の伝送量 = (利得の合計) − (減衰量の合計)

図2の例では、次のようになる。

全体の伝送量 = $-x$〔dB〕+ y〔dB〕− z〔dB〕

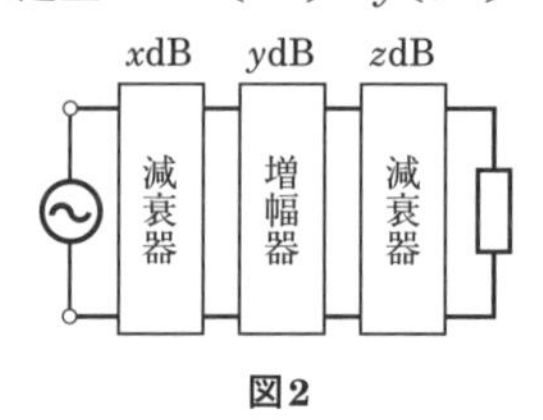

図2

次に図3のように入出力の電力が、P_1〔mW〕およびP_2〔mW〕で与えられ、伝送路中の利得、損失がデシベルで与えられた場合の計算方法を示す。たとえば、入力電力P_1 = 1〔mW〕、出力電力P_2 = 10〔mW〕のときの増幅器の利得x〔dB〕は以下のように求めることができる。

1 − 1' 端子から2 − 2' 端子までの伝送量Aは、

$$A = -20 + x - 20 = x - 40〔\mathrm{dB}〕 \quad \cdots\cdots①$$

P_1とP_2の電力比から全体の伝送量Aを計算すると、

$$A = 10\ log_{10}\frac{P_2}{P_1} = 10\ log_{10}\frac{10〔\mathrm{mW}〕}{1〔\mathrm{mW}〕}〔\mathrm{dB}〕\cdots\cdots②$$

①と②は相等しいから、

$$x - 40 = 10 \qquad \therefore\ x = 50〔\mathrm{dB}〕$$

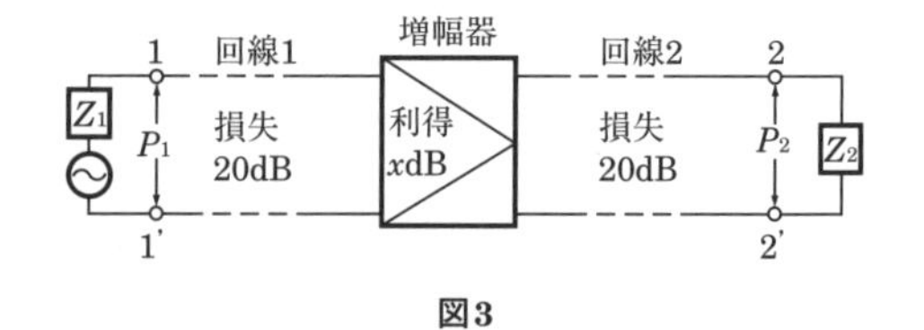

図3

インピーダンス整合と整合用変成器

●インピーダンス整合

一様な回線では、信号の減衰はケーブルの損失特性のみに関係するが、特性インピーダンスが異なるケーブルを接続したり、ケーブルと通信装置の接続の際、インピーダンスが異なると反射現象による減衰が発生し、効率的な伝送ができなくなる。

特性インピーダンスの異なるケーブルなどを接続する場合、その接続点に発生する反射減衰量を防止するため、インピーダンスを合わせる必要がある。これをインピーダンス整合をとるという。

●整合用トランス

インピーダンス整合をとる最も一般的で簡単な方法として、変成器(トランス)が使用される。これを整合用変成器(マッチングトランス)という。変成器は、1次側のコイルと2次側のコイルとの間の相互誘導を利用して電力を伝えるものであり、コイルの巻線比により電圧、電流、インピーダンスを変換することができる。

巻線比が$n_1 : n_2$の整合用変成器において、

$$\frac{n_1}{n_2} = \frac{E_1}{E_2} \qquad P = \frac{E_1^2}{Z_1} = \frac{E_2^2}{Z_2}$$

であるから、

$$\left(\frac{n_1}{n_2}\right)^2 = \frac{Z_1}{Z_2}$$

となり、巻線比の2乗がインピーダンスの比となる。

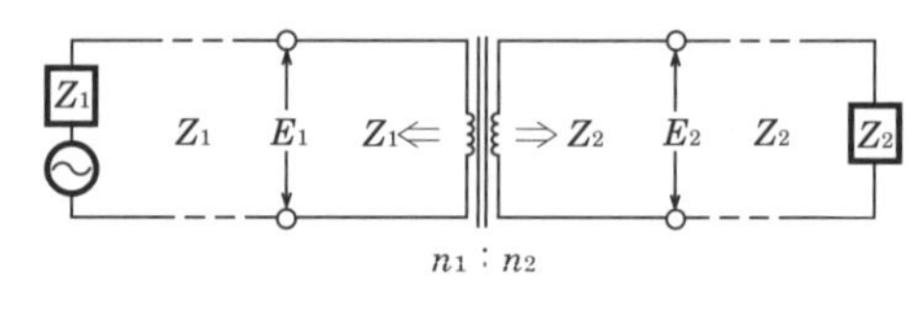

図4　変成器によるインピーダンス整合

伝送路上の各種現象

●反射現象

特性インピーダンスの異なる回線を接続したとき、その接続点において入力信号の一部が入力側に反射し、受信側への伝送損失が増加する現象が発生する。

いくつかの回線が接続され、接続点が複数存在する場合、それぞれの接続点において反射が生じるが、このとき、奇数回の反射による反射波は送信側に進み、偶数回の反射波は受信側に進む。その送信側に進む反射波を逆流、受信側に進む反射波を伴流(続流)という。

●反射係数

反射の大きさは通常、入射波の電圧V_Iと反射波の電圧V_Rの比で表し、これを電圧反射係数という。

$$電圧反射係数 = \frac{反射電圧 V_R}{入射電圧 V_I} = \frac{Z_2 - Z_1}{Z_2 + Z_1}$$

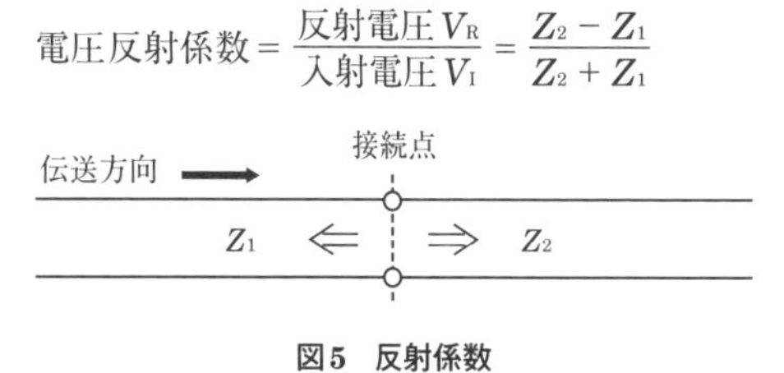

図5　反射係数

●ひずみ

電気通信回線により信号を伝送する場合、送信側の信号が受信側に正しく現れない現象をひずみといい、入出力信号が比例関係にないために生じる非直線ひずみや信号の伝搬時間の遅延が原因で生じる位相ひずみなどがある。

雑音と漏話現象

●雑　音

電気通信回線では、送信側で信号を入力しない状態でも受信側で何らかの信号が現れることがある。これを雑音という。雑音の大きさを表すものとして、受信電力と雑音電力との相対レベルを用いる。これを**信号電力対雑音電力比(*SN*比)**という。図6のように、伝送路の信号時における受端の信号電力をP_S、無信号時における雑音電力をP_Nとすると、*SN*比は次の式で表される。

$$SN比 = 10\log_{10}\frac{P_S}{P_N} = 10\log_{10}P_S - 10\log_{10}P_N〔dB〕$$

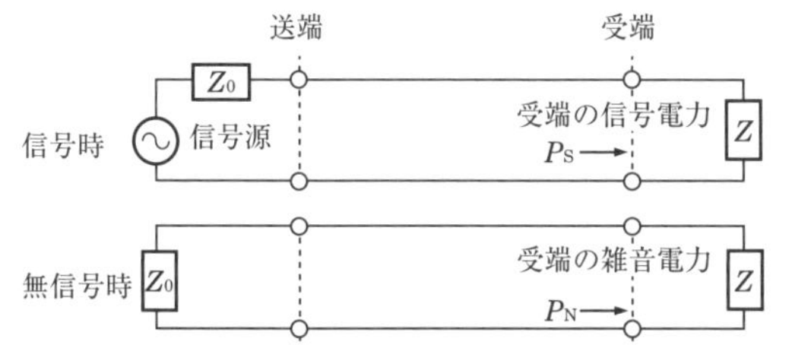

図6　信号電力対雑音電力比(SN比)

●漏話現象

図7に示すような2つの電気通信回線において、一方の回線の信号が他の回線に漏れる現象を漏話という。漏話の原因には、回線間の電磁結合が原因で発生するものと、静電結合が原因で発生するものがある。また、漏話が現れる箇所により、送信信号の伝送方向と逆の方向に現れる**近端漏話**と、同一方向に現れる**遠端漏話**に分類できる。

漏話の度合いを表すものとしては**漏話減衰量**がある。

漏話減衰量は、誘導回線の信号電力と被誘導回線に現れる漏話電力との相対レベルによって示す。

$$漏話減衰量 = 10\log_{10}\frac{送信電力(誘導回線)}{漏話電力(被誘導回線)}〔dB〕$$

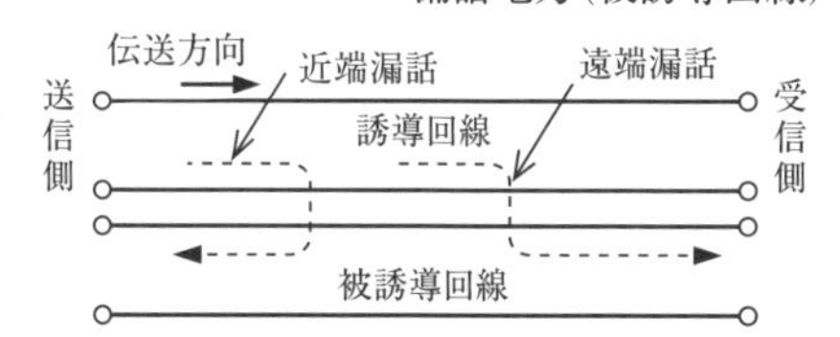

図7　近端漏話と遠端漏話

各種ケーブルの伝送特性

●特性インピーダンス

一様な回線が長距離にわたるとき、単位長〔km〕当たりの導体抵抗R、自己インダクタンスL、静電容量C、漏れコンダクタンスGの4要素を1次定数という。

均一な回線では、1次定数回路が一様に分布しているものと考えることができることから、分布定数回路と呼ばれる。

このように、一様な線路が無限の長さ続いているとき、線路上のどの点をとっても左右が同じインピーダンスで接続されているから、線路の長さを延長してもインピーダンスの値は変わらないことになる。これを特性インピーダンスといい、ケーブルの種類によって固有な値を持っている。

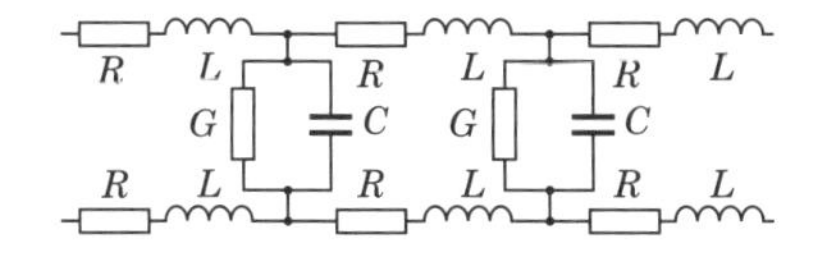

図8　分布定数回路

●平衡対ケーブル

平衡対ケーブルは、多数の回線を束ねて設置すると静電結合や電磁結合により漏話が発生する。この漏話を防止するため2本の心線を平等に撚り合わせた対撚りケーブルや、2対4本の心線を撚り合わせた星形カッド撚りケーブルを使用する。

対撚りケーブル

星形カッド撚りケーブル

図9

●同軸ケーブル

同軸ケーブルは、1本の導体を円筒形の外部導体によりシールドした構造になっているため、平衡対ケーブルとは異なり、他のケーブルとの間の静電結合や電磁結合による漏話は生じない。また、高周波の信号においては、電磁波は内・外層の空間を伝搬するので、広い周波数帯域にわたって伝送することができる。

次の各文章の　　　内に、それぞれの[　]の解答群の中から最も適したものを選び、その番号を記せ。　(小計20点)

(1) 図1において、電気通信回線への入力電力が16ミリワット、増幅器の利得が11デシベル、電力計の読みが1.6ミリワットのとき、電気通信回線の伝送損失は、1キロメートル当たり (ア) デシベルである。ただし、入出力各部のインピーダンスは整合しているものとする。　(5点)

[① 0.6　② 0.8　③ 1.0]

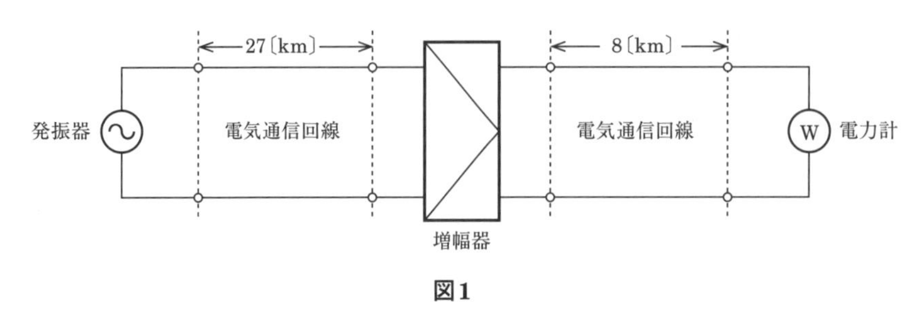

図1

(2) 誘導回線の信号が被誘導回線に現れる漏話のうち、誘導回線の信号の伝送方向を正の方向とし、その反対方向を負の方向とすると、負の方向に現れるものは、 (イ) 漏話といわれる。　(5点)

[① 遠 端　② 近 端　③ 直 接　④ 間 接]

(3) 特性インピーダンスがZ_0の通信線路に負荷インピーダンスZ_1を接続する場合、 (ウ) のとき、接続点での入射電圧波は、逆位相で全反射される。　(5点)

[① $Z_1 = Z_0$　② $Z_1 = \frac{Z_0}{2}$　③ $Z_1 = 0$]

(4) データ信号速度は1秒間に何ビットのデータを伝送するかを表しており、シリアル伝送によるデジタルデータ伝送方式において、図2に示す2進符号によるデータ信号を伝送する場合、データ信号のパルス幅Tが5ミリ秒のとき、データ信号速度は (エ) ビット／秒である。　(5点)

[① 100　② 200　③ 400]

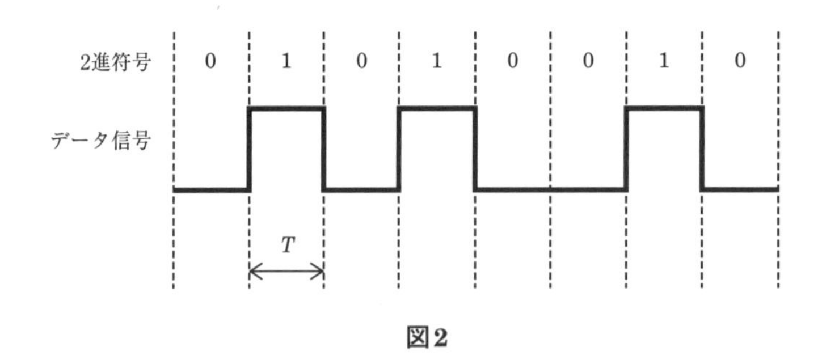

図2

解　説

(1) 電気通信回線への入力電力をP_I〔mW〕、出力電力(電力計の読み)をP_O〔mW〕、増幅器の利得をG〔dB〕、伝送損失をL〔dB〕とすると、発振器から電力計までの伝送量A〔dB〕は、次式で表される。

$$A = 10\log_{10}\frac{P_O}{P_I} = -L + G\text{〔dB〕}$$

上式に$P_I = 16$〔mW〕、$P_O = 1.6$〔mW〕、$G = 11$〔dB〕を代入してLを求めると、

$$A = 10\log_{10}\frac{1.6}{16} = -L + 11\text{〔dB〕} \rightarrow 10\log_{10}\frac{1}{10} = -L + 11$$

$$\rightarrow 10\log_{10}10^{-1} = -L + 11 \rightarrow 10 \times (-1) = -L + 11 \qquad \left(\text{参考：}\log_{10}\frac{1}{10} = \log_{10}10^{-1} = -1\right)$$

$$\rightarrow -10 = -L + 11 \qquad \therefore\ L = 10 + 11 = 21\text{〔dB〕}$$

したがって、電気通信回線全体(27km + 8km = 35km)の伝送損失が21dBであるから、1km当たりの伝送損失は、21〔dB〕÷ 35〔km〕= **0.6**〔dB／km〕となる。

(2) 漏話(ろうわ)は回線上の任意の点で発生し、被誘導回線(妨害を受ける回線)の両端に伝送される。このとき、誘導回線(漏話の原因となる回線)の信号の伝送方向、すなわち正の方向に現れる漏話を、遠端(えんたん)漏話という。また、その反対方向すなわち負の方向に現れる漏話を、**近端**(きんたん)漏話という。漏話には、遠端漏話や近端漏話といった、回線間の直接的な漏話の他に、第3の回線を経由して生じる間接漏話などがある。

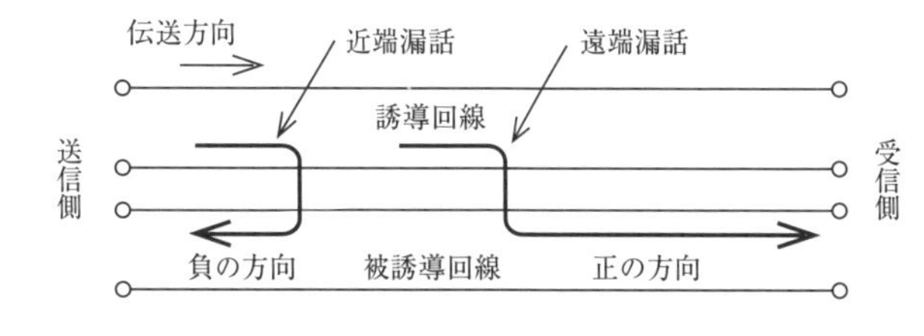

図3　遠端漏話と近端漏話

(3) 特性インピーダンスが異なる通信線路を接続すると、その接続点において信号の反射が生じ、信号の損失を招く。

特性インピーダンスがZ_0の通信線路に負荷インピーダンスZ_1を接続する場合、Z_0とZ_1の関係は次のようになる。

(ⅰ) $Z_1 = Z_0$のとき、反射は生じない。

(ⅱ) $Z_1 = \infty$(無限大)のとき、入射波は同位相で全反射する。

(ⅲ) $\boldsymbol{Z_1 = 0}$のとき、入射波は逆位相で全反射する。

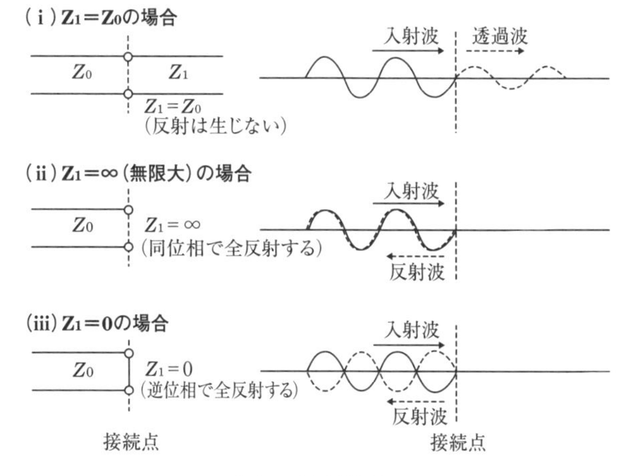

図4　反射現象

(4) デジタル伝送においてデータ信号速度とは、1秒間あたり何ビットのデータを伝送するかを表す値をいい、ビット／秒という単位が用いられる。情報を「0」「1」の2進符号のビットで表現し、これを電気や光などのパルスに変調した信号が媒体上で伝送される。たとえば、設問の図2のように1回のパルスが1ビットを表す方式の場合、パルスの幅Tが1秒であれば、データ信号速度は、1／1 = 1ビット／秒となる。

設問ではパルスの幅Tは5ミリ秒、すなわち5×10^{-3}秒なので、データ信号速度は、$1/(5 \times 10^{-3})$ = 1,000／5 = **200**ビット／秒となる。

答	
(ア)	①
(イ)	②
(ウ)	③
(エ)	②

次の各文章の□内に、それぞれの[　]の解答群の中から最も適したものを選び、その番号を記せ。　(小計20点)

(1) 図1において、電気通信回線への入力電力が65ミリワット、その伝送損失が1キロメートル当たり1.5デシベル、増幅器の利得が50デシベルのとき、電力計の読みは、（ア）ミリワットである。ただし、入出力各部のインピーダンスは整合しているものとする。　(5点)

[① 6.5　② 65　③ 650]

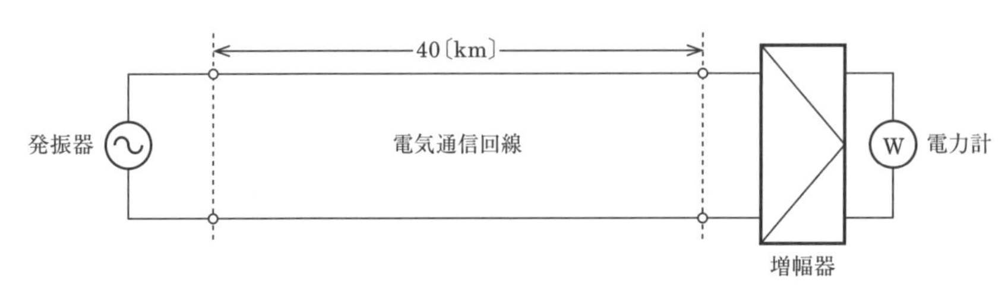

図1

(2) 同軸ケーブルは、（イ）が電磁シールドの役割を果たすため、平衡対ケーブルと比較して、高い周波数において漏話の影響を受けにくい。　(5点)

[① 外部被覆　② 絶縁体　③ 外部導体]

(3) 特性インピーダンスの異なる通信線路を接続して音声周波数帯域の信号を伝送するとき、その接続点における電圧及び電流のどちらにも（ウ）現象が生ずる。　(5点)

[① 放　射　② 共　振　③ 反　射]

(4) （エ）ミリワットの信号電力を絶対レベルで表すと、10〔dBm〕である。　(5点)

[① 1　② 10　③ 100]

解説

(1) 電気通信回線への入力電力をP_I〔mW〕、出力電力(電力計の読み)をP_O〔mW〕、増幅器の利得をG〔dB〕、伝送損失をL〔dB〕とすると、発振器から電力計までの伝送量A〔dB〕は、次式で表される。

$$A = 10\ log_{10}\frac{P_O}{P_I} = -L + G\text{〔dB〕}$$

上式に$P_I = 65$〔mW〕、$G = 50$〔dB〕を代入する。また、1km当たりの伝送損失が1.5dBであるから、電気通信回線全体(40km)の伝送損失は、1.5〔dB〕× 40〔km〕= 60〔dB〕となる。よって、$L = 60$〔dB〕を代入してP_Oを求めると、

$$A = 10\ log_{10}\frac{P_O}{65} = -60 + 50\text{〔dB〕} \rightarrow 10\ log_{10}\frac{P_O}{65} = -10$$

$$\rightarrow log_{10}\frac{P_O}{65} = -1 \qquad \therefore\ P_O = \mathbf{6.5}\text{〔mW〕}$$

(参考：$log_{10}\frac{6.5}{65} = log_{10}\frac{1}{10} = log_{10}10^{-1} = -1$)

(2) 同軸ケーブルは、1本の導体を円筒形の**外部導体**により遮(しゃ)へい(シールド)した構造になっており(図2)、平衡対ケーブルとは異なり、電磁結合や静電結合による漏話(ろうわ)は生じない。また、1対の心線が同心円状になっているため、表皮効果(*)などによる実行抵抗の増加が小さく、高い周波数帯域での伝送損失も少ない。しかし、同軸ケーブルは不平衡線路であるため、2本の同軸ケーブルが密着して設置された場合、外部導体間に、あるインピーダンスで結んだ閉回路が形成されることにより、一方の信号電流が他方のケーブルの外部導体の表面に誘起する。そして、2本のケーブル間の閉回路によって他方のケーブルの外表面に流れ、これが内側にも誘導電磁界を発生させる結果、漏話が発生する。

このように同軸ケーブルの漏話は導電的な結合によって生じるが、一般に、その大きさは、伝送される信号の周波数が高くなると小さくなる。

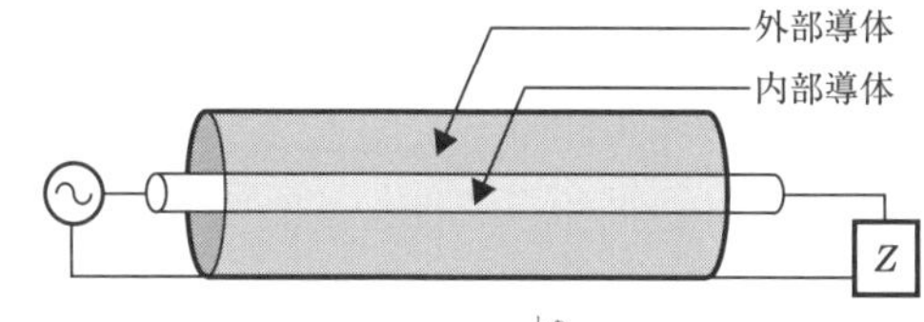

同軸ケーブルは、シールド(遮(しゃ)へい)構造のため、電磁結合や静電結合による漏話は生じない。

図2 同軸ケーブル

(*)表皮効果とは、周波数が高くなるほど電流が導体の表面に集中して流れる現象を指す。

(3) 特性インピーダンスが異なる通信線路を接続して音声周波数帯域などの信号を伝送するとき、その接続点で電圧および電流の**反射**現象による減衰が発生し、伝送効率が低下する。そこで、反射による減衰を最小限にするため、変成器を挿入するなどして、接続する2つの通信線路のインピーダンスを合わせる必要がある。これをインピーダンス整合という。

(4) 絶対レベルとは、基準電力に対する比較値をいい、1mW(ミリワット)を基準電力としたときの絶対レベルは次式で表される。

$$\text{絶対レベル〔dBm〕} = 10\ log_{10}\frac{P\text{〔mW〕}}{1\text{〔mW〕}}$$

この式に、設問で与えられた絶対レベルの値すなわち10〔dBm〕を代入すると、次のようになる。

$$10 = 10\ log_{10}\frac{P}{1} \rightarrow 1 = log_{10}P$$

$$\therefore\ P = \mathbf{10}\text{〔mW〕}$$

(参考：$log_{10}10 = 1$)

答	
(ア)	①
(イ)	③
(ウ)	③
(エ)	②

予想問題

問1

次の各文章の□内に、それぞれの[　]の解答群の中から最も適したものを選び、その番号を記せ。ただし、□内の同じ記号は、同じ解答を示す。

22秋 **1** 図1－aにおいて、電気通信回線への入力電力が150ミリワット、その伝送損失が1キロメートル当たり1.5デシベル、増幅器の利得が50デシベル、電力計の読みが15ミリワットのとき、電気通信回線の長さは、（ア）キロメートルである。ただし、入出力各部のインピーダンスは整合しているものとする。

[① 20　② 40　③ 60]

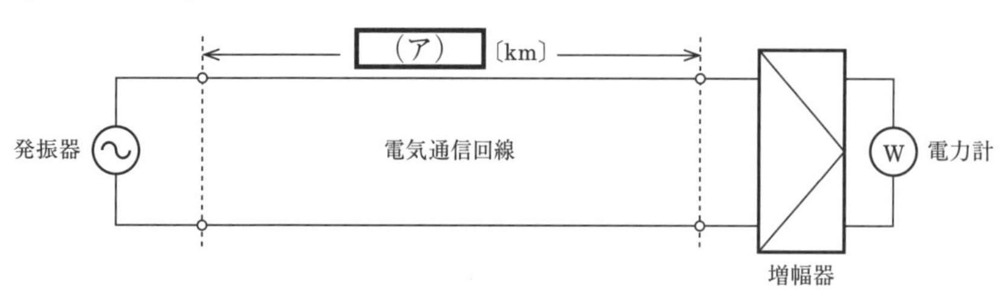

図1－a

22春 **2** 平衡対ケーブルを用いて構成された電気通信回線間の電磁結合による漏話は、心線間の相互誘導作用により生ずるものであり、その大きさは、誘導回線の電流に（イ）。

[① 比例する　② 反比例する　③ 関係しない]

22秋 **3** 特性インピーダンスがZ_0の通信線路に負荷インピーダンスZ_1を接続する場合、$Z_1=\infty$のとき、接続点での入射電圧波は、（ウ）全反射される。

[① 同位相で　② 逆位相で　③ 90度位相が遅れて]

22春 21春 **4** 信号電力をP_Sミリワット、雑音電力をP_Nミリワットとすると、信号電力対雑音電力比は、（エ）デシベルである。

[① $10\log_{10}\frac{P_N}{P_S}$　② $10\log_{10}\frac{P_S}{P_N}$　③ $20\log_{10}\frac{P_N}{P_S}$　④ $20\log_{10}\frac{P_S}{P_N}$]

類題

(1) 伝送損失のない一様な線路を（a）で終端すると、電圧及び電流の大きさは、線路上のどの点においても一様である。

[① コンデンサ　② 特性インピーダンス　③ 容量性リアクタンス]

(2) 無限長の一様線路における入力インピーダンスは、その線路の特性インピーダンス（b）。

[① の$\frac{1}{2}$である　② と等しい　③ の2倍である]

(3) 特性インピーダンスがZ_0の通信線路に負荷インピーダンスZ_1を接続する場合、（c）のとき、接続点での反射による伝送損失はゼロになる。

[① $Z_1=\frac{Z_0}{2}$　② $Z_1=Z_0$　③ $Z_1=2Z_0$]

(4) 電気通信回線の信号電力対雑音電力比が大きいとき、通話品質は、（d）なる。

[① 良く　② 一定に　③ 悪く]

問1-解説

1　電気通信回線への入力電力をP_I〔mW〕、出力電力（電力計の読み）をP_O〔mW〕、増幅器の利得をG〔dB〕、伝送損失をL〔dB〕とすると、発振器から電力計までの伝送量A〔dB〕は、次式で表される。

$$A = 10\,log_{10}\frac{P_O}{P_I} = -L + G\text{〔dB〕}$$

上式に$P_I = 150$〔mW〕、$P_O = 15$〔mW〕、$G = 50$〔dB〕を代入してLを求めると、

$$A = 10\,log_{10}\frac{15}{150} = -L + 50 \;\rightarrow\; 10\,log_{10}\frac{1}{10} = -L + 50$$

$$\rightarrow\; 10 \times (-1) = -L + 50 \;\rightarrow\; -10 = -L + 50$$

（参考：$log_{10}\frac{1}{10} = log_{10}10^{-1} = -1$）

$$\therefore\; L = 10 + 50 = 60\text{〔dB〕}$$

また、1km当たりの伝送損失が1.5dBであるから、電気通信回線の長さは次のようになる。

$60 \div 1.5 = \mathbf{40}$〔km〕

2　複数の電気通信回線間において、1つの回線の信号が他の回線に漏れる現象を漏話という。平衡対ケーブルにおける漏話の原因には、近接する回線間の静電容量Cの不平衡による静電結合と、相互インダクタンスMによる電磁結合の2つがある（図1－1）。静電結合による漏話は、2つの回線間の静電容量を通じ電流が被誘導回線（妨害を受ける回線）に流れ込むために生じる。被誘導回線に流れ込んだ電流により電圧が誘起されるが、その大きさは誘導回線（漏話の原因となる回線）のインピーダンスに比例する。一方、電磁結合による漏話は、2つの回線間の相互誘導作用により被誘導回線に電圧が誘起されるために生じ、その大きさは誘導回線の電流に**比例する**。

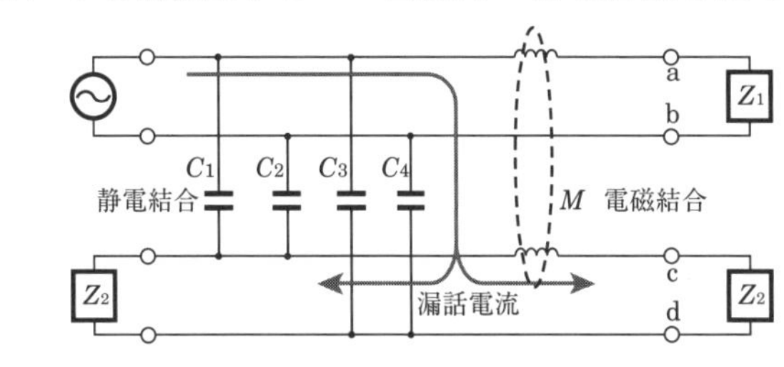

図1－1　平衡対ケーブルの漏話現象

3　一様な通信線路が無限の長さに続いているとき、通信線路上では電圧と電流は遠くへ行くほど徐々に減衰していくが、通信線路上のどの点をとっても電圧と電流の比は一定となる。この比を特性インピーダンスという。特性インピーダンスが異なる通信線路を接続すると、その接続点で信号の反射が生じる。

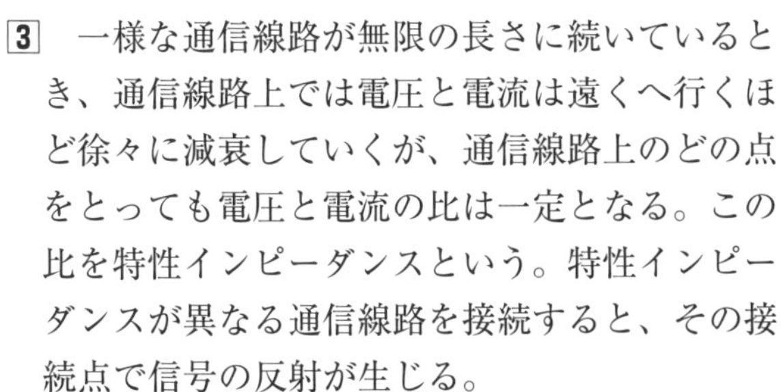

特性インピーダンスがZ_0の通信線路に負荷インピーダンスZ_1を接続する場合、$Z_1 = Z_0$であれば反射は生じないが、$Z_1 = \infty$（無限大）のとき、入射波は**同位相で**全反射する。また、$Z_1 = 0$のとき、入射波は逆位相で全反射する。

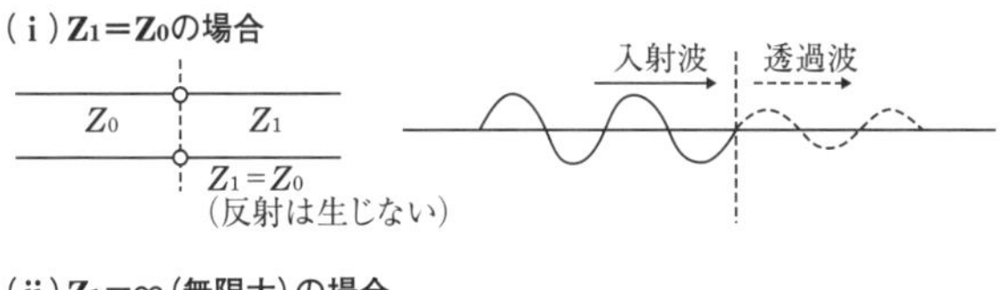

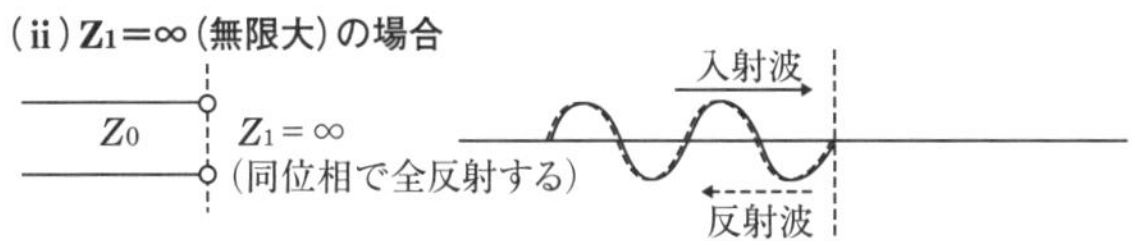

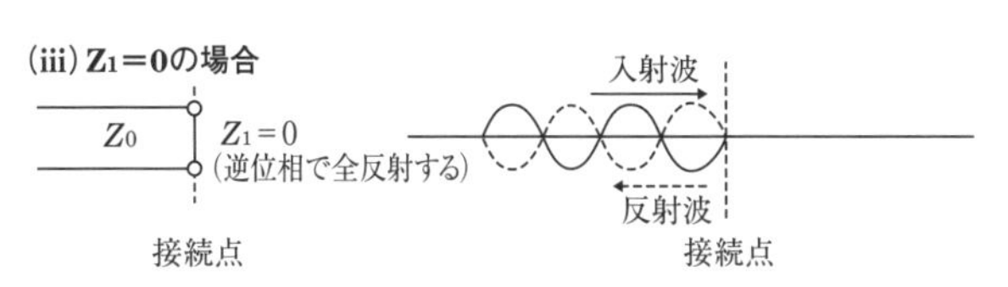

図1－2　反射現象

4　雑音の大きさを表すものとして、一般に、受信電力と雑音電力との相対レベル、すなわち信号電力対雑音電力比（SN比）が用いられている。

図1－3のように、電気通信回線の信号時における受端の信号電力をP_S、無信号時における雑音電力をP_Nとすると、SN比は次式で表される。このSN比が大きいほど相対的な雑音電力が小さく、品質が良いといえる。

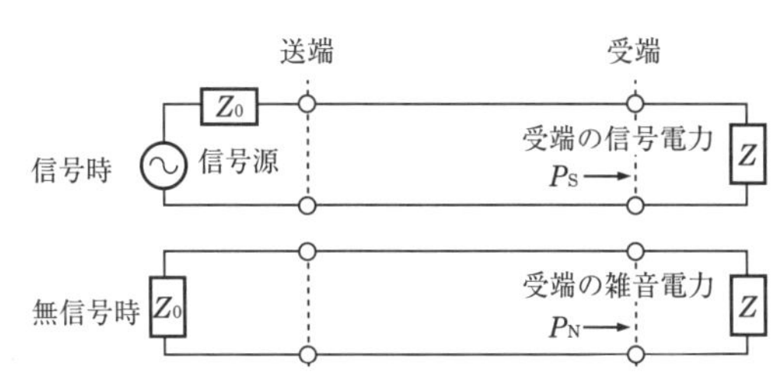

図1－3　信号電力対雑音電力比（SN比）

$$SN比 = \mathbf{10\,log_{10}\frac{P_S}{P_N}} = 10\,log_{10}P_S - 10\,log_{10}P_N\text{〔dB〕}$$

基礎

4 伝送理論

答	
(ア)	②
(イ)	①
(ウ)	①
(エ)	②

類題の答　(a)②　(b)②　(c)②　(d)①

予想問題

問2

次の各文章の［　　］内に、それぞれの[　　]の解答群の中から最も適したものを選び、その番号を記せ。

1 図2－aにおいて、電気通信回線への入力電力が160ミリワット、その伝送損失が1キロメートル当たり0.9デシベル、電力計の読みが1.6ミリワットのとき、増幅器の利得は、［(ア)］デシベルである。ただし、入出力各部のインピーダンスは整合しているものとする。

[① 6　② 16　③ 26]

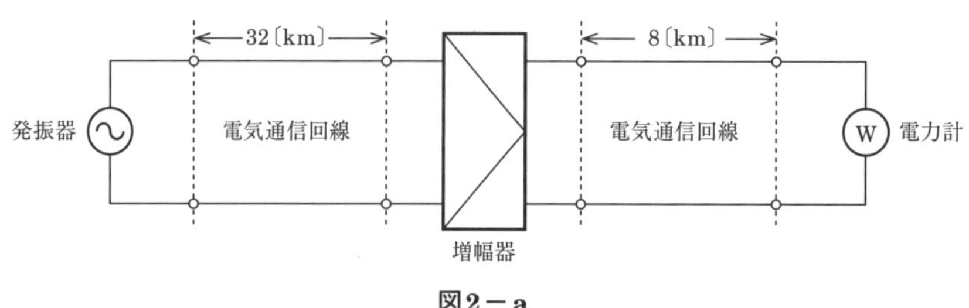

図2－a

2 通信線路の接続点に向かって進行する信号波の接続点での電圧をV_Fとし、接続点で反射される信号波の電圧をV_Rとしたとき、接続点における電圧反射係数は［(イ)］で表される。

[① $\dfrac{V_R}{V_F + V_R}$　② $\dfrac{V_F - V_R}{V_F}$　③ $\dfrac{V_F}{V_R}$　④ $\dfrac{V_R}{V_F}$]

22秋 **3** 誘導回線の信号が被誘導回線に現れる漏話のうち、誘導回線の信号の伝送方向を正の方向とし、その反対方向を負の方向とすると、正の方向に現れるものは、［(ウ)］漏話といわれる。

[① 直　接　② 間　接　③ 近　端　④ 遠　端]

22秋 **4** 信号電力を10ミリワット、雑音電力を0.1ミリワットとすると、信号電力対雑音電力比は、［(エ)］デシベルである。

[① 10　② 20　③ 30]

類題

(1) 長距離の通信線路を介して信号を伝送する場合、通信線路の特性インピーダンスに対する受端インピーダンスの比の値が［(a)］のときに最も効率よく信号が伝送される。

[① $\frac{1}{2}$　② 1　③ 2]

(2) 特性インピーダンスの異なる通信線路を接続して信号を伝送したとき、その接続点における電圧反射係数をmとすると、電流反射係数は［(b)］で表される。

[① $1-m$　② $-m$　③ m]

(3) 平衡対ケーブルが誘導回路から受ける電磁的結合による漏話の大きさは、一般に、誘導回線のインピーダンスに［(c)］。

[① 比例する　② 反比例する　③ 等しい]

(4) 同軸ケーブルの漏話は、導電的な結合により生ずるが、一般に、その大きさは、通常の伝送周波数帯域において、伝送される信号の周波数が低くなると［(d)］。

[① ゼロとなる　② 小さくなる　③ 大きくなる]

問2-解説

1 電気通信回線への入力電力をP_I〔mW〕、出力電力(電力計の読み)をP_O〔mW〕、増幅器の利得をG〔dB〕、伝送損失をL〔dB〕とすると、発振器から電力計までの伝送量A〔dB〕は、次式で表される。

$$A = 10\log_{10}\frac{P_O}{P_I} = -L + G\text{〔dB〕} \quad \cdots\cdots①$$

設問文より、1km当たり0.9dBの伝送損失が生じることから、電気通信回線全体(32km + 8km = 40km)の伝送損失Lは、

$$L = 40 \times 0.9 = 36\text{〔dB〕}$$

となる。ここで①の式に$P_I = 160$〔mW〕、$P_O = 1.6$〔mW〕、$L = 36$〔dB〕を代入してGを求めると、

$$A = 10\log_{10}\frac{1.6}{160} = -36 + G\text{〔dB〕} \rightarrow 10\log_{10}\frac{1}{100} = -36 + G$$

$$\rightarrow 10\log_{10}10^{-2} = -36 + G \rightarrow 10 \times (-2) = -36 + G \qquad \left(\text{参考}:\log_{10}\frac{1}{100} = \log_{10}10^{-2} = -2\right)$$

$$\rightarrow -20 = -36 + G \qquad \therefore\ G = 36 - 20 = \mathbf{16}\text{〔dB〕}$$

2 図2－1において入射波の電圧(通信線路の接続点に向かって進行する信号波の、接続点での電圧)をV_F、反射波の電圧(接続点で反射される信号波の電圧)をV_R、そして入射波のうち反射せずに接続点を通過していく信号成分を透過電圧V_Oとする。

ここで、入射波の電圧に対する反射波の電圧の比をとれば、伝送路の伝送効率の程度がわかる。これを電圧反射係数mと呼び、次式で表される。

$$m = \frac{\text{反射波の電圧}(\boldsymbol{V_R})}{\text{入射波の電圧}(\boldsymbol{V_F})}$$

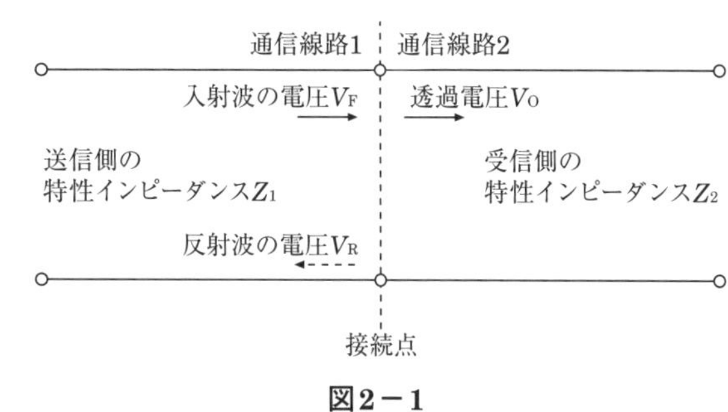

図2－1

3 漏話は回線上の任意の点で発生し、被誘導回線の両端に伝送される。このとき、誘導回線の信号の伝送方向、すなわち正の方向に現れる漏話を、**遠端**(えんたん)漏話という。また、その反対方向すなわち負の方向に現れる漏話を、近端(きんたん)漏話という。

漏話には、遠端漏話や近端漏話といった、回線間の直接的な漏話の他に、第3の回線を経由して生じる間接漏話などがある。

4 電気通信回線では、送信側で信号を入力しなくても受信側に何らかの信号が現れる。これを雑音という。雑音の大きさを表すものとして、一般に、受信電力と雑音電力との相対レベル、すなわち信号電力対雑音電力比(SN比)が用いられている。図2－2のように、電気通信回線の信号時における受端の信号電力をP_S、無信号時における雑音電力をP_Nとすると、SN比は次式で表される。

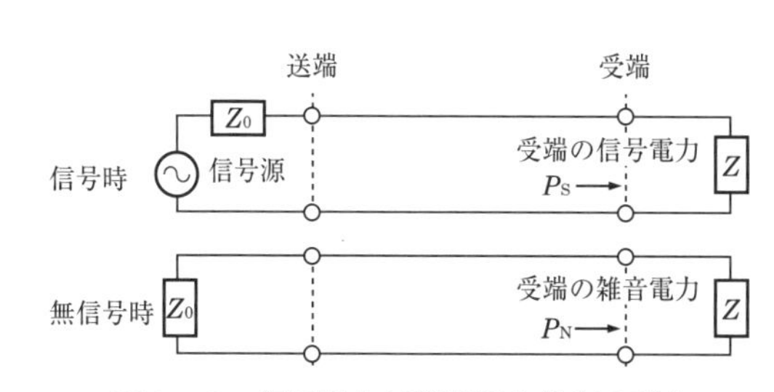

図2－2 信号電力対雑音電力比(SN比)

$$SN\text{比} = 10\log_{10}\frac{P_S}{P_N}\text{〔dB〕}$$

題意より、$P_S = 10$〔mW〕、$P_N = 0.1$〔mW〕であるから、SN比は次のように求められる。

$$SN\text{比} = 10\log_{10}\frac{10\text{〔mW〕}}{0.1\text{〔mW〕}} = 10\log_{10}10^2 = 10 \times 2 \times \log_{10}10 = 10 \times 2 \times 1 = \mathbf{20}\text{〔dB〕}$$

(参考:$\log_{10}10 = 1$)

答	
(ア)	②
(イ)	④
(ウ)	④
(エ)	②

類題の答 (a)② (b)② (c)② (d)③

予想問題

問3

次の各文章の［　　］内に、それぞれの[　　]の解答群の中から最も適したものを選び、その番号を記せ。

22春 **1** 図3－aにおいて、電気通信回線への入力電力が35ミリワット、その伝送損失が1キロメートル当たり1.5デシベル、電力計の読みが3.5ミリワットのとき、増幅器の利得は、［（ア）］デシベルである。ただし、入出力各部のインピーダンスは整合しているものとする。

[① 30　② 40　③ 50]

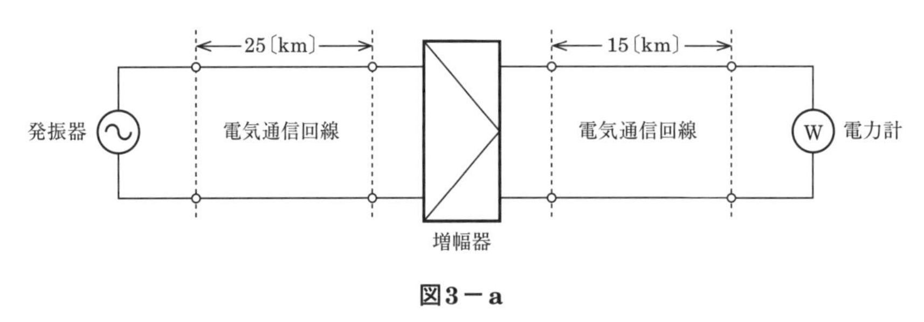

図3－a

2 ケーブルにおける漏話について述べた次の二つの記述は、［（イ）］。

A 同軸ケーブルの漏話は、導電結合により生ずるが、一般に、その大きさは、通常の伝送周波数帯域において伝送される信号の周波数が低くなると大きくなる。

B 平衡対ケーブルを用いて構成された電気通信回線間の電磁結合による漏話は、心線間の相互誘導作用により生ずるものであり、その大きさは、誘導回線の電流に反比例する。

[① Aのみ正しい　② Bのみ正しい　③ AもBも正しい　④ AもBも正しくない]

3 特性インピーダンスが同じで、伝送損失がそれぞれAデシベル及びBデシベルのケーブルを接続した場合、接続したケーブル全体の伝送損失は［（ウ）］デシベルである。

[① $10\log_{10}(A+B)$　② $A \times B$　③ $10\log_{10}(A \times B)$　④ $A+B$]

4 平衡対ケーブルにおける誘導回線の信号電力をP_Sミリワット、被誘導回線の漏話による電力をP_Xミリワットとすると、漏話減衰量は、［（エ）］デシベルである。

[① $10\log_{10}\dfrac{P_S}{P_X}$　② $10\log_{10}\dfrac{P_X}{P_S}$　③ $20\log_{10}\dfrac{P_S}{P_X}$　④ $20\log_{10}\dfrac{P_X}{P_S}$]

類題

(1) 平衡対ケーブルで生ずる漏話は、一般に、伝送周波数が高く［(a)］。

[① なると漏話減衰量は小さくなる
② なっても変化しない
③ なると漏話減衰量は大きくなる]

(2) 信号電力とこれに混合した伝送に不要な雑音電力との比を［(b)］という。

[① 雑音指数　② 雑音比　③ SN比]

(3) 平衡対ケーブルでは、一般に、回線間の漏話減衰量が大きくなるほど［(c)］が小さくなる。

[① 漏話雑音　② 受端電力　③ 送端電力]

(4) 電力線からの誘導作用によって通信線(平衡対ケーブル)に誘起される［(d)］電圧は、一般に、電力線の電圧に比例する。

[① 放電　② 電磁誘導　③ 静電誘導]

問3-解説

1 電気通信回線への入力電力をP_I〔mW〕、出力電力(電力計の読み)をP_O〔mW〕、増幅器の利得をG〔dB〕、伝送損失をL〔dB〕とすると、発振器から電力計までの伝送量A〔dB〕は、次式で表される。

$$A = 10\,log_{10}\frac{P_O}{P_I} = -L + G〔dB〕 \quad \cdots\cdots①$$

設問文より、1km当たり1.5dBの伝送損失が生じることから、電気通信回線全体(25km + 15km = 40km)の伝送損失Lは、

$$L = 40 \times 1.5 = 60〔dB〕$$

となる。ここで①の式に$P_I = 35$〔mW〕、$P_O = 3.5$〔mW〕、$L = 60$〔dB〕を代入してGを求めると、

$$A = 10\,log_{10}\frac{3.5}{35} = -60 + G〔dB〕 \rightarrow 10\,log_{10}\frac{1}{10} = -60 + G$$

$$\rightarrow 10\,log_{10}10^{-1} = -60 + G \rightarrow 10 \times (-1) = -60 + G \qquad (参考：log_{10}\frac{1}{10} = log_{10}10^{-1} = -1)$$

$$\rightarrow -10 = -60 + G \qquad \therefore\ G = 60 - 10 = \mathbf{50}〔dB〕$$

2 設問の記述は、**Aのみ正しい**。

A 同軸ケーブルは不平衡線路であるため、2本の同軸ケーブルを密着させて設置すると、外部導体間に、あるインピーダンスで結んだ閉回路が形成される。具体的には、図3－1(a)に示すように2本の同軸ケーブルを密着させて設置したとき、AとBの2点においてケーブル1とケーブル2で閉回路ができ、ケーブル1の外部導体にI_1の信号電流が流れると、その分流電流I'_1がケーブル2の外部導体に流れる。このとき、導電的結合による漏話が生じる。ここで、一般に高周波電流は導体の表面に集中する(これを「表皮効果」という)ので、I'_1は図3－1(b)に示すような電流分布となり、実質的漏話分はI''_1となる。

さて、漏話現象の程度は、外部導体の内表面と外表面との間の導電性によって左右される。導電性は周波数が低くなると、表皮効果が減少するので大きくなる。したがって、漏話は、伝送される信号の周波数が低くなると大きくなるので、記述は正しい。

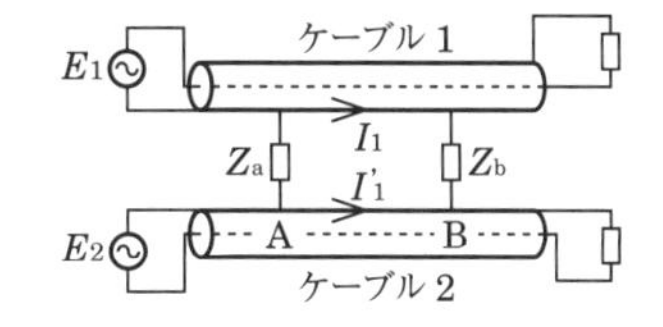

(a) Z_aとZ_bの導電的結合でI'_1が混入

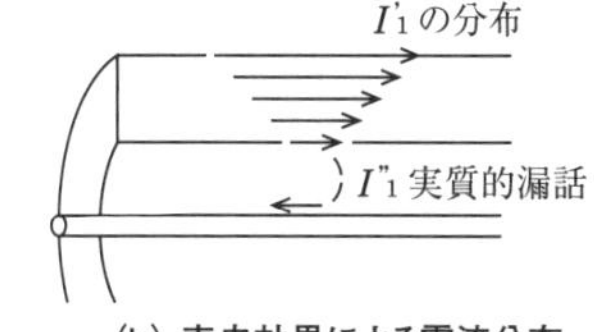

(b) 表皮効果による電流分布

図3－1 同軸ケーブルの漏話現象

B 平衡対ケーブルにおける漏話の原因には、近接する回線間の静電容量Cの不平衡による静電結合と、相互インダクタンスMによる電磁結合の2つがある(図3－2)。静電結合による漏話は、2つの回線間の静電容量を通じ電流が被誘導回線(妨害を受ける回線)に流れ込むために生じる。被誘導回線に流れ込んだ電流により電圧が誘起されるが、その大きさは誘導回線(漏話の原因となる回線)のインピーダンスに比例する。一方、電磁結合による漏話は、2つの回線間の相互誘導作用により被誘導回線に電圧が誘起されるために生じ、その大きさは誘導回線の電流に比例する。したがって、記述は誤り。

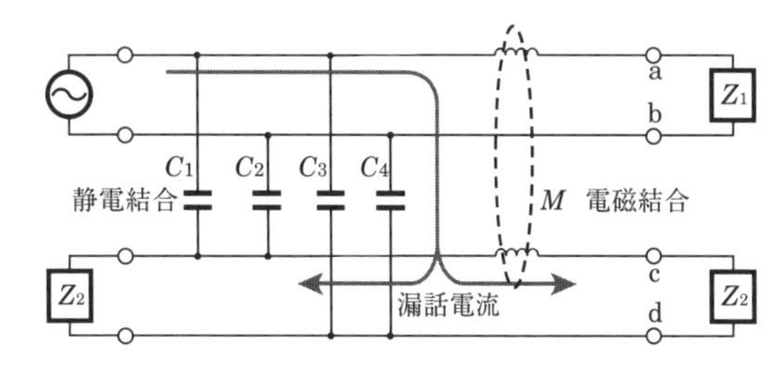

図3－2 平衡対ケーブルの漏話現象

3 デシベル表示された減衰量や利得は対数を用いて表現しているため、伝送量の計算が加減算できる。したがって、伝送損失がA〔dB〕とB〔dB〕の通信線路を接続すると、全体の伝送損失は$\boldsymbol{A+B}$〔dB〕となる。

4 漏話の大きさは、漏話減衰量で表される。漏話減衰量とは、誘導回線の信号電力と漏話電力との比をデシベル(dB)で表示したものである。平衡対ケーブルにおける誘導回線の信号電力をP_S〔mW〕、被誘導回線の漏話による電力をP_X〔mW〕とすると、漏話減衰量は次のように表される。漏話減衰量は、その値が大きいほど良い。また、漏話の量(漏話電力)は小さいほど良い。

$$漏話減衰量 = 10\,log_{10}\frac{信号電力(誘導回線)}{漏話電力(被誘導回線)}〔dB〕 = \mathbf{10\,log_{10}\frac{P_S}{P_X}}〔dB〕$$

答	
(ア)	③
(イ)	①
(ウ)	④
(エ)	①

類題の答 (a)① (b)③ (c)① (d)③

基礎 5 伝送技術

デジタル網の伝送品質を表す指標

●伝送遅延時間

信号を送信した瞬間から相手に信号が到達するまでに経過する時間。

●符号誤り率

符号誤りがある時間帯で集中的に発生しているか否かを判定するために用いる符号誤り率の評価尺度。

・*BER*

測定時間中に伝送された全ビットのうち、エラービット(符号誤り)となったビットの割合を示したもの。*BER*は符号誤りの発生が偶発的で規則性のないランダム誤りの場合には適しているが、短時間に集中して発生するバースト誤りの場合には適していない。

・%*SES*

1秒ごとに平均符号誤り率を測定し、平均符号誤り率が1×10^{-3}を超える符号誤りの発生した「秒」の延べ時間が、測定時間に占める割合を示したもの。

・%*DM*

1分ごとに平均符号誤り率を測定し、平均符号誤り率が1×10^{-6}を超える符号誤りの発生した「分」の延べ時間が、測定時間に占める割合を示したもの。

・%*ES*

1秒ごとに符号誤りの発生の有無を調べて、少なくとも1個以上の符号誤りが発生した「秒」の延べ時間が、測定時間に占める割合を示したもの。

変調方式の種類

●振幅変調方式(AM)

振幅変調方式(AM)は、音声などの入力信号f_sに応じて搬送波(周波数f_c)の振幅を変化させる変調方式である。デジタル信号を振幅変調する場合は、“1”、“0”に対応した2つの振幅が偏移するので、振幅偏移変調方式(ASK)という。振幅変調方式は回路構成が比較的簡単であるが、雑音に対しては弱い。

●周波数変調方式(FM)

周波数変調方式(FM)は、入力信号の振幅に応じて搬送波の周波数を変化させる変調方式である。入力信号がアナログ信号の場合は、その信号の振幅に応じて搬送波の周波数の密度を変化させる。

これに対して入力信号がデジタル信号の場合は、符号ビットの“1”と“0”に対応させ、異なる2つの搬送波の1周波を伝送する。この場合、周波数をどちらか一方に偏移させるので、周波数偏移変調方式(FSK)と呼んでいる。

FMはAMに比べると周波数の伝送帯域が広くなるが、レベル変動や雑音による妨害に強い。

●位相変調方式(PM)

位相変調方式(PM)は、入力信号の振幅に応じて搬送波の位相を変化させる変調方式である。入力信号がアナログ信号の場合は、位相角の遅れ・進みを変化させる。これに対し入力信号がデジタル信号の場合は、符号ビットの“1”と“0”を位相差に対応させる。この場合、位相がどちらか一方に偏移するので位相偏移変調方式(PSK)と呼んでいる。

PMは、FMと同様に周波数の伝送帯域が広くなるが、レベル変動や雑音に対して強い。

●パルス変調方式

パルス変調では、搬送波として連続する方形パルスを使用し入力信号をパルスの振幅や間隔、幅などに対応させる。

・パルス振幅変調(PAM)

信号波形の振幅をパルスの振幅に対応させる変調方式。

・パルス幅変調(PWM)

信号波形の振幅をパルスの幅に対応させる変調方式。

・パルス位置変調(PPM)

信号波形の振幅をパルスの時間的位置に対応させる変調方式。

・パルス符号変調(PCM)

信号波形の振幅を標本化、量子化したのち2進符号に変換する方式。

PCM伝送方式

PCM伝送方式は、アナログ信号やデジタル信号の情報を1と0の2進符号に変換し、これをパルスの有無に対応させて送出する方式である。以下、アナログ信号をPCM伝送する手順について、信号処理の過程を示す。

①標本化(サンプリング)

時間的に連続しているアナログ信号の波形から、その振幅値を一定周期で測定し、標本値として採取していく。この操作を標本化またはサンプリングという。この段階の波形はPAM波となる。シャノンの標本化定理によると、標本化周波数を、アナログ信号に含まれている最高周波数の2倍以上にすれば、元のアナログ信号の波形を復元することができるとされている。

②量子化

標本化で得られた標本値はアナログ値であるが、これを近似の整数値に置き換え、デジタル値にする。この操作を量子化といい、量子化の際の丸め誤差により発生する雑音を量子化雑音という。量子化雑音の発生は避けることができない。

③符号化

量子化によって得られた値を“1”と“0”の2進符号などに変換する。

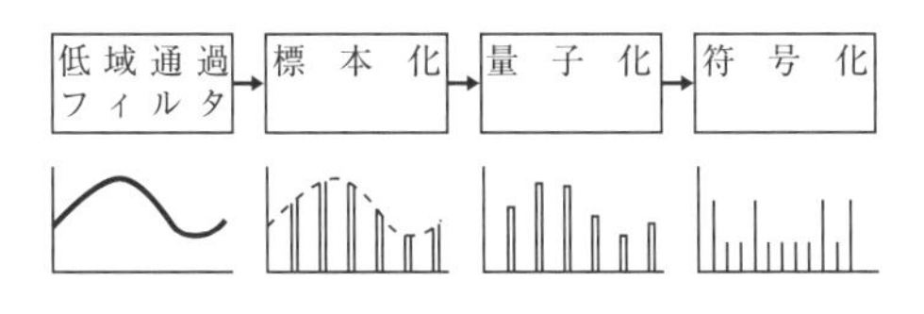

図1　PCMにおける信号処理の過程

④復号
伝送されてきた信号を量子化レベルまで復元する。

⑤補間・再生
サンプリング周波数の2分の1を遮断周波数とする低域通過フィルタに通して元の信号を取り出す。この際に発生する雑音を補間雑音という。

多重伝送方式

多重伝送とは複数の伝送路の信号を1本の伝送路で伝送する技術であり、主に中継区間における大容量伝送に利用される。多重伝送方式には、アナログ伝送路を多重化する周波数分割多重方式(FDM)と、デジタル伝送路を多重化する時分割多重方式(TDM)の2種類がある。

●周波数分割多重方式(FDM)

FDM(Frequency Division Multiplexing)は1本の伝送路の周波数帯域を複数の帯域に分割し、各帯域をそれぞれ独立した1つの伝送チャネルとして使用する。そのためには、1チャネルに電話回線1通話路分として4kHzの間隔を持つ搬送波で振幅変調する。振幅変調された信号から側波帯のみをとりだし、1本の伝送路に重ね合わせることにより、4kHz間隔の多数のチャネルを同時に伝送することができる。

●時分割多重方式(TDM)

TDM(Time Division Multiplexing)は、1本のデジタル伝送路を時間的に分割し、複数のチャネルを時間的にずらして同一伝送路に送り出し、多数のチャネルを同時に伝送する方式である。

図3のように、PCMにより符号化されたチャネルのパルス信号を、他のチャネルのパルス信号の間に挿入し多重化を図る。

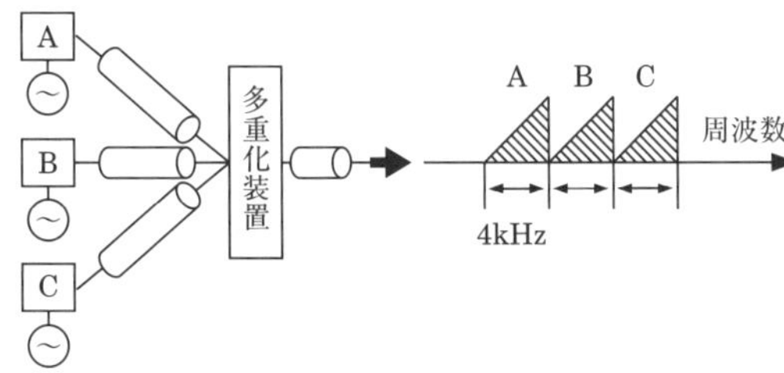

図2　周波数分割多重方式(FDM)

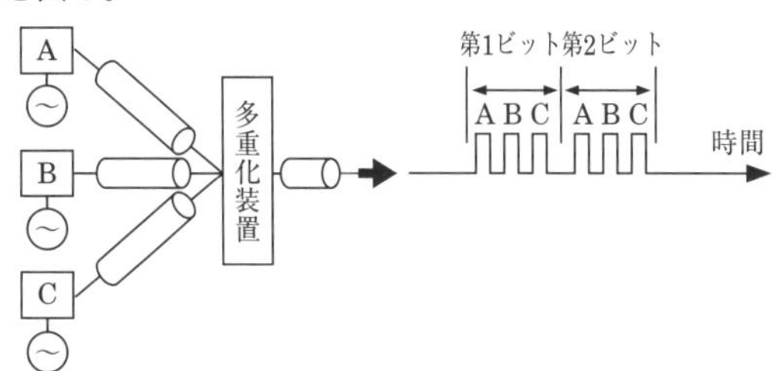

図3　時分割多重方式(TDM)

光ファイバ伝送方式

●光ファイバの構造

光ファイバは、図4のような屈折率の高いコアを屈折率の低いクラッドで包む構造となっており、光はその境界面で全反射しながら進むので、コア内に閉じ込められ、伝送損失が少なく、漏話も実用上は無視できる。また、細径かつ軽量であり、メタリックケーブルに比べて低損失、広帯域、無誘導という点で優れている。

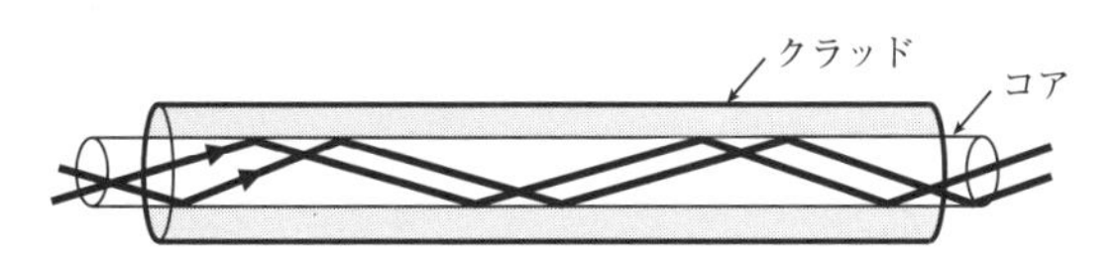

図4　光ファイバの構造

●強度変調

光ファイバ伝送方式では、電気信号から光信号への変換方法として光の強弱を利用している。これは強度変調と呼ばれ、電気信号の強弱を光の強弱に対応させる変調方式である。電気から光への変換は半導体レーザダイオードなどの発光素子が使用され、光から電気への変換はアバランシェフォトダイオードやpinフォトダイオードなどの受光素子が使用されている。

●分散現象

光パルスは、光ファイバ中を伝搬する間に時間的に広がった波形になっていく。この現象は分散といわれ、発生要因別にモード分散、材料分散、構造分散の3つに大別される。なお、これらのうち材料分散と構造分散は、その大きさが光の波長に依存することから、波長分散とも呼ばれている。

表1　光ファイバにおける分散現象の種類

種類		説明
モード分散		光の各伝搬モードの伝送経路が異なるため到達時間に差が出て、パルス幅が広がる。モード分散は、複数の伝搬モードが存在するマルチモード光ファイバのみに生じる現象であり、伝搬モードが1つしかないシングルモード光ファイバでは生じない。
波長分散	材料分散	光ファイバの材料が持つ屈折率は、光の波長によって異なった値をとる。これが原因でパルス波形に時間的な広がりが生じる。
	構造分散	コアとクラッドの境界面で光が全反射を行う際、光の一部がクラッドへ漏れてパルス幅が広がる。光の波長が長くなるほど光の漏れが大きくなる。

次の各文章の　　　　内に、それぞれの[　　]の解答群の中から最も適したものを選び、その番号を記せ。
（小計20点）

(1) デジタル信号の変調において、PSKは、デジタルパルス信号の1と0に対応して正弦搬送波の （ア） を変化させる変調方式である。（4点）

[① 位　相　② 周波数　③ 振　幅]

(2) 標本化定理によれば、サンプリング周波数を、アナログ信号に含まれている （イ） の2倍以上にすると、元のアナログ信号の波形が復元できるとされている。（4点）

[① 最低周波数　② 最高周波数　③ 平均周波数]

(3) デジタル信号の伝送において、ハミング符号や （ウ） 符号は、伝送路などで生じたビット誤りの検出や訂正のための符号として利用されている。（4点）

[① AMI　② CRC　③ B8ZS]

(4) PCM方式における特有の雑音に、アナログ信号の連続量を離散的な値の信号に変換する際に生ずる （エ） 雑音がある。（4点）

[① インパルス　② ショット　③ 量子化]

(5) 光ファイバ通信において、1心の光ファイバに波長の異なる複数の信号波を多重化する技術は、（オ） といわれる。（4点）

[① WDM　② FDM　③ TDM]

解　説

(1) ケーブルなどを介して信号を伝送する場合において、その特性や条件などを考慮し、信号を伝送に適した形に変換することを、変調という。各種変調方式のうち、入力信号の振幅に応じて搬送波の位相を変化させる方式は、位相変調(PM：Phase Modulation)方式と呼ばれている。入力信号がアナログ信号の場合は、位相角の遅れ・進みを変化させる。これに対し入力信号がデジタル信号の場合は、符号ビットの"1"と"0"を位相差に対応させる。この場合、**位相**がどちらか一方に偏移（へんい）するので、特に位相偏移変調(PSK：Phase Shift Keying)という。

位相偏移変調方式には、搬送波の位相角を90度間隔に4等分し、それぞれを"00"、"01"、"10"、"11"に対応させる4相位相変調(QPSK)や、搬送波の位相角を45度間隔に8等分し、それぞれを"000"、"001"、"010"、"011"、"100"、"101"、"110"、"111"に対応させる8相位相変調(8－PSK)などがある。4相位相変調では1回の変調で2ビットの情報を、また、8相位相変調では1回の変調で3ビットの情報をそれぞれ伝送することができる。

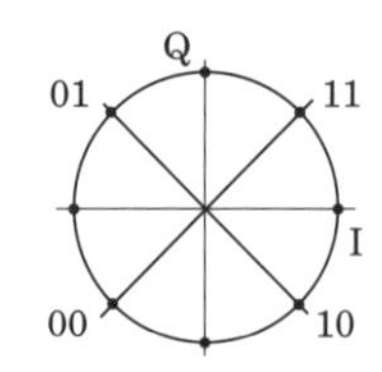

図1　QPSKの信号点配置

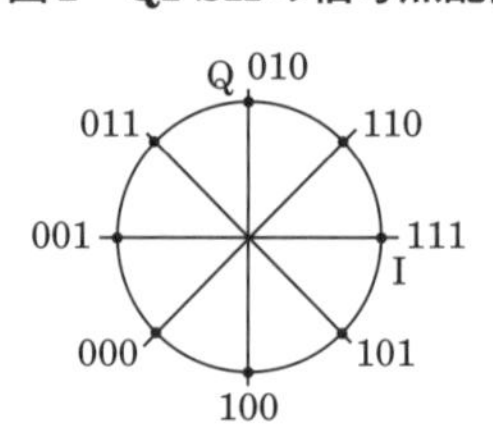

図2　8－PSKの信号点配置

(2) 標本化(サンプリング)とは、時間的に連続している信号(アナログ信号)の中から、一定の時間間隔で標本値を取り出す操作をいう。シャノンの標本化定理によると、標本化(サンプリング)周波数を、アナログ信号に含まれている**最高周波数**の2倍以上にすると、元のアナログ信号の波形が復元できるとされている。

音声信号の標本化を例にとると、伝送に必要な最高周波数は約4kHzであるから、標本化周波数は、その2倍の8kHzとなる。

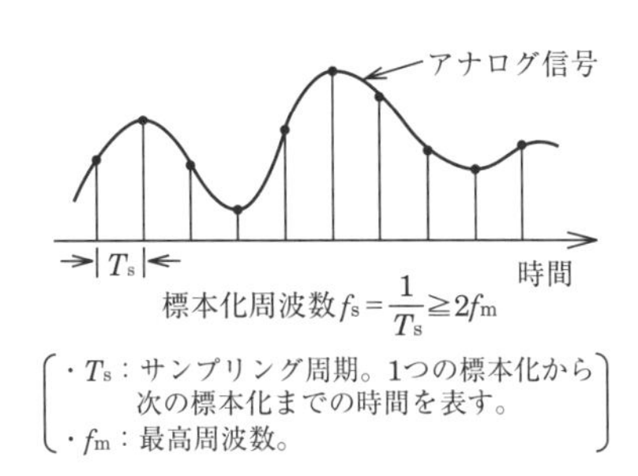

図3　標本化

(3) デジタル信号を伝送中に、電気的な雑音の影響を受けて信号の一部が誤って伝送されることがあるが、その際に、誤り(ビットエラー)を検出したり正しい信号に訂正したりすることを誤り制御といい、一般に、ハミング符号や**CRC**(Cyclic Redundancy Check)符号などが誤り訂正符号として利用されている。

これらのうちCRC符号を用いた誤り制御方式は、データのブロック単位を高次の多項式とみなし、これをあらかじめ定めた生成多項式で割ったときの余りを検査用ビット(CRC符号)として、データの末尾に付けて送出する方式である。受信側では、受信したデータを同じ生成多項式で割り算を行い、割り切れなければ誤りとする。CRC方式は、バースト誤り(一定時間密集して発生する誤り)に対しても厳密にチェックすることができる。

(4) 音声などの情報を電気信号に変換して伝送する方式には、信号波形を連続的に変化させるアナログ伝送方式と、PCM(Pulse Code Modulation：パルス符号変調)のように、連続的な信号波形から離散的な値に変換して伝送するデジタル伝送方式がある。デジタル伝送方式では、音声などのアナログ情報を離散的な値として取り出す際に、量子化といわれる近似的な数値に置き換える処理を行うが、この量子化された波形では原信号のアナログ波形との誤差が雑音として残ってしまう。この雑音は**量子化**雑音といわれ、PCM伝送特有の欠点となっている。

PCM伝送特有の雑音には、量子化雑音の他、元のアナログ信号に含まれる最高周波数が標本化周波数の2分の1以上である場合に生じる折返し雑音や、デジタル信号をアナログ信号に変換する過程で生じる補間雑音などがある。

(5) 光アクセスネットワークにおいて双方向多重伝送を実現する方式として、TCM(Time Compression Multiplexing：時間軸圧縮多重)方式やWDM(Wavelength Division Multiplexing：波長分割多重)方式などが用いられている。

TCM方式では、上り方向の信号と下り方向の信号を時間を分けて交互に伝送することにより、1心の光ファイバで双方向多重伝送を行う。一方、**WDM**方式では、上り方向の信号と下り方向の信号にそれぞれ個別の波長を割り当てることにより、1心の光ファイバで双方向多重伝送を行っている。WDM方式において送信側は、波長が異なる複数の光信号を光学処理によって多重化し、1つの光ビームに合成して1心の光ファイバ心線上に送出する。受信側では、波長の違いを利用して、光学処理により、元の複数の光信号に分離する。

答	
(ア)	①
(イ)	②
(ウ)	②
(エ)	③
(オ)	①

次の各文章の[　　　]内に、それぞれの[　　]の解答群の中から最も適したものを選び、その番号を記せ。 (小計20点)

(1) 搬送波として連続する方形パルスを使用し、方形パルスの幅を入力信号の振幅に対応して変化させる変調方式は、[（ア）]といわれる。 (4点)
[① PWM ② PAM ③ PFM]

(2) 伝送周波数帯域を複数の帯域に分割し、各帯域にそれぞれ別のチャネルを割り当てることにより、複数の利用者が同時に通信を行うことができる多元接続方式は、[（イ）]といわれる。 (4点)
[① CDMA ② FDMA ③ TDMA]

(3) デジタル伝送路などにおける伝送品質の評価尺度の一つに、1秒ごとに平均符号誤り率を測定し、平均符号誤り率が1×10^{-3}を超える符号誤りの発生した秒の延べ時間(秒)が、稼働時間(秒)に占める割合を百分率で表した[（ウ）]がある。 (4点)
[① %*ES* ② %*SES* ③ *BER*]

(4) 再生中継伝送を行っているデジタル伝送方式では、中継区間で発生した雑音や波形ひずみは、一般に、次の中継区間に[（エ）]。 (4点)
[① そのまま伝達される ② 増幅されて伝達される ③ 伝達されない]

(5) 長距離光ファイバ通信用の光源として用いられている[（オ）]は、LEDと比較して、出力光のスペクトル幅が狭いという特徴を有している。 (4点)
[① レーザダイオード ② ツェナーダイオード ③ フォトダイオード]

解説

(1) 搬送波に方形パルス列を使用して、原信号をパルスの振幅や間隔、幅などに変調する方式を、パルス変調方式という。パルス変調方式の1つである**PWM**(Pulse Width Modulation：パルス幅変調)は、方形パルスの幅を入力信号の振幅に対応して変化させる方式である。パルス変調方式には、この他、パルスの振幅を変化させるPAM(Pulse Amplitude Modulation：パルス振幅変調)や、パルスの位置を変化させるPPM(Pulse Position Modulation：パルス位置変調)などがある。

(2) 多元接続方式は、複数のユーザ(端末)が1つの伝送路の容量を動的に利用するための技術である。その代表的なものとして、TDMA(Time Division Multiple Access：時分割多元接続)、SDMA(Space Division Multiple Access：空間分割多元接続)、FDMA(Frequency Division Multiple Access：周波数分割多元接続)、CDMA(Code Division Multiple Access：符号分割多元接続)などがある。

これらのうち**FDMA**方式では、伝送周波数帯域を複数の帯域に分割して、各帯域にそれぞれ個別の伝送路(チャネル)を割り当てる。これにより、複数のユーザが同時に通信を行うことを可能にしている。

(3) デジタル伝送路における符号誤りを評価する尺度としては、長時間平均符号誤り率(*BER*：Bit Error Rate)や符号誤り時間率%*ES*(percent Errored Seconds)、%*SES*(percent Severely Errored Seconds)、%*DM*(percent Degraded Minutes)などがある。これらのうち**%*SES***は、1秒ごとに平均符号誤り率を測定し、平均符号誤り率が1×10^{-3}を超える符号誤りの発生した「秒」の延べ時間が稼働時間に占める割合を百分率(%)で表したものをいう。

また、%*ES*は、1秒ごとに符号誤りの発生の有無を調べて、少なくとも1個以上の符号誤りが発生した「秒」の延べ時間が稼働時間に占める割合を百分率(%)で表したものをいう。さらに、%*DM*は、1分ごとに平均符号誤り率を測定し、平均符号誤り率が1×10^{-6}を超える符号誤りの発生した「分」の延べ時間が稼働時間に占める割合を百分率(%)で表したものをいう。

(4) デジタル伝送方式の再生中継とは、雑音や減衰などによって変形したパルス波形を、伝送路中に設置された中継器で元の波形に整形することをいう。再生可能な信号レベルは、スレッショルドレベル(識別判定レベル)と呼ばれるしきい値(基準)で判断され、通常、雑音の振幅が信号の振幅の半分より小さければ再生に支障はない。このため、特定の中継区間で発生した雑音や波形ひずみなどは、一般に、次の中継区間に**伝達されない**。

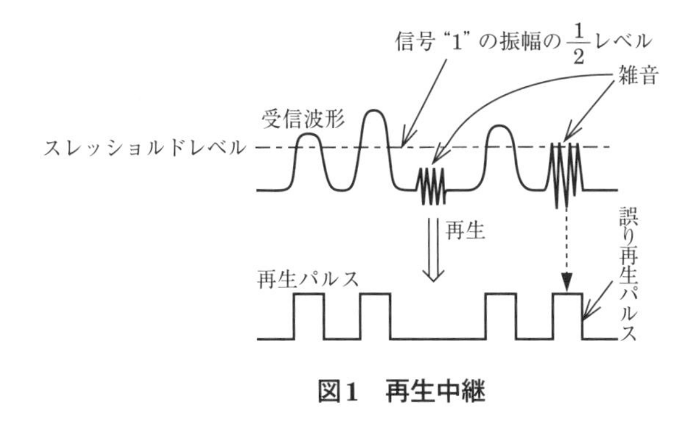

図1 再生中継

(5) 光ファイバ通信用の光源となる発光素子(電気信号を光信号に変換する素子)には、一般に、発光ダイオード(LED：Light Emitting Diode)や半導体レーザダイオード(LD：Laser Diode)が用いられている。発光ダイオードは、光の自然放出現象を利用したもので、短距離系の光伝送システムで多く使用されている。一方、半導体**レーザダイオード**は、光の誘導放出現象を利用したもので、発光ダイオードよりも応答速度が速く、発光スペクトル幅が狭いため、高速・広帯域の伝送に適している。

基礎

5 伝送技術

答	
(ア)	①
(イ)	②
(ウ)	②
(エ)	③
(オ)	①

予想問題

問1

次の各文章の　　　　内に、それぞれの[　　]の解答群の中から最も適したものを選び、その番号を記せ。

21秋 **1** デジタル信号の変調において、デジタルパルス信号の1と0に対応して正弦搬送波の周波数を変化させる方式は、一般に、 (ア) といわれる。

[① FDM　② FSK　③ PSK]

2 6メガビット／秒の伝送が可能な回線を利用すると、4,800ビット／秒の信号を最大 (イ) チャネルまで多重化することができる。

[① 1,000　② 1,250　③ 2,500]

22春 **3** デジタル信号の伝送において、BCH符号や (ウ) 符号は、伝送路などで生じたビット誤りの検出や訂正のための符号として利用されている。

[① ハミング　② マンチェスタ　③ B8ZS]

21春 **4** 光ファイバ通信における光変調方式の一つである外部変調方式では、光を透過する媒体の屈折率や吸収係数などを変化させることにより、光の属性である (エ) 、周波数、位相などを変化させている。

[① 強　度　② スピンの方向　③ 利　得]

22春 **5** 通信の品質劣化要因などについて述べた次の二つの記述は、 (オ) 。

A 2線／4線変換の構成を有するアナログ方式の電話回線においては、端末から送出する信号電力が過大であると、4線構成部分で発振状態となり、ほかの電気通信回線に対する漏話、雑音などの原因となる。

B アナログ方式の電話回線において、送信側からの通話電流が受信端で反射し、時間的に遅れて送信端に戻ることにより通話に妨害を与える現象は、鳴音といわれる。

[① Aのみ正しい　② Bのみ正しい　③ AもBも正しい　④ AもBも正しくない]

類題

(1) デジタル信号をアナログ信号に変換する過程で生ずる雑音は、 (a) といわれる。

[① 量子化雑音　② 補間雑音　③ 熱雑音]

(2) 加算、減算などのデジタル演算によって、アナログ信号から特定の周波数帯域のアナログ信号を取り出すデジタルフィルタの精度を上げるためには、アナログ信号をデジタル信号に変換するときに、 (b) 必要がある。

[① リング変調器を通す
② 量子化ステップの幅を小さくする
③ サンプリング周波数を低くする]

(3) TDMA方式は、複数のユーザが同一の伝送路を (c) して利用する多元接続方式であり、一般に、基準信号を基にフレーム同期を確立する必要がある。

[① 周波数分割　② 空間分割　③ 時分割]

(4) 光ファイバは、コアといわれる中心層とクラッドといわれる外層の2層構造から成り、中心層の屈折率を外層の屈折率 (d) することにより、光は、中心層内を外層との境界で全反射を繰り返しながら進んで行く。

[① と等しく　② より大きく　③ より小さく]

(5) 光ファイバ通信で用いられる光変調方式には、LEDやLDなどの光源を直接変調する方式と、光変調器を用いる (e) 変調方式がある。

[① 間接　② 時分割　③ 外部]

(6) パルスの繰り返し周期が等しいN個のPCM信号を時分割多重方式により伝送するためには、最小限、多重化後のパルスの繰り返し周期を元の周期の (f) 倍になるように変換する必要がある。

[① $\frac{1}{N}$　② $\frac{N}{2}$　③ N]

問1-解説

1 各種変調方式のうち、入力信号の振幅に応じて搬送波の周波数を変化させる方式を周波数変調(FM：Frequency Modulation)方式という。周波数変調方式は、振幅変調(AM：Amplitude Modulation)方式に比べて広い周波数帯域を必要とするため、レベル変動や雑音による妨害に強いという特徴がある。

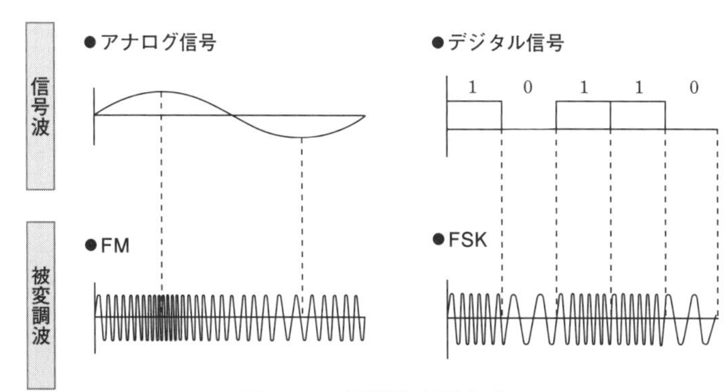

図1－1 周波数変調方式

なお、原信号がデジタル信号の場合は、周波数が異なる2つの搬送波を用いて、それぞれを符号ビットの"1"と"0"に対応させて伝送する。この場合、周波数を偏移(へんい)させるので、周波数偏移変調(**FSK**：Frequency Shift Keying)と呼んでいる。

2 6Mbit/sの情報量を伝送するためには、4,800bit/sの回線が何チャネル必要であるかを考えればよく、次のようになる。

$(6\times10^6)\div4,800=$ **1,250**〔チャネル〕 (参考：1Mbit(メガビット)＝1,000,000bit(ビット)＝1×10^6bit)

3 デジタル信号の伝送において、信号の誤り(ビットエラー)を検出したり正しい信号に訂正したりすることを誤り制御という。**ハミング**符号を用いた誤り制御方式は、各情報ビットに数ビットの冗長ビットを付加して符号化を行い、一定の法則によるチェックを受信側で行うことにより、符号中に生じた1ビットの誤りを検出し、訂正する方式である。ハミング符号は自己訂正符号の1つであり、符号を構成する3ビットに誤りがある際、その訂正を行うための特殊な規則により構成されている。

4 光ファイバ伝送では、電気信号の強さに応じて光源の光の量を変化させる強度変調(振幅変調)が行われる。

強度変調には、直接変調方式と外部変調方式がある。直接変調方式は、発光ダイオード(LED)や半導体レーザダイオード(LD)などに入力する電気信号の強弱によって光の強度を直接変調し、点滅させる。これに対し外部変調方式は、電気光学効果(ポッケルス効果)(＊1)や電界吸収効果(＊2)などを利用した光変調器を用いて、入力光の**強度**、周波数、位相などを変化させて出力する。

(＊1)電気光学効果：物質に電圧を加え、その強度を変化させると、その物質における光の屈折率が変化する現象をいう。
(＊2)電界吸収効果：電界強度を変化させると、化合物半導体の光吸収係数の波長依存性が変化する現象をいう。

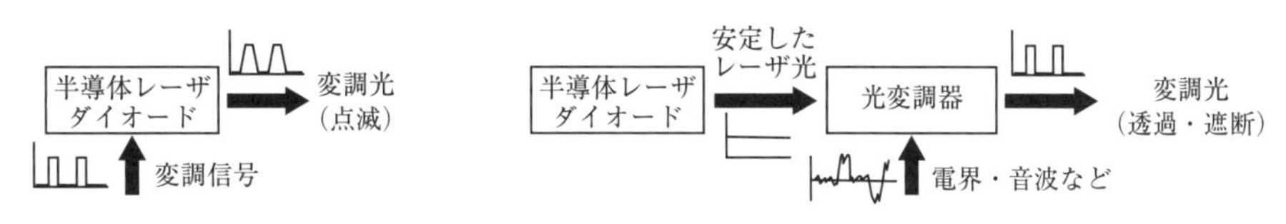

図1－2 直接変調方式　　図1－3 外部変調方式

5 設問の記述は、**Aのみ正しい**。

A 2線／4線変換の構成を持つアナログ電話回線において、端末から送出された信号電力が過大であると、4線構成部分で発振現象(鳴音)が生じ、他の電気通信回線に妨害を与える場合がある。したがって、記述は正しい。

B 伝送路のインピーダンスの不整合などにより、送信側からの通話電流が受信端で反射し、時間的に遅れて送信端に戻り、通話に妨害を与える現象は、反響(エコー)と呼ばれている。したがって、記述は誤り。回線の距離が短い場合は送信信号と反響の時間差が小さく、通話への影響が少ないが、国際間など長距離の回線では遅延が数十〔ms〕(ミリ秒)以上になることもあり、通話への影響が大きくなる。反響を防止するには、受信側で整合をとって反射波を小さくするか、反射波を打ち消す装置を挿入する。

答

(ア)	②
(イ)	②
(ウ)	①
(エ)	①
(オ)	①

類題の答 (a)② (b)② (c)③ (d)② (e)③ (f)①

予想問題

問2

次の各文章の［　　］内に、それぞれの[　　]の解答群の中から最も適したものを選び、その番号を記せ。

22秋 **1** 搬送波として連続する方形パルスを使用し、入力信号の振幅に対応して方形パルスの［（ア）］を変化させる変調方式は、PWM (Pulse Width Modulation) といわれる。

[① 位　置　② 位　相　③ 幅]

22秋 21春 **2** デジタル伝送路などにおける伝送品質の評価尺度の一つに、測定時間中のある時間帯にビットエラーが集中的に発生しているか否かを判断するための指標となる［（イ）］がある。

[① *%ES*　② *MOS*　③ *BER*]

3 石英系光ファイバには、シングルモード光ファイバとマルチモード光ファイバがあり、一般に、シングルモード光ファイバのコア径はマルチモード光ファイバのコア径と［（ウ）］。

[① 比較して大きい　② 比較して小さい　③ 同じである]

22春 **4** ユーザごとに割り当てられたタイムスロットを使用し、同一の伝送路を複数のユーザが時分割して利用する多元接続方式は、［（エ）］といわれる。

[① FDMA　② SDMA　③ TDMA]

22秋 **5** 光ファイバ中における光の伝搬速度は伝搬モードや光の波長によって異なることから、受信端での信号の到達時間に差が生ずる。この現象は［（オ）］といわれ、光ファイバ内を伝送される信号のパルス幅が広がる原因となる。

[① 散　乱　② 分　散　③ 干　渉]

類題

(1) 4キロヘルツ帯域幅の音声信号を忠実にデジタル伝送するためには、最小限［(a)］キロヘルツの周波数の周期で標本化する必要がある。

[① 8　② 12　③ 16]

(2) デジタル伝送路などにおける伝送品質の評価尺度の一つであり、測定時間中に伝送された符号(ビット)の総数に対する、その間に誤って受信された符号(ビット)の個数の割合を表したものは［(b)］といわれる。

[① *BER*　② *%EFS*　③ *%SES*]

(3) デジタル伝送路などにおける伝送品質の評価尺度の一つである［(c)］は、1秒ごとに符号誤りの発生の有無を調べて、符号誤りの発生した秒の延べ時間(秒)が、稼働時間に占める割合を示したものである。

[① *%SES*　② *%ES*　③ *BER*]

(4) デジタル移動通信などにおける多元接続方式の一つであり、各ユーザに異なる符号を割り当て、スペクトル拡散技術を用いることにより一つの伝送路を複数のユーザで共用する方式は、［(d)］といわれる。

[① CDMA　② TDMA　③ FDMA]

(5) 一つの波長の光信号をN本の光ファイバに分配したり、N本の光ファイバからの光信号を1本の光ファイバに収束したりする機能を持つ光デバイスは、［(e)］といわれ、特に、Nが大きい場合は、光スターカプラともいわれる。

[① 光分岐·結合器　② 光アイソレータ　③ 光共振器]

(6) 光伝送システムに用いられる光受信器における雑音のうち、受光時に電子が不規則に放出されることにより生ずる受光電流の揺らぎによるものは［(f)］雑音といわれる。

[① 過負荷　② 熱　③ ショット]

問2-解説

1 搬送波に方形パルス列を使用して、原信号をパルスの振幅や間隔、幅などに変調する方式を、パルス変調方式という。パルス変調方式の1つであるPWM(Pulse Width Modulation：パルス幅変調)は、方形パルスの**幅**を入力信号の振幅に対応して変化させる方式である。

2 符号誤りを評価する尺度の1つに、長時間平均符号誤り率(*BER*：Bit Error Rate)がある。これは、測定時間中に伝送された符号(ビット)の総数に対する、その時間中に誤って受信された符号(ビット)の個数の割合を表すものである。*BER*は、符号誤りがランダム(不規則)に発生する場合には評価尺度として適しているが、符号誤りが短時間に集中して発生する場合には適していない。*BER*のこうした欠点を補うため、符号誤り時間率**%*ES***(percent Errored Seconds)、%*SES*(percent Severely Errored Seconds)、%*DM*(percent Degraded Minutes)などがITU－T(国際電気通信連合の電気通信標準化部門)により勧告されている(表2－1)。

表2－1　符号誤り時間率

名 称	説 明
%*ES*	1秒ごとに符号誤りの発生の有無を調べて、少なくとも1個以上の符号誤りが発生した「秒」の延べ時間が稼働時間に占める割合を百分率(%)で表したもの。
%*SES*	1秒ごとに平均符号誤り率を測定し、平均符号誤り率が1×10^{-3}を超える符号誤りの発生した「秒」の延べ時間が稼働時間に占める割合を百分率(%)で表したもの。
%*DM*	1分ごとに平均符号誤り率を測定し、平均符号誤り率が1×10^{-6}を超える符号誤りの発生した「分」の延べ時間が稼働時間に占める割合を百分率(%)で表したもの。

3 光ファイバは、伝搬するモード(経路)数により、シングルモード光ファイバとマルチモード光ファイバの2種類に大別され、一般に、シングルモード光ファイバのコア径は、マルチモード光ファイバのコア径と**比較して小さい**。

シングルモード光ファイバ(図2－1)は、光を伝送する中核部分、すなわちコアが直径10μm以下と細く、光は1つのモード(経路)のみを伝送する。広帯域かつ低損失であるため、大容量・長距離伝送に適している。一方、マルチモード光ファイバ(図2－2)は、コアの直径が50～85μmで複数の伝搬モードが存在するため分散が起こりやすいが、比較的安価であり、折り曲げに強いという利点がある。

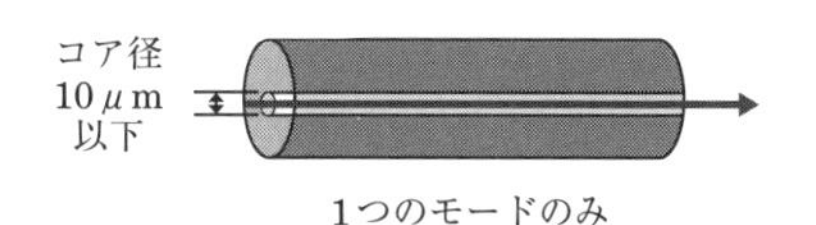

図2－1　シングルモード光ファイバ

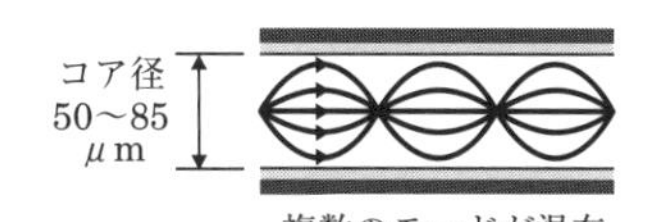

図2－2　マルチモード光ファイバ

4 多元接続方式は、複数のユーザ(端末)が1つの伝送路の容量を動的に利用するための技術であり、TDMA(時分割多元接続)やFDMA(周波数分割多元接続)などがある。これらのうち**TDMA**方式では、一定の時間周期を多数の時間間隔に分割し、それぞれの時間間隔(タイムスロット)を伝送チャネルとして構成する。そして、各ユーザが自分に割り当てられたタイムスロットで通信を行う。このTDMA方式では、送信側で複数のチャネルの信号を時間的に多重化して送り、受信側でこれを元の各チャネルの信号に戻す仕組みになっている。このため送受信端末間で、どのビットがどのチャネルのビットであるかを識別するためのフレーム同期をとる必要がある。

5 光ファイバにおいて、入射した光パルスの伝搬速度は、伝搬モードや光の波長によって異なる。このため受信端での到達時間に差が生じ、パルス幅は時間的に広がった波形になっていく。この現象を**分散**という。分散は、その発生要因別にモード分散、材料分散、構造分散の3つに分けることができる。なお、これらのうち材料分散と構造分散は、その大きさが光の波長に依存することから、波長分散とも呼ばれている。

シングルモード光ファイバではモード分散がなく、波長分散が帯域を制限する要因となっている。一方、マルチモード光ファイバでは伝送帯域がほとんどモード分散によって制限され、波長分散の影響は少ない。

表2－2　光ファイバにおける分散現象の種類

種 類		説 明
モード分散		光の各伝搬モードの経路が異なるため到達時間に差が出て、パルス幅が広がる。モード分散は、複数の伝搬モードが存在するマルチモード光ファイバのみに生じる現象であり、伝搬モードが1つしかないシングルモード光ファイバでは生じない。
波長分散	材料分散	光ファイバの材料の屈折率が光の波長により異なっているため、パルス波形に時間的な広がりが生じる。
	構造分散	光ファイバのコア(中心層)とクラッド(外層)の境界面で光が全反射を行う際に、光の一部がクラッドへ漏れてパルス幅が広がる。光の波長が長くなるほど光の漏れが大きくなる。

答

(ア)	③
(イ)	①
(ウ)	②
(エ)	③
(オ)	②

類題の答　(a)①　(b)①　(c)②　(d)①　(e)①　(f)③

予想問題

問3

次の各文章の ［　　］ 内に、それぞれの[　　]の解答群の中から最も適したものを選び、その番号を記せ。

22春 21春 **1** 振幅変調によって生じた上側波帯と下側波帯のいずれかを用いて信号を伝送する方法は、 （ア） 伝送といわれる。

[① VSB　② SSB　③ DSB]

22秋 **2** 4キロヘルツ帯域幅の音声信号を8キロヘルツで標本化し、1標本当たり8ビットで符号化すれば、 （イ） キロビット／秒で伝送できる。

[① 16　② 32　③ 64]

3 多重化方式について述べた次の二つの記述は、 （ウ） 。

A　多重化する複数の信号を異なる時間位置に配列して時間的に区分し、一つの高速デジタル信号として伝送する方式は、TDM方式といわれる。

B　多重化する複数の信号を異なる周波数の搬送波に乗せて周波数軸上に並べ、これを含む周波数帯域を一つの信号と同様に扱って伝送する方式は、FDM方式といわれる。

[① Aのみ正しい　② Bのみ正しい　③ AもBも正しい　④ AもBも正しくない]

21秋 **4** 光ファイバ通信で用いられる光変調方式の一つに、LEDやレーザダイオードなどの光源の駆動電流を変化させることにより、電気信号から光信号への変換を行う （エ） 変調方式がある。

[① 間　接　② 直　接　③ 角　度]

22春 **5** 伝送媒体に光ファイバを用いて双方向通信を行う方式として、 （オ） 技術を利用して、上り方向の信号と下り方向の信号にそれぞれ別の光波長を割り当てることにより、1心の光ファイバで上り方向の信号と下り方向の信号を同時に送受信可能とする方式がある。

[① PAM　② PWM　③ WDM]

類題

(1) デジタル網の伝送品質を表す指標には、伝送路での伝搬に要する時間のほか、バッファメモリへの書き込みや読み出しによる (a) 時間、どのくらいビットが誤ったかを示す符号誤り率などがある。

[① 伝送遅延　② 動作可能　③ 同期復帰]

(2) デジタル伝送に用いられる伝送路符号には、伝送路の帯域を変えずに情報の伝送速度を上げることを目的とした (b) 符号がある。

[① ハミング　② CRC　③ 多値]

(3) 光ファイバ通信において、半導体レーザなどの光源を直接変調する場合、一般に、数ギガヘルツ以上の高速で変調を行うと、半導体の屈折率が変化して光の波長が変動する現象は、 (c) といわれる。

[① 波長チャーピング　② 光カー効果　③ ポッケルス効果]

(4) 伝送するパルス列の遅延時間の揺らぎは、 (d) といわれ、光中継システムなどに用いられる再生中継器においては、タイミングパルスの間隔のふらつきや共振回路の同調周波数のずれが一定でないことなどに起因している。

[① ジッタ　② 相互変調　③ 干渉]

(5) 光ファイバ増幅器を用いた光中継システムにおいて、光信号の増幅に伴い発生する自然放出光に起因する (e) は、受信端におけるSN比の低下など、伝送特性劣化の要因となる。

[① 熱雑音　② ASE雑音　③ 補間雑音]

(6) 光アクセスネットワークなどに使用されている光スプリッタは、光信号を電気信号に変換することなく、光信号の (f) を行うデバイスである。

[① 分岐・結合　② 変調・復調　③ 発光・受光]

問3-解説

1　振幅変調方式は、搬送波の振幅を、伝送する信号の振幅に応じて変化させる変調方式である。振幅変調方式において、変調された信号の周波数分布をみると、図3－1のように、搬送波を中心としてその両側に信号波の周波数幅だけずらした側波帯成分が現れる。これらの側波帯すなわち上側波帯と下側波帯には同一の情報が含まれている。よって、上側波帯と下側波帯のいずれかを用いることで情報を伝達することができる。このような方式を単側波帯(**SSB**：Single Side Band)伝送方式といい、伝送に必要な周波数帯域が半分で済むことから、電話の多重伝送で使用されている。

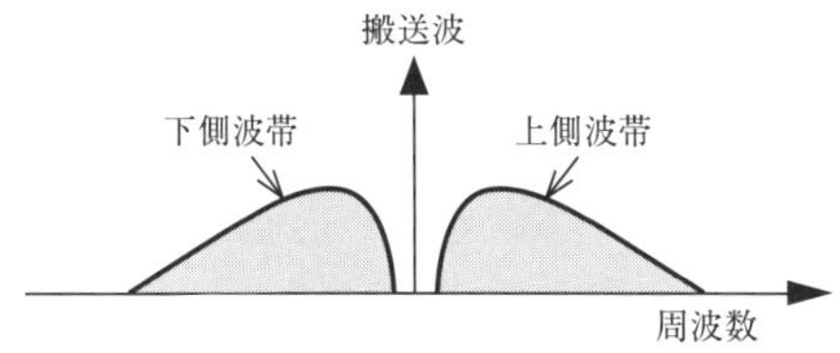

上側波帯と下側波帯に含まれている情報は同一である。

図3－1　上側波帯と下側波帯

2　8kHzで標本化するということは、1秒間に8×10^3回の標本化が行われていることを意味する。また、1回の標本化で8〔bit〕の符号化が行われることから、信号の伝送速度を$x \times 10^3$〔bit/s〕とすると、次の式が成り立つ。

$$8 \times 10^3〔回/s〕\times 8〔bit/回〕= x \times 10^3〔bit/s〕$$

この式からxを求めると、$x =$ **64**となる。

3　設問の記述は、**AもBも正しい**。多重伝送とは、複数の伝送路の信号を1つの伝送路で伝送する技術のことをいう。伝送路の多重化方式には、アナログ伝送路を多重化する周波数分割多重(FDM：Frequency Division Multiplexing)方式と、デジタル伝送路を多重化する時分割多重(TDM：Time Division Multiplexing)方式の2種類がある。

FDM方式は、1つの伝送路の周波数帯域を複数の帯域に分割し、各帯域をそれぞれ独立した1つの伝送チャネルとして使用する。一方、TDM方式では、1つの伝送路を時間的に分割して複数の通信チャネルをつくりだし、各チャネル別にパルス信号の送り出しを時間的にずらして伝送する。具体的には、まず、入力信号の各チャネルの信号をパルス変調にしておく。次に、図3－2の例に示すように、伝送路へのパルス送出をCH_1、CH_2、CH_3の順で行う。このようにTDM方式では、各チャネル別に送出されるパルス信号を時間的にずらして伝送することで、伝送路を多重利用している。

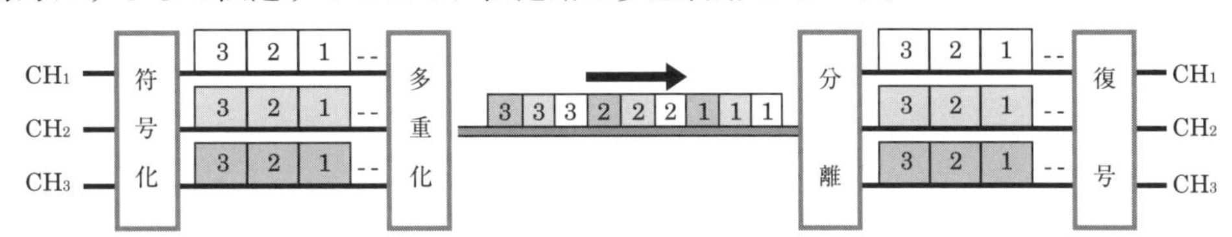

TDM方式では、各チャネル別に送出されるパルス信号を時間的にずらして伝送することで、伝送路を多重利用する。

図3－2　TDM方式(時分割多重方式)

4　光ファイバ通信は、発光ダイオード(LED：Light Emitting Diode)や半導体レーザダイオード(LD：Laser Diode)などで作り出された光を点滅させることでデジタル伝送を行っている。光を点滅(変調)させる方法には、直接変調方式と外部変調方式がある。**直接**変調方式は、発光ダイオードや半導体レーザダイオードなどに入力する電気信号の強弱によって光の強度を直接変調し、点滅させる。一方、外部変調方式は、光変調器を使用して外部から変調を加える。一般に、外部変調方式のほうが高速・長距離伝送が可能であり、近年、この方式が広く採用されている。

5　光アクセスネットワークでは、経済的なシステムを構築するため、双方向伝送に1心の光ファイバを用いることが多い。その実現技術には、ピンポン伝送とも呼ばれるTCM(Time Compression Multiplexing：時間軸圧縮多重)方式や、WDM(Wavelength Division Multiplexing：波長分割多重)方式などがある。

TCMは、上り方向の信号と下り方向の信号を時間を分けて交互に伝送することにより、1心の光ファイバで双方向多重伝送を行う。一方、**WDM**は、上り方向の信号と下り方向の信号にそれぞれ個別の波長を割り当てることにより、TCMと同様、1心の光ファイバで双方向多重伝送を行う。

答	
(ア)	②
(イ)	③
(ウ)	③
(エ)	②
(オ)	③

類題の答　(a)①　(b)③　(c)①　(d)①　(e)②　(f)①

読者特典

『工事担任者 2024年版 第2級デジタル通信 実戦問題』の「読者特典」として、模擬試験問題および解説・解答(PDFファイル)を下記のサイトから無料でダウンロード頂けます。

https://ric.co.jp/pdfs/contents/pdfs/1390_support.pdf

※当サービスのご利用は、本書を購入された方に限ります。
※ダウンロード期間は、本書刊行から2025年1月31日(金)までです。

工事担任者試験(基礎科目)に必要な単位記号、対数について

工事担任者試験の基礎科目において、計算問題の占める割合は非常に多い。問題を解く上で単位記号や対数の内容を理解することは必須と言える。

表1に国際単位系(SI)の単位記号を、表2に常用対数(10を底とする対数)の性質を示す。

表1

量	名　称	単位記号	参　考
電　流	アンペア	A	1〔A〕= 10^{3}〔mA〕
電圧・電位	ボルト	V	1〔V〕= 10^{-3}〔kV〕
電気抵抗	オーム	Ω	1〔Ω〕= 10^{-3}〔kΩ〕
熱　量	ジュール	J	1〔J〕= 1〔W・s〕
電　力	ワット	W	1〔W〕= 10^{-3}〔kW〕
電気量・電荷	クーロン	C	1〔C〕= 1〔A・s〕
静電容量	ファラド	F	1〔F〕= 10^{6}〔μF〕= 10^{12}〔pF〕
コンダクタンス	ジーメンス	S	
磁　束	ウェーバ	Wb	
磁束密度	テスラ	T	
インダクタンス	ヘンリー	H	
時　間	秒	s	

表2

対数の性質(常用対数)
指数関数 $x = 10^{y}$
対数関数 $y = log_{10} x$
$log_{10}10 = 1$　　$log_{10}1 = 0$
$log_{10} xy = log_{10} x + log_{10} y$
$log_{10} \frac{x}{y} = log_{10} x - log_{10} y$
$log_{10} \frac{x}{y} = - log_{10} \frac{y}{x}$
$log_{10} x^{m} = m log_{10} x$　(mは任意の実数)

端末設備の接続のための 技術及び理論

本書の構成について

1. 出題分析と重点整理

●**出題分析**：「基礎」、「技術及び理論」、「法規」の各科目の冒頭で、過去に出題された問題についてさまざまな角度から分析しています。

●**重点整理**：各科目の重点となるテーマを整理してまとめています。問題を解く前の予備学習や、試験直前の確認などにお役立てください。

2. 問題と解説・解答

●**2023年11月公表問題**：一般財団法人日本データ通信協会のホームページ上で2023年11月29日に公表された「令和5年度第2回 工事担任者第2級デジタル通信試験問題」を掲載しています。

●**2023年5月公表問題**：2023年5月24日に公表された「令和5年度第1回 工事担任者第2級デジタル通信試験問題」を掲載しています。

●**予想問題**：既出問題等を厳選して掲載しています。なお、過去4回分の問題(*)については、特に出題年度を記載しています（例：22秋）。

(*)令和4年度第2回（2022年秋）試験、令和4年度第1回（2022年春）試験、令和3年度第2回（2021年秋）試験、および令和3年度第1回（2021年春）試験の問題。

●**類題**：演習に役立つ問題を掲載しています。

端末設備の接続のための技術及び理論

出題分析と対策の指針

第2級デジタル通信における「技術・理論科目」は、第1問から第4問までであり、各問は配点が25点で、解答数は5つ、解答1つの配点は5点となっている。それぞれのテーマおよび概要は、以下のとおりである。

●第1問　端末設備の技術(Ⅰ)

端末設備の技術の主な出題項目には、次のようなものがある。

・GE－PON等の光加入者線を利用する通信システムの構成および装置(OLT、ONU)の機能概要
・ADSL等のメタリック加入者線を利用するブロードバンドアクセスシステムの概要
・IP電話を利用するための装置の構成および機能
・イーサネットLANの概要
・ハブ等からLAN端末へ電力を供給するPoE機能
・無線LANの特徴
・無線PANの種類と規格

これらのうち、GE－PONシステムとPoE機能が毎回のように出題されている。無線LANに関する出題も多い。

GE－PONシステムについては、複数利用者が1本の光伝送路を共用して通信を行うための信号の分岐方法や各装置の機能等が問われている。また、IP電話システムに関しては、システムを構成する装置の名称、IP電話機を接続するためのケーブル、SIP等の呼制御プロトコル、電話番号体系等、問われる内容が多岐にわたる。PoE機能については、電力供給に使用する心線、接続された端末がPoE対応機種かどうかの判定等が問われている。

●第2問　ネットワークの技術(Ⅰ)

ネットワークの技術の主な出題項目には、次のようなものがある。

・デジタル変換方式
・デジタル伝送路符号化方式
・光アクセスネットワークの設備構成
・CATVのネットワーク形態
・メタリックケーブルを使用してデータ信号を伝送するブロードバンドサービス(ADSL等)
・データ伝送制御手順(HDLC手順等)
・通信プロトコルの階層モデル(OSI参照モデル、TCP／IP階層モデル)
・IPアドレス(IPv4、IPv6)
・イーサネットフレーム

これらのうち、光アクセスネットワークの設備構成、通信プロトコルの階層モデルが毎回のように出題されている。また、最近は第3問に出題されることの多いスイッチングハブのフレーム転送方式が第2問で出題されたこともあった。

光アクセスネットワークの設備構成では、SS方式、ADS方式、PDS(PON)方式のそれぞれの特徴を押さえておく。アクセス回線の途中で分岐があるかどうか、メタリック線の部分があるかどうかで分類すると覚えやすい。通信プロトコルの階層モデルでは、OSI参照モデルとTCP／IP階層モデルについて、各階層の名称と役割、該当するプロトコルの名称等を覚える。

●第3問　端末設備の技術(Ⅱ)、ネットワークの技術(Ⅱ)、情報セキュリティの技術

情報セキュリティの技術の主な出題項目には、次のようなものがある。

・情報セキュリティの3要素
・サイバー攻撃の種類と特徴
・マルウェア(ウイルス、ワーム、トロイの木馬等)の種類
・脆弱性検知手法
・情報漏えい防止対策
・ウイルス対策ソフトウェアの方式
・ファイアウォール

情報セキュリティは、対象範囲が広いうえに、情報システムに対する脅威が日々変化しているため全く新規に出題される項目もあり、対策が難しい。情報セキュリティの3要素、ウイルス対策ソフトウェアの方式といった基本を押さえつつ、情報セキュリティに関係する機関や企業からの発表、マスメディアの報道等に普段から関心を持ち、意識を高めておきたい。

なお、第3問では情報セキュリティの技術に関する出題は2問程度となっており、残りの3問程度は端末設備の技術およびネットワークの技術に関する次のような事柄が出題されている。

・LANを構成する機器の種類
・スイッチングハブ
・MACアドレス
・ブロードバンドルータの機能
・ICMPv6

これらの他、ネットワークコマンドに関する出題もみられる。

●第4問　接続工事の技術

接続工事の技術の主な出題項目には、次のようなものがある。

・光ファイバの種類
・光ファイバ心線の接続
・光コネクタの種類
・UTPケーブルの特徴
・UTPケーブルの成端
・配線用品および配線用設備
・無線LANの構築
・光ファイバの損失
・LAN配線試験
・ネットワークコマンド

これらのうち、毎回のように出題されているのは、光ファイバ心線の接続である。また、ケーブルのコネクタ成端や、配線用品、配線用設備に関する出題も比較的多い。近年は、無線LANの構築に関する問題も度々出題されている。頻出項目について確実にマスターしておきたい。

●**出題分析表**

次の表は、3年分の公表問題を分析したものである。試験傾向を見るうえでの参考資料としてご活用頂きたい。

表 「端末設備の接続のための技術及び理論」科目の出題分析

	出題項目	公表問題						学習のポイント
		23秋	23春	22秋	22春	21秋	21春	
第1問	GE－PON	○	○	○	○	○	○	OLT、ONU、光スプリッタ、LLID
	ADSL		○		○	○		ADSLモデム、ADSLスプリッタ、DMT変調方式
	IP電話		○	○	○	○	○	VoIPゲートウェイ、SIP、0AB～J番号、050番号
	イーサネットLAN	○					○	ネットワークトポロジ、オートネゴシエーション機能
	PoE機能	○	○	○	○	○	○	オルタナティブA、オルタナティブB
	無線LAN	○	○	○	○	○		AP、通信モード、CSMA／CA、2.4GHz帯、5GHz帯
	無線PAN	○		○			○	Bluetooth、ZigBee、IEEE802.15シリーズ
第2問	デジタル変換方式	○						パケット交換方式
	デジタル伝送路符号化方式		○		○		○	Manchester符号、NRZI符号、MLT－3符号
	光アクセスネットワークの設備構成	○	○	○	○	○	○	SS方式、ADS方式、PDS方式、VDSL装置
	CATVのネットワーク形態	○	○		○			HFC方式
	ADSLのアクセス回線			○		○	○	ADSLモデム、DSLAM装置、ブリッジタップ
	HDLC手順			○		○		フレーム同期、フラグシーケンス、0の挿入・除去
	通信プロトコルの階層モデル	○	○	○	○	○	○	TCP／IP階層モデル、OSI参照モデル
	IPネットワーク	○	○		○	○		IPv4、IPv6、IPアドレス、マルチキャスト
	イーサネットフレーム			○			○	最大フレーム長、フレーム転送方式
第3問	情報セキュリティの3要素		○					機密性、完全性、可用性
	サイバー攻撃の種類	○	○		○	○	○	DDoS攻撃、ブルートフォース攻撃、SQLインジェクション、DNSキャッシュポイズニング、ブラウザクラッシャー
	マルウェアの種類					○		ウイルス、ワーム、トロイの木馬、ファイル感染型
	脆弱性検知手法			○				ポートスキャン、バナーチェック
	情報漏えい防止対策	○						シンクライアント、検疫ネットワーク
	ウイルス対策ソフトウェア			○				パターンマッチング方式等
	ファイアウォールの機能				○		○	NAPT、DMZ
	LANの構成機器	○	○	○	○	○	○	リピータ、ブリッジ、スイッチングハブ（L2スイッチ）、ルータ
	スイッチングハブ	○		○	○	○		カットアンドスルー方式、フラグメントフリー方式、ストアアンドフォワード方式
	MACアドレス		○				○	6バイト（48ビット）
	ブロードバンドルータの機能	○		○				DHCPサーバ、ホームゲートウェイ
	ICMPv6		○		○	○	○	情報メッセージ、エラーメッセージ
第4問	光ファイバの種類	○	○	○	○			シングルモード、マルチモード、グレーデッドインデックス型
	光ファイバ心線の接続	○			○	○		融着接続、メカニカルスプライス接続、コネクタ接続
	光コネクタ		○	○			○	SCコネクタ、FCコネクタ、フェルール
	UTPケーブル	○			○	○		撚り対線、撚り戻し長、カテゴリ
	UTPケーブルの成端		○	○			○	RJ－45コネクタ、T568A規格、T568B規格、配線誤り
	配線用品および配線用設備		○	○	○	○	○	硬質ビニル管、フロアダクト、セルラフロア、配線用図記号
	無線LANの構築	○					○	チャネル設定、ISMバンド
	光ファイバの損失						○	レイリー散乱損失、マイクロベンディングロス
	LAN配線試験		○			○		ワイヤマップ試験、チャネルの性能パラメータ
	ネットワークコマンド	○		○	○			ping、tracert

（凡例）「出題実績」欄の○印は、当該項目の問題がいつ出題されたかを示しています。

23秋：2023年秋（令和5年度第2回）試験に出題実績のある項目　23春：2023年春（令和5年度第1回）試験に出題実績のある項目
22秋：2022年秋（令和4年度第2回）試験に出題実績のある項目　22春：2022年春（令和4年度第1回）試験に出題実績のある項目
21秋：2021年秋（令和3年度第2回）試験に出題実績のある項目　21春：2021年春（令和3年度第1回）試験に出題実績のある項目

技術・理論

技術及び理論 1 端末設備の技術（Ⅰ）

GE－PONシステム

OLTから配線された1心の光ファイバを光スプリッタなどの受動素子により分岐し、複数のONUで共用する光アクセス方式をPONといい、PONのうち、Ethernet技術を用いたものをGE－PONという。GE－PONでは、1Gbit/sの帯域を各ONUで分け合い、上り信号の帯域は各ONUに動的に割り当てられる。

GE－PONでは、OLTからの下り信号は配下の全ONUに同一のものが送信されるため、各ONUはそれがどのONU宛のものかを識別する必要がある。また、上り信号がどのONUからのものかをOLTは識別しなければならない。これらの識別は、Ethernetフレームのプリアンブル（PA）部に埋め込まれたLLIDによって行う。また、OLTがONUに送信許可を通知することで、各ONUから送信される上り信号が衝突するのを回避している。

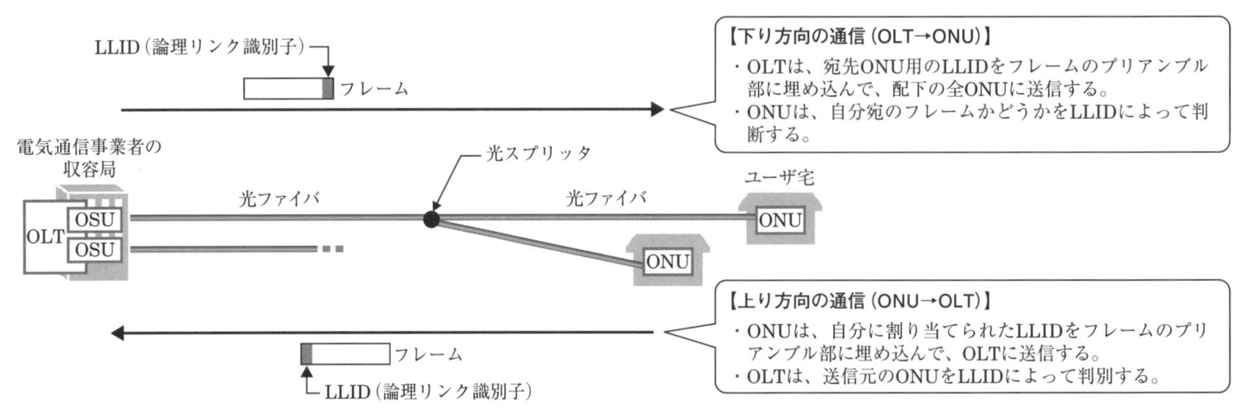

図1　GE－PONシステム

LANの規格

LANの規格では、IEEE（電気電子学会）の802委員会が審議・作成しているものが標準的である。この規格は、OSI参照モデルのデータリンク層を2つの副層に分けて標準化している。下位の副層は物理媒体へのアクセス方式の制御について規定したもので、MAC（Media Access Control：媒体アクセス制御）副層という。また、上位の副層は物理媒体に依存せず、各種の媒体アクセス方式に対して共通に使用するもので、LLC（Logical Link Control：論理リンク制御）副層と呼ばれている。

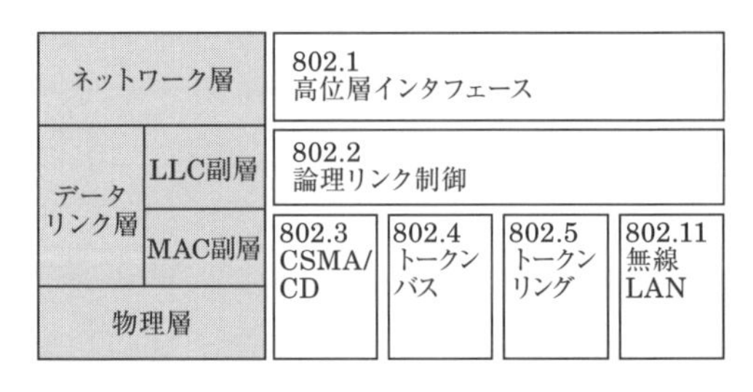

図2　LANのOSI階層とIEEE802.x（抜粋）

IP電話システム

●IP電話機

IP電話機は、IP電話システムに対応した電話機であり、アナログ／デジタル変換、符号化／復号、IPパケット化などの基本機能に加え、エコーキャンセラや揺らぎ吸収バッファといった音声品質を確保する機能も実装している。

なお、IP電話では、呼制御プロトコルとしてSIP（Session Initiation Protocol）が主に用いられている。SIPはインターネット技術をもとに標準化され、単数または複数の相手とのセッションを生成、変更、切断するためのアプリケーション層制御プロトコルである。

●VoIPゲートウェイ

既設のアナログ電話機やデジタル式PBXをIP電話で利用するため、送信側で音声信号をIPパケットに変換し、受信側ではIPパケットから音声信号に変換する。

LAN間接続装置

●リピータ

同種のLANのセグメント相互を接続するための装置で、物理層の機能のみを持つ。電気信号の整形と再生増幅を行い、他方のLANセグメントに送出する。イーサネットLANのセグメントには距離の制限があるが、リピータを使用することによって大規模なイーサネットを構築することができる。

たとえば、100BASE-TXではLANセグメントの長さが100mまでに制限されるが、入力された信号と同じ規格の信号を出力するクラス2リピータを用いて多段接続する場合、リピータを2台まで接続して延長することが可能で、最長205m（＝100＋5＋100）となる。

●スイッチングハブ（レイヤ2スイッチ）

MAC副層を通じてLANとLANとを接続する装置で、MACアドレスをもとにフレームの転送先ポートを決定して出力する。

転送方式には、受信フレームの宛先アドレスまで受信すると内部に保有しているアドレステーブルと照合して直ちに転送するカットアンドスルー方式、受信フレームの先頭から64バイトまでの誤りを検査して異常がなければ転送するフラグメントフリー方式、受信フレームをすべてバッファに取り入れ誤り検査を行ってから転送するため速度やフレーム形式の異なったLAN相互の接続が可能なストアアンドフォワード方式がある。

●ルータ

ネットワーク層や一部のトランスポート層でLANとLANとを接続する装置で、MAC副層でのアドレス体系が異なるLANどうしを接続することができる。

IPヘッダ内にあるIPアドレスをもとに、次にどの経路に情報を渡すかの判断を行うルーティング(経路選択)機能を持つ。また、IPアドレスなどを判断基準として、ヘッダが不正なものや通過を禁止しているものなどを選別する。

●ゲートウェイ

ルータの場合、接続するLANはネットワーク層以上のプロトコルが同じでなければならない。一方、ゲートウェイは、上位層を含めて異なるプロトコル体系を有するLANどうしを接続する。

PoE機能

PoE(Power over Ethernet)機能とは、LAN配線に用いるカテゴリ5e(クラスD)以上のメタリックケーブルを用いて電力を供給する機能をいう。これにより、既設の電源コンセントの位置に制約されず、また、商用電源の配線工事を行うことなく、ネットワーク機器を設置できる。給電側の装置をPSE(Power Sourcing Equipment)といい、受電側の装置をPD(Powered Device)という。

●IEEE802.3af

PoEの最初の規格で、IEEE802.3atおよびbtにType1として引き継がれている。PSEは1ポート当たり直流44～57Vの範囲で最大15.4Wの電力を供給し、PDは直流37～57Vの範囲で最大12.95Wの電力を受電する。PSE～PD間の最大電流は350mAである。

●IEEE802.3at(PoE Plus)

IEEE802.3afをType1としてそのまま引き継ぎ、これに30Wまでの電力供給を可能とする仕様をType2として追加した規格である。PSEは1ポート当たり直流50～57Vの範囲で最大30Wの電力を供給し、PDは直流42.5～57Vの範囲で最大25.5Wの電力を受電する。PSE～PD間の最大電流は600mAである。Type1と2では2対の心線を用いて給電するが、その方法には、10BASE-Tおよび100BASE-TXにおける信号線(1,2,3,6)を用いるオルタナティブA方式と、空き心線(4,5,7,8)を用いるオルタナティブB方式がある。

●IEEE802.3bt(PoE Plus Plus)

IEEE802.3atのType1と2を引き継ぎ、これにType3および4として、ケーブルの心線を4対とも用いて大きな電力を供給する仕様を追加した規格である。PSEの1ポート当たりの最大供給電力は、直流52～57Vの範囲で、Type3が60W、Type4が90Wとなっている。また、PDの最大受電電力は、直流51.1～57Vの範囲で、Type3が51W、Type4が71.3Wとなっている。PSE～PD間の最大電流は、Type3が600mA、Type4が960mAである。

無線LAN

●無線LANの規格

無線LANの規格には、IEEE802.11a、b、g、n、acなどがある。いずれも有線LANと同様にIEEEの802委員会が定めたものである。

表1　無線LANの主な規格

無線LAN規格	使用周波数帯域	最大伝送速度	二次変調方式
802.11a	5GHz	54Mbps	OFDM
802.11b	2.4GHz	11Mbps	DSSS/CCK
802.11g	2.4GHz	54Mbps	OFDM
802.11n	2.4GHz/5GHz	600Mbps	OFDM
802.11ac	5GHz	6.93Gbps	OFDM

●無線LANのアクセス制御手順

無線LANにおけるアクセス制御手順としてCSMA/CA(Carrier Sense Multiple Access with Collision Avoidance：搬送波感知多重アクセス/衝突回避)方式がある。無線LANではコリジョン(同じ回線を流れる信号の衝突)を検出できないので、各ノードは通信路が一定時間以上継続して空いていることを確認してからデータを送信する。

具体的には、通信を開始する前に、各ホストは一度受信を試行し現在通信中の他のホストの有無を確認する。その際に通信中のホストを検出すれば、ランダムな時間だけ待った後、再度使用状況を調べ、電波が未使用であればデータを送信する。

送信したデータが無線区間で衝突したかどうかの確認はACK(Acknowledgement)信号の受信の有無で行う。ACKを受信した場合は衝突がなくデータを正しく送信できたと判断し、一定時間が経過してもACKを受信できなかった場合は衝突があったと判断して再送処理に入る。

●隠れ端末問題と回避策

無線LAN端末どうしの位置が離れている、あるいは間に障害物があるなどの理由により、送信を行っている無線LAN端末の信号をキャリアセンスできないことがある。これを隠れ端末問題といい、データの衝突を引き起こしスループット特性の低下を招く原因となる。この隠れ端末問題の対策にRTS／CTS制御があり、データを送信しようとする無線LAN端末は、まず無線LANアクセスポイントに送信要求(RTS：Request To Send)信号を送信し、これを受けた無線LANアクセスポイントは受信準備完了(CTS：Clear To Send)信号を返す。他の無線LAN端末はCTS信号を受信することにより、送信を開始しようとしている無線LAN端末の存在を知ることができる。

当ページでは、一般財団法人日本データ通信協会のホームページ上で2023年11月29日に公表された「令和5年度第2回工事担任者第2級デジタル通信試験問題」を掲載しています。

次の各文章の［　　］内に、それぞれの［　　］の解答群の中から最も適したものを選び、その番号を記せ。（小計25点）

(1) GE－PONシステムにおいて、OLTからの下り方向の通信では、OLTは、どのONUに送信するフレームかを判別し、送信するフレームの［（ア）］に送信先のONU用の識別子を埋め込んだものをネットワークに送出する。（5点）

［① プリアンブル　② 送信元アドレスフィールド　③ 宛先アドレスフィールド］

(2) パーソナルコンピュータ本体とワイヤレスマウスとの間の接続、ゲーム機本体とリモコンとの間の接続などに用いられる無線通信の規格であるBluetoothが使用する周波数帯は、一般に、［（イ）］バンドといわれる。（5点）

［① Ku　② L　③ ISM］

(3) LANのネットワークの形態のうち、一つの制御装置から複数の端末に対し1本ずつ個別に伝送路(ケーブル)が配線される形態は、一般に、［（ウ）］型といわれる。（5点）

［① リング　② スター　③ バス］

(4) 無線LAN規格のうち、5GHz帯を使用し、MIMOのストリーム数の増加などにより理論値としての最大伝送速度が6.9ギガビット／秒とされている規格はIEEE802.［（エ）］である。（5点）

［① 11n　② 11a　③ 11ac］

(5) IEEE802.3atとして標準化されたPoEの機能について述べた次の記述のうち、誤っているものは、［（オ）］である。（5点）

① 100BASE－TXのイーサネットで使用しているLAN配線のうち、信号対の2対4心を使用する方式はオルタナティブBといわれる。
② 1000BASE－Tのイーサネットで使用しているLAN配線の4対8心の信号対のうち、2対4心を使ってPoE機能を持つIP電話機に給電することができる。
③ 給電側機器であるPSEは、一般に、受電側機器がPoE対応機器か非対応機器かを検知して、PoE対応機器にのみ給電する。

解　説

(1) GE－PON(Gigabit Ethernet－Passive Optical Network)は、P2MP(Point to Multipoint)すなわち「1対多」の光アクセス方式であり、IEEE802.3ahで規定されている。

GE－PONでは、電気通信事業者側のOLT(Optical Line Terminal：光加入者線終端装置)とユーザ側のONU(Optical Network Unit：光加入者線網装置)との間で、上り方向(ユーザ側から電気通信事業者側への通信)、下り方向(電気通信事業者側からユーザ側への通信)ともに最大1Gbit/s(毎秒1ギガビット)で双方向通信を行う。

GE－PONにおいてOLTからONUへの下り方向の通信では、OLTが配下にあるすべてのONUに同一の信号を送信する。このときOLTは、どのONUに送信するフレームかを判別し、その宛先ONU用の論理リンク識別子(LLID：Logical Link ID)をフレームの**プリアンブル**に埋め込んでおく。このLLIDをもとに、各ONUは、受信したフレームが自分宛であるかどうかを判断し、取捨選択する仕組みになっている。なお、ONUからOLTへの上り方向の通信では、ONUは自分に割り当てられたLLIDをフレームのプリアンブルに埋め込んで送信し、OLTはそのLLIDによって送信元のONUを判別している。

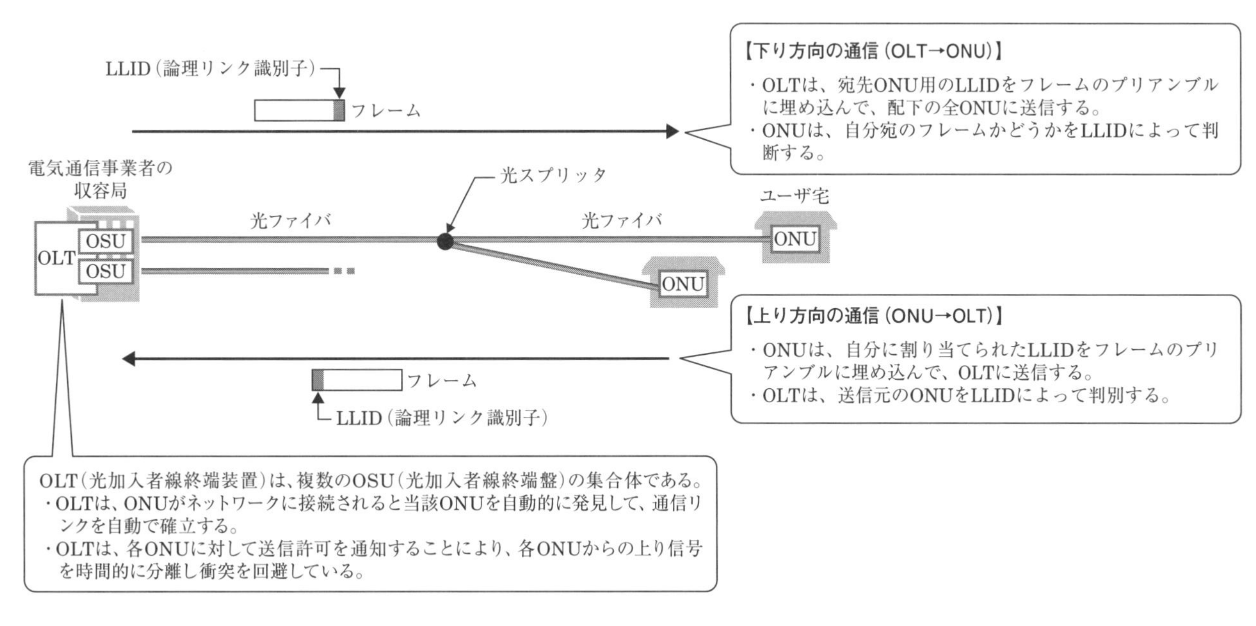

図1　GE－PON方式

【補足説明】

一般に、イーサネットLAN (Local Area Network)では、データ伝送にイーサネットII (DIX)形式のフレームが使用される。イーサネットフレームは図2に示すように、プリアンブル、宛先アドレス、送信元アドレス、タイプ、データ、およびFCS (Frame Check Sequence)というフィールドで構成されている。

イーサネットでは、プリアンブルフィールドの8バイトを除いて、最小フレームサイズが64バイト、最大フレームサイズが1,518バイトと規定されている。ただし、実際に格納されるデータの最大長は、宛先アドレス、送信元アドレス、タイプ、FCSの各フィールドの長さを除いた1,500バイトである。このフレームサイズの規定はファストイーサネットでも同じであるが、ギガビットイーサネットおよび10ギガビットイーサネットでは最小フレームサイズが512バイトと規定されており、フレームサイズが512バイトに満たない場合はダミーデータを付加する。

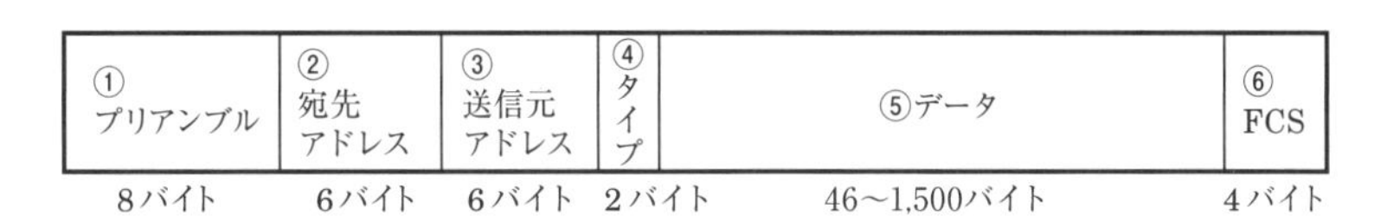

①プリアンブル	②宛先アドレス	③送信元アドレス	④タイプ	⑤データ	⑥FCS
8バイト	6バイト	6バイト	2バイト	46～1,500バイト	4バイト

① **プリアンブル (PA：PreAmble)**
フレームの送信の開始を認識させ、同期をとるためのタイミング信号の役割を担っている。

② **宛先アドレス (DA：Destination Address)**
宛先ノードのLANインタフェースのMACアドレスが入る。

③ **送信元アドレス (SA：Source Address)**
送信元ノードのLANインタフェースのMACアドレスが入る。

④ **タイプ (Type)**
後続のデータに格納されているデータの上位層プロトコルを示したIDが設定される。たとえば、⑤データフィールドにカプセル化しているプロトコルがIPv4 (Internet Protocol version 4)であれば0x0800が入る。

⑤ **データ (User Data)**
上位レイヤのデータが格納される。TCP/IPの場合は、IPヘッダ以下のIPパケットが格納される。46バイトに満たない場合はパディング (PAD) で埋める。

⑥ **FCS (フレーム検査シーケンス)**
フレームのエラーを検出するためのフィールド。

図2　イーサネットLANのフレーム構成(イーサネットII形式)

(2) Bluetooth(ブルートゥース)は、2.4GHz帯の**ISM**(Industrial, Scientific and Medical)バンドを使用する無線通信の規格の1つである。身近な例を挙げると、パーソナルコンピュータとその周辺機器(ワイヤレスマウス、ワイヤレスキーボード)との接続や、ワイヤレスイヤホン、ワイヤレスヘッドホンなどで利用されている。

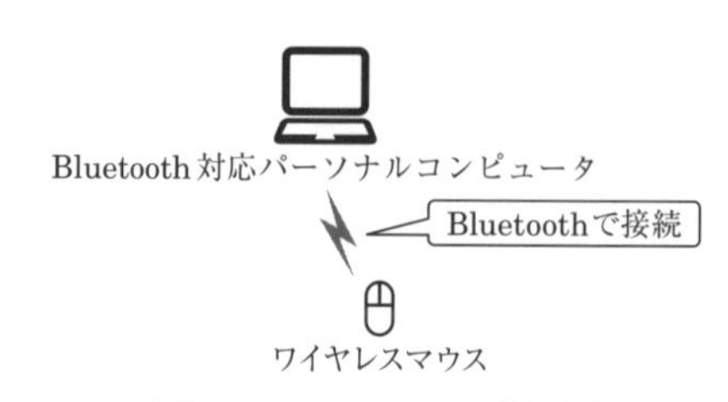

図3 Bluetoothの利用例

Bluetoothが使用するISMバンドは、コードレス電話や医療機器、電子レンジなど、さまざまな用途で利用される免許不要の周波数帯域であるため、他の機器との混信や干渉が発生しやすく、スループット(処理能力)が低下する場合がある。そこで、ISMバンドを使用する無線LANには、スペクトル拡散変調方式を用いてこれらの影響を最小限に抑えているものがある。

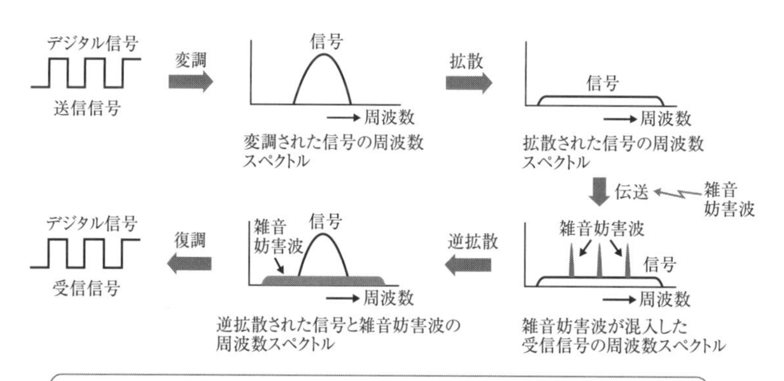

スペクトル拡散変調方式は、送信側で変調された信号の周波数スペクトルを、広い周波数帯域に拡散して伝送する。
伝送中、特定の周波数に妨害波が混入しても、混入した受信信号の周波数スペクトルを逆拡散し、その信号のスペクトルを元に戻す過程で妨害波のエネルギーを拡散する。

図4 スペクトル拡散変調方式

(3) LAN(Local Area Network)とは、オフィスや工場などの構内の限られた場所でデータ通信を行う構内通信網のことをいう。

LANの基本構成(LANトポロジ)の代表的なものとしては、図5に示すようにスター型、バス型、およびリング型がある。これらのうち**スター**型は、ネットワーク中央の制御装置(集線装置)に、ネットワークを構成する各通信機器(端末装置)を個別に接続した構成である。各機器から出力されるデータはすべて、制御装置によりいったん受信され、制御装置はデータの宛先を調べて該当する機器にそのデータを送出する。スター型は、大規模なLANに対応できるうえ、異常箇所の検出が容易、集中制御が可能などの特長を持つ。

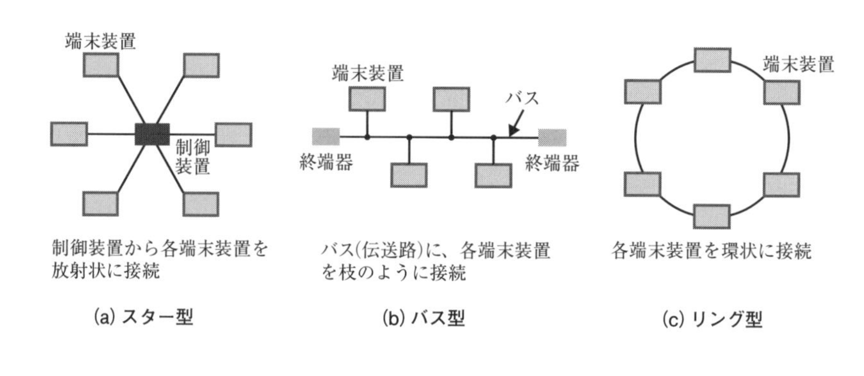

図5 LANの基本構成

(4) 無線LANの規格は、有線LANと同様にIEEE802委員会により定められている。表1に示すように、複数の標準規格(IEEE802.11)が制定されており、それぞれ使用周波数帯域や最大伝送速度などが異なっている。

これらのうちIEEE802.**11ac**は、5GHz帯を使用して最大6.93Gbit/sの伝送速度を実現する規格である。IEEE802.11acでは、20MHz帯域幅のチャネルを4つ束ねた80MHzのチャネルを必須とし、オプションとして最大160MHz帯域幅のチャネルが利用可能となっている。さらに、256QAM(Quadrature Amplitude Modulation：直交振幅変調)方式を採用するとともに、MIMO(Multiple Input Multiple Output)技術を拡張しストリーム数を増加するなどして、高速化を実現している。

ここでMIMOとは、送信側、受信側ともに複数のアンテナを用いて、それぞれのアンテナから同一の周波数で異なるデータストリーム(信号)を送信し、それらを複数のアンテナで受信することで空間多重伝送を行う技術をいう。MIMOでは、理論上はアンテナ数に比例して伝送ビットレートを増やすことができ、使用する周波数帯域を増やさずに伝送速度の高速化を図ることができる。MIMO通信におけるアンテナ数は、IEEE802.11nでは送信側、受信側ともに最大4本であるが、IEEE802.11acでは、これを拡張し、送信側、受信側ともに最大8本となっている。

表1　無線LANの主な規格

	802.11a	802.11b	802.11g	802.11n	802.11ac	802.11ax
使用周波数帯域	5GHz	2.4GHz	2.4GHz	2.4GHz、5GHz	5GHz	2.4GHz、5GHz、6GHz
最大伝送速度	54Mbit/s	11Mbit/s	54Mbit/s	600Mbit/s	6.93Gbit/s	9.6Gbit/s

(5)　イーサネットで使われるLANケーブル(UTPケーブルなど)を用いてネットワーク機器に電力を供給する機能のことをPoE(Power over Ethernet)といい、IEEE802.3atとして2009年に標準化された(＊1)。PoE機能を利用すると、電源が取りにくい場所にも機器を設置することができ、電力ケーブルの配線や管理が不要になるなど、多くのメリットが得られる。

①、②：PoEにおける給電は、LANケーブルの4対8心のうち2対4心を用いて行われる。IEEE802.3atの規定では、10BASE－Tまたは100BASE－TXにおける信号対である1・2番ペアおよび3・6番ペアを使用して給電するオルタナティブA(Alternative A)方式と、予備対(空き対)である4・5番ペアおよび7・8番ペアを使用して給電するオルタナティブB(Alternative B)方式がある(図6)。これは1000BASE－T(＊2)においても同様である。したがって、①の記述は誤りである。一方、②の記述は正しい。

③：PoEで電力を供給する機器をPSE(Power Sourcing Equipment)と呼び、電力を受ける機器をPD(Powered Device)と呼ぶ。PSEは、接続された相手機器(IP電話機など)がPoE対応のPDであるかどうか、一定の電圧を短時間印加して判定を行う。そして、PoE対応のPDである場合にのみ電力を供給する。したがって、記述は正しい。

以上より、解答群の記述のうち、誤っているものは、「**100BASE－TXのイーサネットで使用しているLAN配線のうち、信号対の2対4心を使用する方式はオルタナティブBといわれる。**」である。

(＊1) 最新の規格は2018年に承認されたIEEE802.3btである。IEEE802.3btではIEEE802.3atのType1およびType2をそのまま受け継ぎ、4対8心すべてを使用して最大60Wの電力供給を可能にしたType3と最大90Wの電力供給を可能にしたType4が追加された。

(＊2) 1000BASE－Tや10GBASE－Tでは、ケーブルの4対8心すべてを信号の送受信に使用するため、オルタナティブBで用いる4・5番ペアおよび7・8番ペアは、「予備対(空き対)」というわけではない。

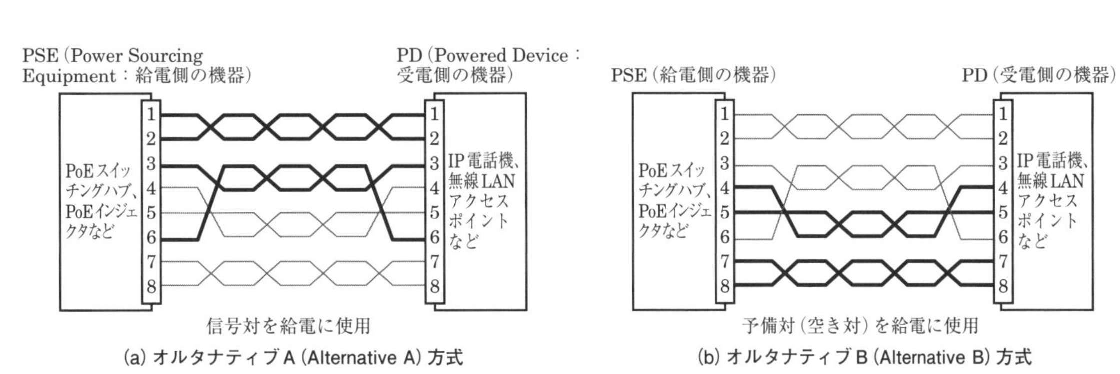

図6　PoEの給電方式

答	
(ア)	①
(イ)	③
(ウ)	②
(エ)	③
(オ)	①

当ページでは、一般財団法人日本データ通信協会のホームページ上で2023年5月24日に公表された「令和5年度第1回工事担任者第2級デジタル通信試験問題」を掲載しています。

次の各文章の［　　］内に、それぞれの［　　］の解答群の中から最も適したものを選び、その番号を記せ。（小計25点）

(1) GE－PONシステムで用いられているOLTの機能などについて述べた次の記述のうち、誤っているものは、（ア）である。（5点）

［① OLTは、ONUがネットワークに接続されるとそのONUを自動的に発見し、通信リンクを自動で確立する機能を有している。
② OLTは、ONUからの上り信号がOLT配下の他のONUからの上り信号と衝突しないよう、あらかじめ各ONUに対して異なる波長を割り当てている。
③ OLTからの下り方向の通信では、OLTは、どのONUに送信するフレームかを判別し、送信するフレームのプリアンブルに送信先のONU用の識別子を埋め込んだものをネットワークに送出する。］

(2) アナログ電話回線を使用してADSL信号を送受信するための機器であるADSLモデムは、データ信号を変調・復調する機能を持ち、変調方式には（イ）方式が用いられている。（5点）

［① スペクトラム拡散　② PSK　③ DMT］

(3) アナログ電話機を用いてIPネットワークを使用した音声通信を行うには、アナログ電話機を、一般に、（ウ）といわれる装置に接続する。（5点）

［① VoIPゲートウェイ　② VoIPゲートキーパ　③ DNSサーバ］

(4) 無線LANのネットワーク構成には、アクセスポイントとアクセスポイントからの電波の到達範囲にある端末とによってネットワークが構成され、端末どうしがアクセスポイントを介して通信を行う（エ）モードがある。（5点）

［① セーフ　② アドホック　③ インフラストラクチャ］

(5) IEEE802.3at Type1として標準化されたPoE機能を利用すると、100BASE－TXのイーサネットで使用しているLAN配線の信号対又は予備対(空き対)の（オ）を使って、PoE機能を持つIP電話機に給電することができる。（5点）

［① 1対2心　② 2対4心　③ 4対8心］

解説

(1) GE－PONでは、電気通信事業者側のOLT(光加入者線終端装置)とユーザ側のONU(光加入者線網装置)との間で、1心の光ファイバを光スプリッタで分岐する。そして、OLTとONUの相互間を、上り方向、下り方向ともに最大1Gbit/s(毎秒1ギガビット)で双方向通信を行う。

①：GE－PONのデータリンク層は、MAC(Media Access Control)副層、マルチポイントMACコントロール副層、OAM(Operation, Administration, and Maintenance)副層などから成る。これらのうちマルチポイントMACコントロール副層は、P2MPディスカバリ機能などを有している。P2MPディスカバリ機能とは、ユーザ側のONUがネットワークに接続されると、そのONUを電気通信事業者側のOLTが自動的に発見して、ONUに論理リンク識別子(LLID：Logical Link ID)を付与して通信リンクを自動で確立する機能をいう。したがって、記述は正しい。

②：GE－PONでは、1つのOLTに複数のONUが接続されるため、各ONUがOLTへの信号を任意に送信すると、上り信号どうしが衝突するおそれがある。そこで、この対策として、OLTが各ONUに対

して送信許可を通知することにより、各ONUからの上り信号を時間的に分離し衝突を回避している。したがって、記述は誤り。

③：GE－PONにおいてOLTからONUへの下り方向の通信では、OLTが配下にあるすべてのONUに同一の信号を送信する。このときOLTは、どのONUに送信するフレームかを判別し、その宛先ONU用のLLIDをフレームのプリアンブルに埋め込んでおく。このLLIDをもとに、各ONUは、受信したフレームが自分宛であるかどうかを判断し、取捨選択する仕組みになっている。したがって、記述は正しい。

以上より、解答群の記述のうち、誤っているものは、「**OLTは、ONUからの上り信号がOLT配下の他のONUからの上り信号と衝突しないよう、あらかじめ各ONUに対して異なる波長を割り当てている。**」である。

(2) ADSL(Asymmetric Digital Subscriber Line)は、電話用に敷設されたメタリック加入者線を用いて高速デジタル伝送を実現する技術である。ADSLサービスの加入者宅に設置されるADSLモデムは、パーソナルコンピュータ(PC)やLANなどで使用するベースバンド信号を、高周波数帯を使用するADSL信号に変換(変調)したり、その逆にADSL信号をベースバンド信号に変換(復調)する機能を持ち、変調方式には**DMT**(Discrete Multi－Tone)方式が用いられている。DMT方式では、データ伝送帯域を4kHz幅のサブキャリアに分割して、それぞれを個別にQAM(Quadrature Amplitude Modulation：直交振幅変調)方式で変調する。送信データが複数の帯域に分散されるので、1つの帯域が雑音や漏話の影響で利用できなくても他の帯域で通信を維持することができる。

(3) アナログ電話機をIP電話(IPネットワークを使用した音声通信)で利用するためには、送信側で音声信号をIPパケットに変換し、受信側ではIPパケットを音声信号に変換する必要がある。この処理を行う装置のことを、一般に、**VoIPゲートウェイ**という。VoIPゲートウェイには、IPネットワーク上の遅延等の影響を軽減して途切れや乱れのない自然な音声通信を実現する揺(ゆ)らぎ吸収機能など、一定の音声品質を確保するための機能が実装されている。

(4) 無線LANは、電波を使用してデータの送受信を行う方式のLANである。無線LANの通信形態には、端末どうしがアクセスポイントを介して通信を行う**インフラストラクチャ**モードと、アクセスポイントを介さずに直接通信するアドホックモードがある。アドホックモードを利用する場合、通信を行う端末どうしで同一の識別子(SSID：Service Set Identifier)を設定しておく必要がある。なお、インフラストラクチャモードでは、SSIDを設定せずに利用することも可能だが、不特定の機器から接続(ANY接続)されることになりセキュリティ上問題があるため、通常は、アクセスポイントの設定でANY接続を拒否するようにしている。

(5) イーサネットで使われるLANケーブルを用いてネットワーク機器に電力を供給する機能のことをPoE(Power over Ethernet)といい、IEEE802.3atとして2009年に標準化された。

IEEE802.3atの規格には、15W(ワット)程度までの電力供給に対応したType1と、30Wまでの電力供給に対応したType2がある。IEEE802.3at Type1およびType2では、PoEの給電方法として、オルタナティブA(Alternative A)方式およびオルタナティブB(Alternative B)方式の2種類が規定されている。オルタナティブA方式では、ケーブルの4対8心のうち、10BASE－Tまたは100BASE－TXにおける信号対である1・2番ペアおよび3・6番ペアを使用して給電する。一方、オルタナティブB方式では、予備対(空き対)である4・5番ペアおよび7・8番ペアを使用して給電する(*)。

このように、IEEE802.3at Type1およびType2として標準化されたPoE機能を利用すると、イーサネットLANケーブルの信号対または予備対(空き対)の**2対4心**を使って、PoE機能を持つIP電話機などのネットワーク機器に電力を供給することができる。

(*) 1000BASE－Tや10GBASE－Tでは、ケーブルの4対8心すべてを信号の送受信に使用するため、オルタナティブBで用いる4・5番ペアおよび7・8番ペアは、「予備対(空き対)」というわけではない。

答	
(ア)	②
(イ)	③
(ウ)	①
(エ)	③
(オ)	②

予想問題

問1

次の各文章の［　　］内に、それぞれの[　　]の解答群の中から最も適したものを選び、その番号を記せ。

21秋 **1** GE－PONシステムについて述べた次の記述のうち、誤っているものは、［（ア）］である。

[① OLTからの下り方向の通信では、OLTは、どのONUに送信するフレームかを判別し、送信するフレームの宛先アドレスフィールドに送信先のONU用の識別子を埋め込んだものをネットワークに送出する。
② OLTからの下り信号は、放送形式で配下の全ONUに到達するため、各ONUは受信したフレームが自分宛であるかどうかを判断し、取捨選択を行う。
③ OLTとONUの間において光／電気変換を行わず、光スプリッタを用いて光信号を複数に分岐することにより、光ファイバの1心を複数のユーザで共用する方式を採っている。]

21春 **2** ツイストペアケーブルを使用したイーサネットによるLANを構成する機器において、対向する機器との通信速度、通信モード(全二重／半二重)などについて適切な選択を自動的に行う機能は、一般に、［（イ）］といわれる。

[① セルフラーニング　② P2MPディスカバリ　③ オートネゴシエーション]

21秋 **3** IP電話機を、IEEE802.3uとして標準化された100BASE－TXのLAN配線に接続するためには、一般に、非シールド撚(よ)り対線ケーブルの両端に［（ウ）］を取り付けたコードが用いられる。

[① RJ－14といわれる6ピン・モジュラプラグ　② RJ－14といわれる8ピン・モジュラプラグ
③ RJ－45といわれる6ピン・モジュラプラグ　④ RJ－45といわれる8ピン・モジュラプラグ]

4 IEEE802.11において標準化されたCSMA／CA方式の無線LANでは、送信端末からの送信データが他の無線端末からの送信データと衝突しても、送信端末では衝突を検知することが困難であるため、送信端末は、アクセスポイント(AP)からの［（エ）］信号を受信することにより、送信データが正常にAPに送信できたことを確認している。

[① RTS　② ACK　③ CTS]

5 IEEE802.3at Type1として標準化されたPoEの規格では、電力クラス0の場合、PSEの1ポート当たり直流44～57ボルトの範囲で最大［（オ）］ミリアンペアの電流を、PSEからPDに給電することができる。

[① 350　② 450　③ 600]

類題

(1) GE－PONでは、OLTからの下り信号が放送形式で配下の全ONUに到達するため、各ONUは受信フレームの取捨選択をイーサネットフレームのプリアンブルに収容された［(a)］といわれる識別子を用いて行っている。
[① LLID　② SFID　③ CID]

(2) IP電話には、0AB～J番号が付与されるものと、［(b)］で始まる番号が付与されるものがある。
[① 020　② 050　③ 080]

(3) IEEE802.3at Type1として標準化された［(c)］機能を利用すると、100BASE－TXのイーサネットで使用しているLAN配線の信号対又は予備対(空き対)の2対4心を使って、［(c)］機能を持つIP電話機に給電することができる。
[① EoMPLS　② PoE　③ PPPoE]

問1-解説

1 GE－PONでは、電気通信事業者側のOLT（光加入者線終端装置）とユーザ側のONU（光加入者線網装置）との間において、上り方向、下り方向ともに最大1Gbit/s（毎秒1ギガビット）で双方向通信を行う。

①、②：GE－PONにおいてOLTからONUへの下り方向の通信では、OLTが配下にあるすべてのONUに同一の信号を送信する。このときOLTは、どのONUに送信するフレームかを判別し、その宛先ONU用の識別子（LLID：Logical Link ID）をフレームのプリアンブルに埋め込んでおく。このLLIDという識別子をもとに、各ONUは、受信したフレームが自分宛であるかどうかを判断し、取捨選択する仕組みになっている。したがって、②の記述は正しいが、①の記述は誤りである。

③：GE－PONは、OLTとONUの間で光信号と電気信号との相互変換を行わず、光スプリッタを用いて光信号を複数に分岐する。これにより、光ファイバの1心を複数のユーザで共用している。したがって、記述は正しい。

以上より、解答群の記述のうち、誤っているものは、「**OLTからの下り方向の通信では、OLTは、どのONUに送信するフレームかを判別し、送信するフレームの宛先アドレスフィールドに送信先のONU用の識別子を埋め込んだものをネットワークに送出する。**」である。

2 イーサネットLANの伝送速度として、100Mbit/sや1Gbit/sなどの異なる標準規格が定義されている。また、通信モードについても、半二重と全二重(*)の規格がある。イーサネットLANにおいて、通信相手の機器の伝送速度や通信モードの違いを検知して、自分自身の設定を相手機器の設定に合わせて自動的に切り替える機能を、**オートネゴシエーション**という。この機能を用いることにより、規格が異なるLAN機器どうしでも、最適な設定で通信を行うことが可能になる。

(*)半二重通信方式は、双方向の通信はできるが、片方の端末が送信状態のとき他方の端末は受信状態となり、同時には双方向の通信を行うことができない通信方式である。これに対し、全二重通信方式は、送信と受信、それぞれの方向の通信回線を設定し、同時に双方向の通信を行えるようにした方式である。

3 IP電話機を100BASE－TXなどのLAN配線に接続するためには、一般に、**RJ－45といわれる8ピン**（8極8心）**・モジュラプラグ**（図1－1）を取り付けたUTP（Unshielded Twisted Pair：非シールド撚(よ)り対線）ケーブルが用いられる。100BASE－TXとは、100Mbit/sの伝送速度を提供するファストイーサネットの伝送路規格の1つであり、カテゴリ5e以上のUTPケーブルを使用する。

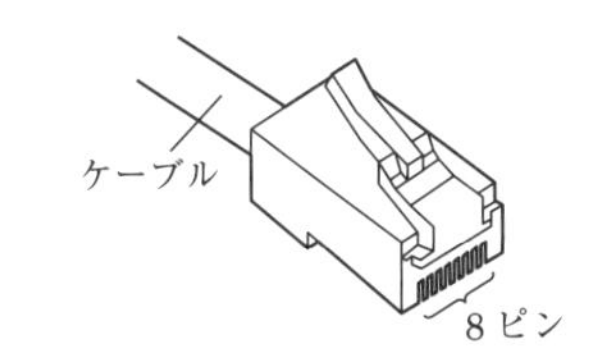

図1－1 RJ－45モジュラプラグ

4 無線LANでは、無線端末Aから送信されたデータが、他の無線端末Bから送信されたデータと衝突しても、無線端末AおよびBがその衝突を検知することは困難である。このため、IEEE802.11で規定される無線LANでは、アクセス制御方式として、他の無線端末が電波を送出していないかどうかを事前に確認するCSMA／CA（Carrier Sense Multiple Access with Collision Avoidance：搬送波感知多重アクセス／衝突回避）方式を用いている。この方式では、データを送信しようとする無線端末は、まず、使用する周波数の電波が他の無線端末から送出されていないかどうかチェックを行う。そして、送出されていなければ、IFS（Inter-Frame Space：フレーム間隔）時間と呼ばれる一定の時間、およびランダムな時間だけ待ち、他の無線端末からの電波の送出がないことを再度確認してからデータを送信する。

データを正常に送信できたかどうかは、アクセスポイントから送られてくる**ACK**（Acknowledgement：確認応答）信号によって判断する。具体的には、送信端末がアクセスポイント（AP）にデータを送信すると、APは正常に受信できたときACK信号を返す。このACK信号を受信することで、送信端末は、APにデータを正常に送信できたと判断する。そして、他の無線端末から電波が出ていないことを確認してから次のデータを送信する。なお、送信端末がAPにデータを送信した後、一定時間が経ってもACK信号が送られてこなければ、衝突などによって通信が正常に行われなかったと判断して、データを再送する。

5 IEEE802.3atの規格には、15W（ワット）程度までの電力供給に対応するType1と、30Wまでの電力供給が可能なType2がある。Type1では、端末の動作に必要な電力により複数のクラスが規定されており、たとえばクラス0の場合、PSE（Power Sourcing Equipment：給電側機器）の1ポート当たり直流44～57Vの範囲で最大**350**mAの電流を、PSEからPD（Powered Device：受電側機器）に給電することができる。

答	
(ア)	①
(イ)	③
(ウ)	④
(エ)	②
(オ)	①

類題の答 (a)① (b)② (c)②

予想問題

問2

次の各文章の□内に、それぞれの[　]の解答群の中から最も適したものを選び、その番号を記せ。

22秋 **1** GE－PONシステムは、OLTとONUの間において、光信号を光信号のまま分岐する受動素子で構成される［（ア）］を用いて、光ファイバの1心を複数のユーザで共用する。

[① VDSL　② RT　③ 光スプリッタ]

2 IP電話機を100BASE－TXのLAN配線に接続するためには、一般に、［（イ）］の両端にRJ－45といわれる8ピン・モジュラプラグを取り付けたコードが用いられる。

[① 非シールド撚(よ)り対線ケーブル　② 3C－2V同軸ケーブル
③ 0.65mm 2対カッド形PVC屋内線]

22秋 **3** IoTを実現するデバイスなどとの通信に使用されるZigBee、Bluetoothなどの無線通信技術は、一般に、総称して［（ウ）］といわれ、IEEE802.15シリーズとして標準化された規格に基づいている。

[① プライベートLTE　② NFC　③ 無線PAN]

4 IEEE802.3at Type1として標準化されたPoEにおいて、100BASE－TXのイーサネットで使用しているLAN配線の予備対(空き対)の2対4心を使って、PoE対応のIP電話機に給電する方式は、［（エ）］といわれる。

[① ファントムモード　② オルタナティブA　③ オルタナティブB]

22秋 **5** IEEE802.11nとして標準化された無線LANは、IEEE802.11b／a／gとの後方互換性を確保しており、［（オ）］の周波数帯を用いた方式が定められている。

[① 2.4GHz帯のみ　② 2.4GHz帯及び5GHz帯　③ 5GHz帯のみ]

類題

⑴ パーソナルコンピュータ本体とワイヤレスマウスとの間、ゲーム機本体とリモコンとの間などに使用される無線PANの規格であり、ISMバンドを使用し、無線伝送距離が10メートル程度である規格は、一般に、［(a)］といわれる。

[① WiMAX　② LPWA　③ Bluetooth]

⑵ IEEE802.11標準の無線LANの環境が図1に示す場合においては、STA1からの送信データとSTA3からの送信データが衝突しても、STA1では衝突があったことを検知することが困難であるため、APは、STA1からの送信データが正常に受信できたときは、STA1に［(b)］を送信し、STA1は［(b)］を受信することにより送信データに衝突がなかったことを確認することができる。

[① RTS (Request to Send)
② ACK (Acknowledgement)
③ IFS (Inter Frame Space)]

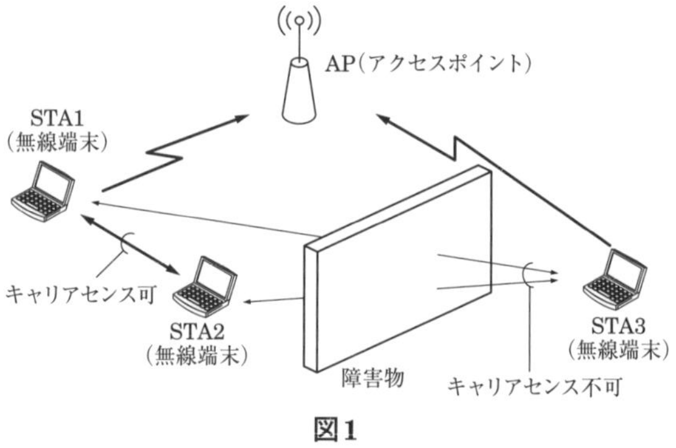

図1

問2-解説

1 GE－PONは、Gigabit Ethernet－Passive Optical Networkの略で、イーサネットフレームにより信号を転送する光アクセスシステムの一種である。GE－PONの仕様は、IEEE802.3ahで規定されている。GE－PONでは、電気通信事業者側のOLTとユーザ側のONUとの間において、光信号と電気信号との相互変換を行わず、受動素子で構成される**光スプリッタ**を用いて光信号を複数に分岐する。これにより、光ファイバの1心を複数のユーザで共用している。

2 IP電話機を100BASE－TXなどのLAN配線に接続するためには、一般に、RJ－45といわれる8ピン(8極8心)・モジュラプラグを取り付けたUTP(**非シールド撚り対線**)**ケーブル**が用いられる。

3 IoT(Internet of Things)とは、さまざまなものをインターネットに接続してデータを送受信する仕組みのことをいい、IoT対応機器との通信に用いられるZigBeeや、Bluetoothなどの無線通信技術は、一般に、**無線PAN**(Wireless Personal Area Network)と総称されている。

無線PANは、赤外線や電波を利用して近距離にある機器どうしを接続し、データを送受信するネットワークであり、その技術はIEEE802.15ワーキンググループで検討され、いくつかの仕様が標準化されている。たとえば、ZigBeeはIEEE802.15.4、BluetoothはIEEE802.15.1でそれぞれ規定されている。

ZigBeeは、理論上1つのネットワークに最大65,535個の端末を接続することができ、日本国内では2.4GHz帯を使用して通信を行う。伝送距離は30m程度、伝送速度は最大250kbit／sとかなり低速であり、送信出力が小さい。一般に、水道などの流量、気温や風速、人の出入りなどを検出したセンサ情報を転送するセンサネットワークなどに使われている。

一方、Bluetoothは、ZigBeeと同様に2.4GHz帯を使用して通信を行うが、1つのネットワークに同時に接続できる端末数は数台程度と少ない。また、伝送距離は一般に10m程度、伝送速度は最大24Mbit／sである。身近な例を挙げると、パーソナルコンピュータとその周辺機器(ワイヤレスマウス、ワイヤレスキーボード)との接続や、ワイヤレスイヤホン、ワイヤレスヘッドホンなどで利用されている。なお、Bluetooth 4.0の仕様の一部として策定されたBLE(Bluetooth Low Energy)は、省電力化・低コスト化を実現するとともに、タグなどの小型機器に搭載されて位置情報の特定などさまざまな用途で活用されている。

4 IEEE802.3at Type1およびType2では、PoEの給電方法として、オルタナティブA(Alternative A)方式およびオルタナティブB(Alternative B)方式の2種類が規定されている。オルタナティブA方式では、ケーブルの4対8心のうち、10BASE－Tまたは100BASE－TXにおける信号対である1・2番ペアおよび3・6番ペアを使用して給電する。一方、**オルタナティブB**方式では、予備対(空き対)である4・5番ペアおよび7・8番ペアを使用して給電する。

このように、IEEE802.3at Type1およびType2として標準化されたPoE機能を利用すると、イーサネットLANケーブルの信号対または予備対(空き対)の2対4心を使って、PoE機能を持つIP電話機などのネットワーク機器に電力を供給することができる。

5 無線LANについては、複数の標準規格(IEEE802.11)が制定されており、それぞれ使用周波数帯や最大伝送速度などが異なっている。このうちIEEE802.11nは、IEEE802.11b／a／gと同じ周波数帯を使用し後方互換性(*)を確保している。具体的には、**2.4GHz帯及び5GHz帯**の周波数帯を使用し、変調方式としてはOFDM(Orthogonal Frequency Division Multiplexing：直交周波数分割多重)方式およびDSSS(Direct Sequence Spread Spectrum：直接拡散)方式などを使用している。

IEEE802.11nは、1つのデータを複数のストリームに分割し複数のアンテナを用いて同時に送受信する「MIMO(Multiple Input Multiple Output)」や、複数の隣接無線チャネルを束ねて用いる「チャネルボンディング」などにより、最大で600Mbit/sの伝送速度を実現する。なお、最大伝送距離の規定はないが、IEEE802.11a～gの2倍程度とされている。

(*)「後方互換性」とは、古いシステムの規格を新しいシステムが扱うことができることをいう。

類題の答　(a)③　(b)②

答	
(ア)	③
(イ)	①
(ウ)	③
(エ)	③
(オ)	②

予想問題

問3

次の各文章の［　　］内に、それぞれの［　　］の解答群の中から最も適したものを選び、その番号を記せ。

21春 [1] GE－PONシステムで用いられているOLT及びONUの機能などについて述べた次の記述のうち、正しいものは、（ア）である。

［① 光ファイバ回線を光スプリッタで分岐し、OLTとONUの相互間を上り／下りともに最大の伝送速度として毎秒10ギガビットで双方向通信を行うことが可能である。
② OLTは、ONUがネットワークに接続されるとそのONUを自動的に発見し、通信リンクを自動で確立する機能を有している。
③ ONUからの上り信号は、OLT配下の他のONUからの上り信号と衝突しないよう、OLTがあらかじめ各ONUに対して、異なる波長を割り当てている。］

22春 [2] IP電話のプロトコルとして用いられているSIPは、IETFのRFC3261として標準化された呼制御プロトコルであり、（イ）で動作する。

［① IPv4のみ　② IPv6のみ　③ IPv4及びIPv6の両方］

22春 [3] 無線LANの使用周波数帯のうち、医療機器、電子レンジなどが使用するISMバンドと同じ周波数帯であり、電波干渉によるスループット低下のおそれが大きいのは（ウ）GHz帯である。

［① 2.4　② 5　③ 60］

[4] IP電話機などについて述べた次の二つの記述は、（エ）。

A 有線IP電話機はLANケーブルを用いてIPネットワークに直接接続できる端末であり、一般に、背面又は底面にLANポートを備えている。

B IP電話には、0AB～J番号が付与されるものと、050で始まる番号が付与されるものがある。

［① Aのみ正しい　② Bのみ正しい　③ AもBも正しい　④ AもBも正しくない］

22春 [5] IEEE802.3at Type1として標準化されたPoEにおいて、（オ）のイーサネットで使用しているLAN配線のうち、予備対（空き対）の2対4心を使って、PoE対応のIP電話機に給電することができる。

［① 1000BASE－T　② 10GBASE－T　③ 100BASE－TX］

類題

(1) GE－PONでは、OLTが配下の各ONUに対して上り信号を（a）に分離するため送信許可を通知し、各ONUからの上り信号は衝突することなく、光スプリッタで合波されてOLTに送信される。

［① 時間的　② 波長ごと　③ 空間的］

(2) GE－PONは、転送フレーム形式に（b）フレームを用いた光アクセスネットワークである。

［① HDLC　② イーサネット　③ PPP］

(3) IEEE802.11において標準化された無線LAN方式において、アクセスポイントにデータフレームを送信した無線LAN端末が、アクセスポイントからのACKフレームを受信した場合、一定時間待ち、他の無線端末から電波が出ていないことを確認してから次のデータフレームを送信する方式は、（c）方式といわれる。

［① TCP／IP　② CSMA／CA　③ CSMA／CD］

問3-解説

1 GE－PONは、P2MP（Point to Multipoint）すなわち「1対多」の光アクセス方式であり、IEEE802.3ahで規定されている。

①：GE－PONでは、電気通信事業者側のOLT（光加入者線終端装置）とユーザ側のONU（光加入者線網装置）との間で、1心の光ファイバを光スプリッタで分岐する。そして、OLTとONUの相互間を、上り方向、下り方向ともに最大1Gbit/s（毎秒1ギガビット）で双方向通信を行う。したがって、記述は誤り。

②：GE－PONにおいてOLTは、ONUがネットワークに接続されると、そのONUを自動的に発見して通信リンクを自動で確立することができる。これをP2MPディスカバリ機能という。したがって、記述は正しい。

③：GE－PONでは、1つのOLTに複数のONUが接続されるため、各ONUがOLTへの信号を任意に送信すると、上り信号どうしが衝突するおそれがある。そこで、この対策として、OLTが各ONUに対して送信許可を通知することにより、各ONUからの上り信号を時間的に分離するようにしている。したがって、記述は誤り。

以上より、解答群の記述のうち、正しいものは、「**OLTは、ONUがネットワークに接続されるとそのONUを自動的に発見し、通信リンクを自動で確立する機能を有している。**」である。

2 インターネット電話などのVoIP（Voice over IP）通信では、IETF（インターネット技術標準化委員会）のRFC3261として標準化されたSIP（Session Initiation Protocol）が主に利用されている。SIPは、接続（発話）、切断（終話）などといったセッションの生成、変更、切断を行うためのアプリケーション層の呼制御（シグナリング）プロトコルであり、**IPv4及びIPv6の両方**で動作することができる。

3 IEEE802.11gなどが使用する**2.4**GHz帯は、産業、科学、医療用の機器に幅広く利用されている周波数帯域であり、一般に、ISM（Industrial, Scientific and Medical）バンドと呼ばれている。ISMバンドはさまざまな用途で利用されるので干渉が発生しやすく、スループット（処理能力）が低下するおそれがある。そのため、ISMバンドを使用する無線LANでは、スペクトル拡散変調方式などを用いて干渉の影響を最小限に抑えている。

一方、5GHz帯を使用する無線LANは、ISMバンドとの干渉問題がなく、近くで電子レンジやコードレス電話などが使用されているときでも安定したスループットが得られる。なお、5GHz帯の無線LANは5.2GHz、5.3GHz、5.6GHzの3つの周波数帯を使用するため、人工衛星や気象レーダー等への影響を考慮して屋外での利用が一部制限されている。

4 設問の記述は、**AもBも正しい。**

A IP電話機には、LANケーブルを使用する有線IP電話機と、電波を使用する無線IP電話機がある。このうち有線IP電話機には、一般に、背面または底面にLANポートが備わっており、LANケーブルを接続できるようになっている（図3－1）。有線IP電話機では、このLANケーブルを用いてIPネットワークに直接接続し、通話を行う。したがって、記述は正しい。

B IP電話には、従来の固定電話と同じ0（ゼロ）で始まる10桁の数字で構成される0AB～J番号のものと、050で始まるものがある。したがって、記述は正しい。電話番号が050で始まるIP電話サービスは一般に通話料金が安いが、発信場所を特定できないため、緊急通報番号（110、119、118）へダイヤルしても警察、消防、海上保安機関に接続できない。

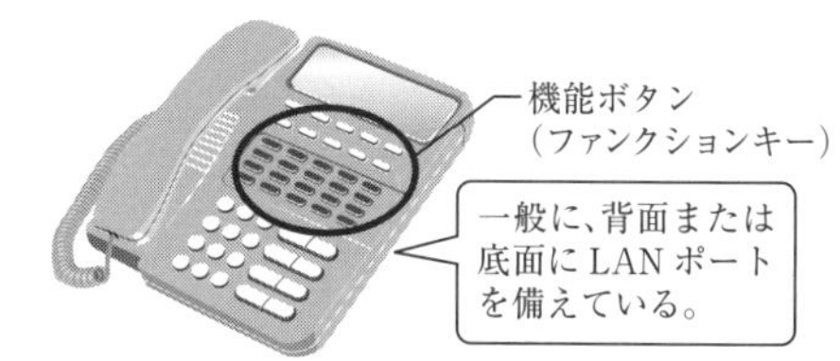

図3－1 有線IP電話機の外観例

5 IEEE802.3at Type1およびType2として標準化されたPoEによる給電は、イーサネットLANケーブルの4対8心のうち2対4心を用いて行われる。給電方式として、10BASE－Tまたは**100BASE－TX**における信号対である1・2番ペアおよび3・6番ペアを使用して給電するオルタナティブ（Alternative）A方式と、予備対（空き対）である4・5番ペアおよび7・8番ペアを使用して給電するオルタナティブB方式がある。

PoE機能を活用すれば、既設の電源コンセントの位置に制約されず、また、商用電源の配線工事をすることなく、PoE機能を持つIP電話機などのネットワーク機器に電力を供給することができる。

答	
(ア)	②
(イ)	③
(ウ)	①
(エ)	③
(オ)	③

類題の答 (a)① (b)② (c)②

技術及び理論 2

ネットワークの技術（Ⅰ）

データ伝送技術

●通信方式及び伝送方式

通信方式には信号の伝送方向により、単方向通信、半二重通信、全二重通信がある。また、伝送方式には、ビット列を1ビットずつ順次直列的に伝送する直列伝送方式と、ビット列を横一列に同時に伝送する並列伝送方式がある。

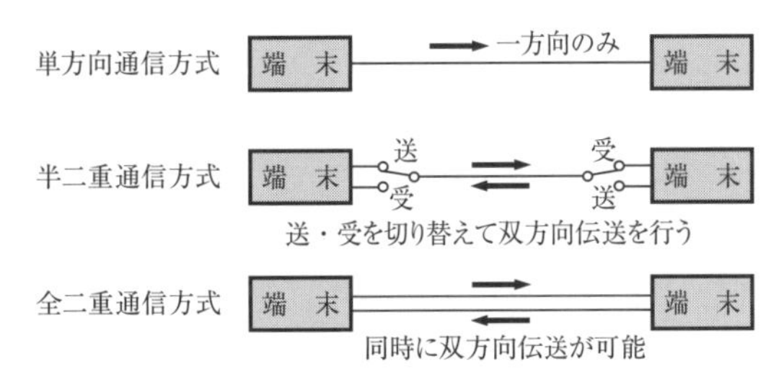

図1　通信方式

●コネクション型/コネクションレス型通信方式

コンピュータ通信には、コネクション型とコネクションレス型の2種類の方式がある。コネクション型は、データを送るときあらかじめ相手との間で論理的な回線を設定し、またデータを送受する際には送達確認を行う。コネクション型は安定した通信が可能となるが、回線を設定するまでの手続きや再送制御などの処理が必要となる。

一方、コネクションレス型は、相手との間には回線を設定せずデータに相手方の宛先情報（アドレス）をつけて送り出すだけの方式であり、データ送受においても送達確認は行われない。コネクションレス型は、プロトコルの手続きが簡単であるため、高速通信が可能となる。

●伝送路符号化方式

デジタル信号を送受信するためには、伝送路の特性に合わせた符号形式に変換する必要がある。これを符号化といい、LANなどにおいて、さまざまなデジタル伝送路符号が使用されている。たとえばManchester（マンチェスタ）符号は、表1に示すように、1ビットを2分割し、送信データが“0”のときビットの中央で高レベルから低レベルへ、送信データが“1”のときビットの中央で低レベルから高レベルへ反転させる符号形式である。

表1　主な伝送路符号化方式

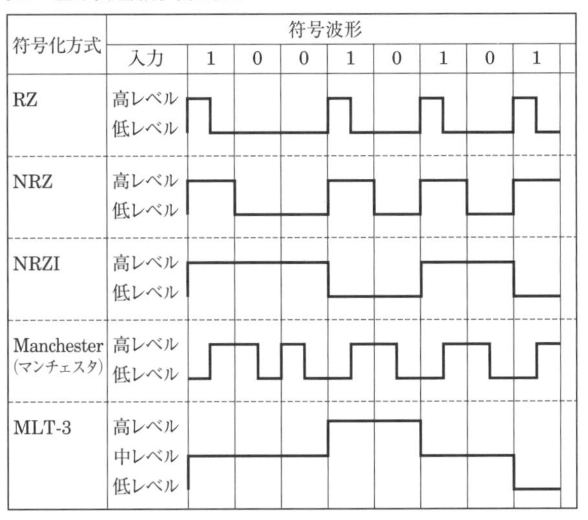

符号化方式	符号波形								
	入力	1	0	0	1	0	1	0	1
RZ	高レベル 低レベル								
NRZ	高レベル 低レベル								
NRZI	高レベル 低レベル								
Manchester （マンチェスタ）	高レベル 低レベル								
MLT-3	高レベル 中レベル 低レベル								

伝送制御手順（HDLC手順）

HDLC（High－level Data Link Control）手順は、データを特定のビットパターンで包んだフレーム形式にして伝送する方式である。フレーム番号管理による連続転送が可能なためデータの転送効率が高く、また、厳密な誤り制御を行っているため信頼性が高い。

HDLC手順の伝送単位をフレームといい、図2のような各フィールドで構成される。

(F) フラグシーケンス	(A) アドレスフィールド	(C) 制御フィールド	(I) 情報フィールド	(FCS) フレームチェックシーケンス	(F) フラグシーケンス
01111110	8ビット	8ビット	任意長	16ビット	01111110

※情報フィールドを持たない場合もある。

図2　HDLC手順のフレーム構成

HDLC手順では、“01111110”の8ビットで表されるフラグシーケンスを、送信データの先頭と末尾に付加してフレーム同期をとっている。このとき、それぞれのフラグシーケンスを開始フラグシーケンス、終結フラグシーケンスと呼ぶ。

送信側では、送信データに“1”のビットが5個連続するとき、その直後に“0”のビットを1個挿入して送出し、“1”が6個続くことを避ける。また、受信側では、開始フラグシーケンスを受信後、“1”のビットが5個連続した後の“0”ビットを除去して元のデータを復元する。これにより、2つのフラグシーケンスの間に挟まれたデータの内容が、フラグシーケンスと同じビットパターン（01111110）になることを防いでいる。

パケット交換方式の原理

●パケット交換方式

パケット交換方式とは、通信文を一定長の短いデータブロックに分割し、データブロックごとに宛先などの情報を含むヘッダを付加したパケット（小包みの意味）を組み立て、パケットごとに相手方に転送する方式である。パケット交換方式では、蓄積交換方式により、適時空いている回線を探して相手側に送り届けており、送信するデータがあるときだけ回線を設定している。

●パケット交換方式の特徴

- 送信データがあるときのみ回線を占有するので低密度通信に有利。
- 蓄積交換によるリンク・バイ・リンクの伝送で、各種伝送路ごとに誤りチェックを行うため、高品質な伝送が可能。

・蓄積交換方式によりいったん信号を蓄積してから読み出すので異手順・異速度端末間通信が可能。

・1本の回線であってもヘッダの宛先を複数指定することで仮想的に複数の端末と通信可能(パケット多重)。

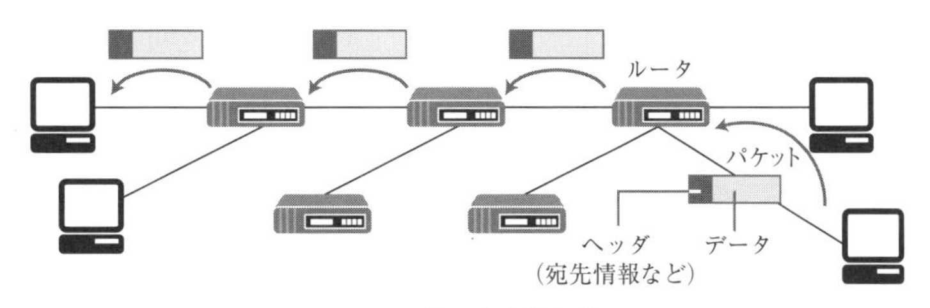

図3　パケット交換方式

OSI参照モデル

通信に必要な機能にはデータ伝送手順やデータの解読などさまざまな機能があるが、これらは一定のまとまった機能に分類することができ、また、分類された機能を階層構造の体系としてとらえることができる。このように通信機能を階層化し、それらの機能を実現するための取決め(プロトコル)を体系化したものを、ネットワークアーキテクチャという。ネットワークアーキテクチャで標準化すべきものは、相手側のシステムの同一層間のプロトコルと、自分のシステム内の上下の層の間のサービスである。

さて、ITU－T勧告X.200で規定した標準的なネットワークアーキテクチャがOSI参照モデル(開放型システム間相互接続)である。このモデルでは表2のようにシステム間を7つの階層(レイヤ)に分類して、それぞれの層ごとに同一層間のプロトコルを規定している。

これら7層のうち、通信網のネットワークが提供するのは、第1層の物理層から第3層のネットワーク層までの機能である。第4層以上については、基本的には端末間のプロトコルが規定されている。

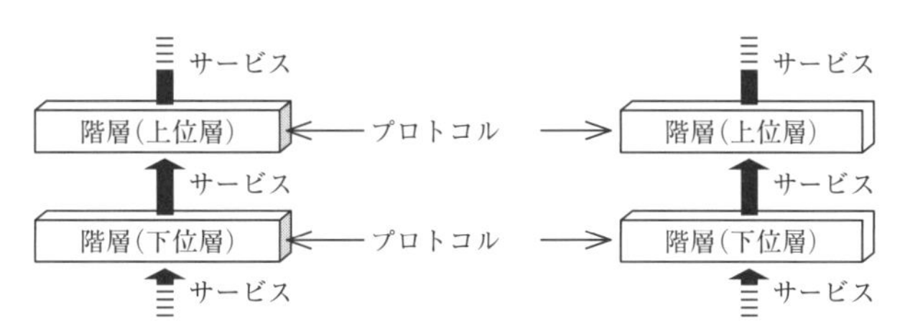

図4　プロトコルとサービス

表2　OSI参照モデルの各層の主な機能

	レイヤ名	主な機能
第7層	アプリケーション層	ファイル転送やデータベースアクセスなどの各種の適用業務に対する通信サービスの機能を規定する。
第6層	プレゼンテーション層	端末間の符号形式、データ構造、情報表現方式などの管理を行う。
第5層	セション層	両端末間で同期のとれた会話の管理を行う。会話の開始、区切り、終了などを規定する。
第4層	トランスポート層	端末間でのデータの転送を確実に行うための機能、すなわちデータの送達確認、順序制御、フロー制御などを規定する。
第3層	ネットワーク層	データの通信経路の設定・解放を行うための呼制御手順、最適な通信経路を選択する機能(ルーティング機能)を規定する。
第2層	データリンク層	隣接するノード間(伝送装置間)で誤りのない通信を実現するための伝送制御手順を規定する。情報を転送する際は、フレームという単位で伝送している。
第1層	物理層(フィジカル層)	最下位に位置づけられる層であり、コネクタの形状、電気的特性、信号の種類などの物理的機能を規定する。

インターネットプロトコル

●TCP/IPの概要

TCP/IPは、インターネットの標準の通信プロトコルであり、OSI参照モデルのトランスポート層におおむね対応するTCPと、ネットワーク層におおむね対応するIPの2つのプロトコルから構成されている。ただし、一般にTCP/IPと言う場合には、その上・下位層のプロトコルを含めTCP/IP通信に関わる多くのプロトコル群の総称として用いられている。

表3はOSI参照モデルとTCP/IPプロトコルスタックを比較したものである。両者は別個につくられ、発展してきたものなので、厳密な対応関係ではない。

表3　OSI参照モデルとTCP/IPプロトコル群の比較

OSI	TCP/IPの階層	プロトコルの例
第7層	アプリケーション層	SIP、SMTP、POP3、FTP、HTTP、DNS、S/MIME等
第6層		
第5層		
第4層	トランスポート層	TCP、UDP
第3層	インターネット層	IP、ICMP
第2層	ネットワークインタフェース層	イーサネット、ARP、PPP等
第1層		

●**IP（Internet Protocol）**

IPはデータパケットを相手側のコンピュータに送り届けるためのプロトコルである。IP通信を行うには、まずパケットの宛先として、各コンピュータにそれぞれ固有のアドレスを割り当てておく必要がある。IPの主な役割は、このようにアドレスを一元的に管理することである。IPは単にデータにIPアドレスを含むヘッダをつけて送り出すだけなので、コネクションレス型に相当する。コネクションレス型は、相手との送達確認や通信開始時の回線設定を行わないことから、制御が簡略化されており、通信の高速化には有利である反面、信頼性に劣る。このため、送達確認を上位のTCPに委ねている。

●**TCP（Transmission Control Protocol）**

TCPはパケットが相手に正しく届くようにするための通信プロトコルである。TCPでは通信の開始と終了の取り決め、パケットの誤り検出、順序制御、送達確認などが規定されている。また、ウィンドウサイズが可変のスライディングウィンドウ方式を用いたフロー制御を行う。

TCP/IPのトランスポート層に相当するプロトコルとしてはTCPのほかにUDPがある。UDPはポート番号を指定するのみで、相手側と送達確認をせずに情報を転送する。すなわち、TCPは相手とのコネクションを確立し送達確認を行いながら情報を転送するコネクション型、UDPは相手とのコネクション確立手順を行わずに情報を転送するコネクションレス型のプロトコルである。

IPアドレス

IPネットワークを使用して通信を行うコンピュータは、それぞれを識別するための固有のアドレスを持つ必要がある。このアドレスがIPアドレスであり、IPネットワーク上でコンピュータを識別するための「住所」の役割を担っている。

●**IPv4アドレスとIPv6アドレス**

従来広く使われてきたIPv4アドレスは32ビットのアドレス空間であるため、最大でも世界人口より少ない43億（≒2^{32}）個程度しか使えない。これに対しIPv6では、2^{128}≒340澗（かん）（340兆の1兆倍の1兆倍）個という、ほぼ無限のIPアドレスを使うことができる。

●**アドレスの表記**

IPv4アドレスは、32ビットを8ビットずつドット（.）で区切って、その内容を10進数で表示する。一方、IPv6アドレスは、128ビットを16ビットずつコロン（:）で区切って、その内容を16進数で表示する。

●**IPv6アドレスの種類**

IPv6アドレスは宛先の指定方法により、ユニキャストアドレス、マルチキャストアドレス、およびエニーキャストアドレスの3種類に大別される。

①ユニキャストアドレス

単一の宛先を指定するアドレスであり、1対1の通信に使用される。

②マルチキャストアドレス

グループを識別するアドレスであり、マルチキャスト通信（送信された1つのデータを、グループに属するすべての端末が受信する通信）に使用される。

③エニーキャストアドレス

マルチキャストアドレスと同様にグループを識別するアドレスである。送信されたデータをグループの中で一番近くにある端末だけが受信する点が、マルチキャストアドレスの場合とは異なっている。

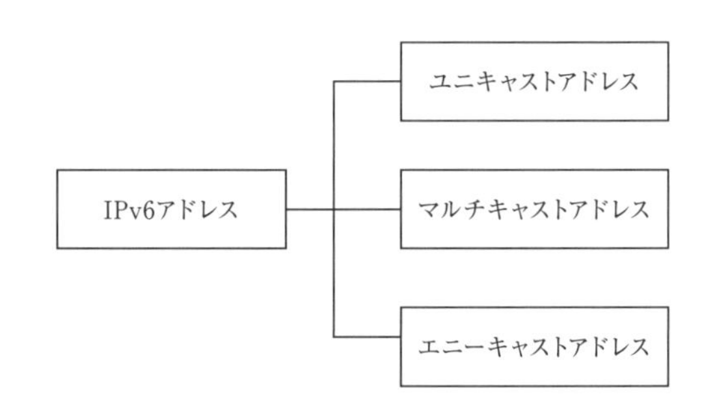

図5　IPv6アドレス

IP電話関連プロトコル

IP電話に用いられる呼制御プロトコルには、RFC3261として標準化されているSIP（Session Initiation Protocol）などがある。

SIPは、IPネットワーク上で音声や動画などを双方向でリアルタイムにやりとりするために、クライアント／サーバ間におけるセッションを設定するプロトコルとして開発された。SIPは、アプリケーション層の単独のプロトコルであり、IPやTCPなどの他のプロトコルと組み合わせて通信を実現する。インターネット層のプロトコルに依存しないため、IPv4およびIPv6の両方で動作することができる。また、インターネット技術をベースにしているので、Webブラウザとの親和性が高い。

IP電話の音声品質

IP電話の音声品質を劣化させる主な要因には、遅延、ジッタ（揺（ゆ）らぎ）、パケットロス、エコーの4つがある。

●**遅延**

VoIP端末における音声のパケット化／復号の処理時間やIP網内での転送の処理時間が許容範囲を大きく超え音声信号が遅れて到達することを遅延という。機器の能力や伝送路の帯域が不適切な場合、遅延が大きくなり受話者にとって聞き取りづらい音声となってしまう。

●**ジッタ（揺らぎ）**

音声パケットは、通常、一定周期（間隔）でIP網に送出されるが、網内の輻輳(ふくそう)状況や中継機器の処理によっては、到着間隔が一定ではなくなってしまう。この音声パケットのばらつきをジッタ(揺らぎ)という。網側の対策としてはSIPサーバやゲートキーパによる音声帯域の管理が、受信側端末の対策としては揺らぎ吸収バッファの実装などが挙げられる。

●パケットロス

通話路中のバーストノイズや、中継機器の処理能力を超えたパケット到達により起こるパケットの損失・廃棄をパケットロスという。音声通信の場合、音の途切れが起きてしまう。受信側端末における損失パケットの補填(ほてん)機能の実装がその対策として挙げられる。

●エコー

電話による通話の際、自分の発声がスピーカから遅れて聞こえてくる現象をエコー(Echo:こだま)という。一般にIP電話システムの場合、遅延が発生しやすく、遅延が大きいほどエコーは大きくなり会話に支障が生じる。受信側端末におけるエコーキャンセラ機能の実装がその対策として挙げられる。

ブロードバンドアクセスの技術

●光アクセスの概要

光ファイバを利用するアクセス方式を総称して「FTTx」という。「x」の部分で、どこまで光ファイバが敷設されているかを表している。FTTxの代表的なものにFTTH(Fiber To The Home)がある。

FTTHは、電気通信事業者が提供する光ファイバによる家庭向けの大容量・常時接続の高速データ通信サービスである。FTTHでは、ユーザ宅に設置したONU(Optical Network Unit)と、電気通信事業者の収容局のOSU(Optical Subscriber Unit)とを光ファイバで接続する。なお、複数のOSUをまとめて1つの装置に収容したものをOLT(Optical Line Terminal)という。

FTTxには、この他、オフィスビルなどの建物内に設置したONUまで光ファイバを敷設し、そこから先はメタリックケーブルを使用するFTTB(Fiber To The Building)や、ONUを電柱などに設置し、ユーザ宅まではメタリックケーブルを使用するFTTC(Fiber To The Curb)がある。

●光アクセス方式

光アクセス方式は、図6に示すようにSS(Single Star)、ADS(Active Double Star)、PDS(Passive Double Star)の3つに大別される。

電気通信事業者の収容局
ユーザ宅
SW-HUB
MC
光ファイバ
MC
MC
MC

ユーザ宅の装置と電気通信事業者の収容局の装置とを光ファイバで1対1で接続する。

(a) SS方式

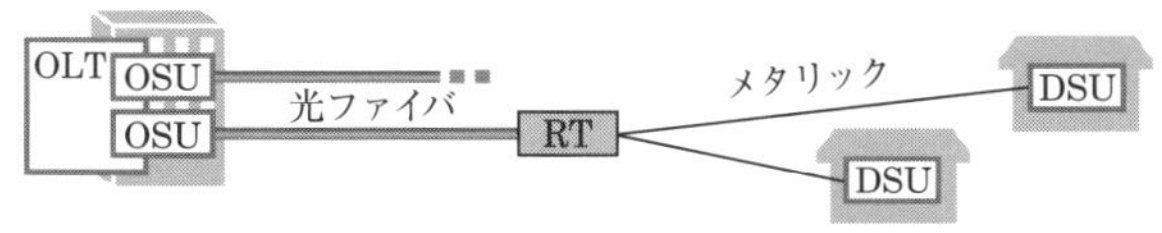

1本の光ファイバを複数のユーザで共有。RT(Remote Terminal:遠隔多重装置)からユーザ宅まではメタリックケーブルを使用する。

(b) ADS方式

光スプリッタ
光ファイバ
OLT
OSU
OSU
ONU
ONU

OSUとONUの間に光スプリッタを設置して光信号を分岐する。

(c) PDS(PON)方式

図6　代表的な光アクセス方式

これら3つの光アクセス方式のうち現在主流となっているのはPDSであり、一般にPON(Passive Optical Network)と呼ばれている。この方式では、収容局側のOLTとユーザ宅との間の光ファイバの途中に光スプリッタを設置し、光信号の分岐を行う。これによりユーザ宅のONUへ光信号のまま伝送を行うことができる。ユーザ側では、ONUに装備されているLANインタフェースを利用してブロードバンドルータやPCなどと接続する。

PON方式の1つにGE－PON(Gigabit Ethernet－PON)がある。GE－PONは、収容局側のOLTとユーザ側のONUとの間で、イーサネットフレーム形式により1Gbit/sで信号を高速に伝送する方式であり、IEEE802.3ahとして標準化されている。

●CATV(Cable Television)

CATVはテレビの有線放送サービスである。初期のCATVは、山間部や離島など地上波テレビ放送の電波を受信しにくい地域にテレビ放送を送信するための難視聴解消を目的としたシステムであった。しかし現在、CATVは、インターネット通信やIP電話サービスなど、放送だけではなく通信にも空きチャンネルを利用するという、フルサービス化へと進化している。

CATVの空きチャンネルを利用して高速なインターネット通信を行うサービスをCATVインターネットという。

CATVインターネットのネットワーク構成としては、光ファイバと同軸ケーブルを組み合わせたHFC(Hybrid Fiber Coaxial)方式などがある。HFC方式では、CATVセンタからユーザ宅付近に設置された光ノード(光メディアコンバータ)までは光ファイバ、光ノードからユーザ宅までは同軸ケーブルという2つの異なった媒体を使用している。

インターネットに接続するため、ユーザ宅内には一般に、ケーブルモデムが設置される。ケーブルモデムは、CATVセンタ内のCMTS(Cable Modem Termination System:ケーブルモデム終端装置)と同様にインターネットデータの変調および復調を行う。

次の各文章の[　　]内に、それぞれの[　]の解答群の中から最も適したものを選び、その番号を記せ。（小計25点）

(1) パケット交換方式について述べた次の記述のうち、誤っているものは、（ア）である。（5点）

［① パケット交換方式では、データを適切な大きさに区切り、宛先情報を付けたパケットとしてデータの転送を行っている。
② パケット交換方式では、パケット多重技術を用いることにより、一つの通信で回線を専有せずに、複数の通信で同じ回線を共有できる。
③ パケット交換方式は、端末から送られたデータを交換機でパケット単位に処理して送信先に転送することから、データ転送の遅延はなく、即時性が厳しく要求される通信に適している。］

(2) 光アクセスネットワークの設備構成において、PDS方式では、電気通信事業者のビルから配線された光ファイバの1心を光スプリッタを用いて分岐し、光スプリッタから個々のユーザ宅までを（イ）で配線する。（5点）

［① 光パッチケーブル　② ドロップ光ファイバケーブル　③ メタリック引込線］

(3) CATVのネットワーク形態のうち、ヘッドエンド設備からユーザ宅までの伝送路の構成として、光ファイバケーブルと同軸ケーブルを組み合わせた形態を採る方式は、（ウ）といわれる。（5点）

［① HFC　② ADSL　③ VDSL］

(4) OSI参照モデル(7階層モデル)の第2層であるデータリンク層について述べた次の記述のうち、正しいものは、（エ）である。（5点）

［① 異なる通信媒体上にある端末どうしでも通信できるように、端末のアドレス付けや中継装置も含めた端末相互間の経路選択などの機能を規定している。
② どのようなフレームを構成して通信媒体上でのデータ伝送を実現するかなどを規定している。
③ 端末が送受信する信号レベルなどの電気的条件、コネクタ形状などの機械的条件などを規定している。］

(5) IPv4において、複数のホストで構成される特定のグループに対して1回で送信を行う方式は（オ）といわれ、映像や音楽の会員向けストリーミング配信などに用いられる。（5点）

［① ブロードキャスト　② ユニキャスト　③ マルチキャスト］

解 説

(1) 一般の電話網では回線交換方式により、端末どうしは、接続された回線を専有しデータを送受信する。一方、IPネットワークでは、パケット交換方式により、送信端末がデータに宛先情報などの制御情報(ヘッダ)を添付して送信する。

①：パケット交換方式では、データを適切なサイズに区切り、宛先情報などの制御情報を添付したパケットとしてデータの転送を行う。ネットワーク上にある交換機(ルータ)は、添付された制御情報を調べ、データを適切な回線へ転送する。複数の交換機を経由する場合は、この転送動作を繰り返し、最終的に受信端末へデータが伝送される。したがって、記述は正しい。

②：パケット交換方式では、物理的には1本の回線であっても複数の論理チャネルを設定できるパケット多重技術を用いている。これにより、複数の通信で1本の回線を共有することができる。したがって、記述は正しい。

③：パケット交換方式は、制御情報を確認してデータを転送するため、回線交換方式よりも遅延が大き

くなる。また、回線を専有しないため、他の通信の影響を受けて、遅延がさらに大きくなることもある。したがって、記述は誤り。なお、パケット交換方式では、転送するデータがあるときだけ回線を使用するうえ、一連のデータを伝送しやすい大きさの断片に分割して転送するため、回線の使用効率が良い。さらに、転送中に発生するビットエラーをチェックする情報を、データに添付することができるため、信頼性が必要なデータ転送に有効である。

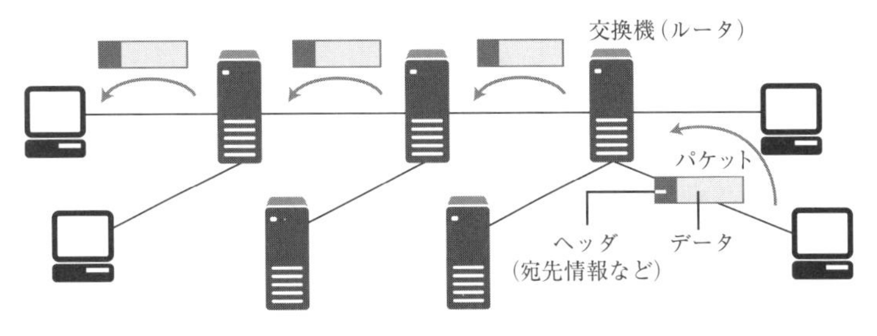

図1　パケット交換方式

以上より、解答群の記述のうち、誤っているものは、「**パケット交換方式は、端末から送られたデータを交換機でパケット単位に処理して送信先に転送することから、データ転送の遅延はなく、即時性が厳しく要求される通信に適している。**」である。

(2) 光アクセスネットワークの設備構成は、図2に示すように、SS (Single Star)、ADS (Active Double Star)、およびPDS (Passive Double Star)の3つに分類される。

SSは、電気通信事業者側のOSU (Optical Subscriber Unit：光加入者線終端盤)であるメディアコンバータ(MC)と、ユーザ宅内のONU (Optical Network Unit：光加入者線網装置)であるメディアコンバータがポイント・ツー・ポイント(1対1)で接続され、光ファイバの1心を1ユーザが専有する形態をとる。

これに対しADSおよびPDSは、電気通信事業者側とユーザ側との間に機能点を設け、その機能点までの設備を共有して多元接続を行う。そして機能点からユーザ側までをポイント・ツー・マルチポイント(1対多)で接続する。これらは、電気通信事業者側を中心とした構成と機能点を中心とした構成が2段のスター型になるため、ダブルスターと呼ばれている。

各種方式のうち現在主流となっているPDSでは、電気通信事業者のOSUから配線された光ファイバの1心を、光スプリッタを用いて分岐する。そして、光信号を電気信号に変換することなく、光信号のままユーザ側のONUへ**ドロップ光ファイバケーブル**(引込み光ケーブル)で配線する。なお、PDSは一般に、PON (Passive Optical Network)とも呼ばれている。

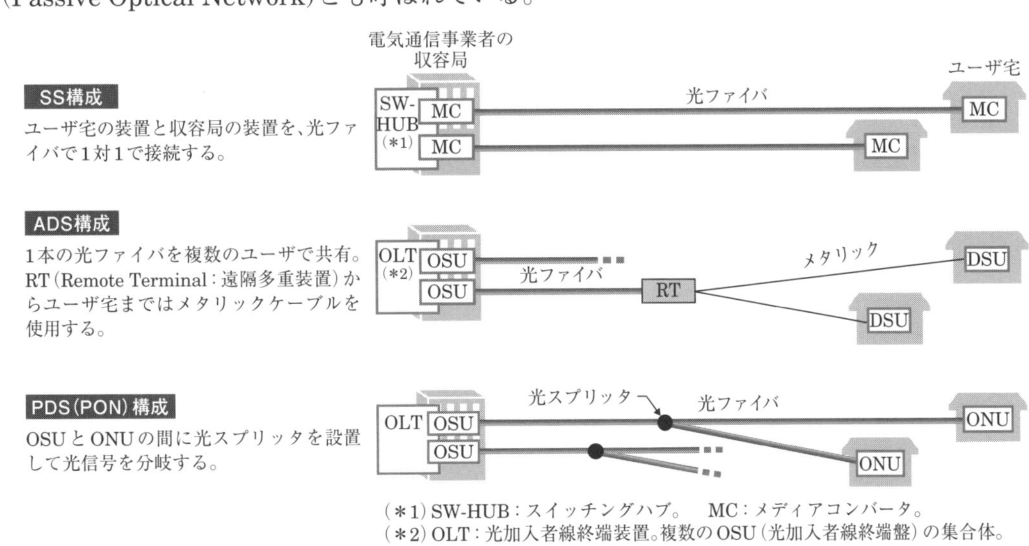

図2　光アクセスネットワークの設備構成

(3) CATV (Cable television)インターネットサービスでは、CATVセンタとユーザ宅間の映像配信用の伝送路を利用して、ブロードバンドサービスを実現している。

CATVインターネットのネットワーク構成には、光ファイバと同軸ケーブルを組み合わせた**HFC** (Hybrid Fiber Coaxial)方式と呼ばれるものがある。HFC方式では、CATVセンタからユーザ宅付近に設置された光ノード(メディアコンバータ)までは光ファイバ、光ノードからユーザ宅までは同軸ケーブルという2つの異なった媒体を使用している。

インターネットに接続するため、ユーザ宅内には一般に、ケーブルモデムが設置される。ケーブルモデムは、CATVセンタ内のCMTS(Cable Modem Termination System：ケーブルモデム終端装置)と同様にインターネットデータの変調および復調を行う。なお、ケーブルモデムのCATV側インタフェースには、同軸ケーブルを接続するF型コネクタが付き、PC側インタフェースには、UTP(Unshielded Twisted Pair：非シールド撚り対線)ケーブルを接続するRJ－45のコネクタが付いている。

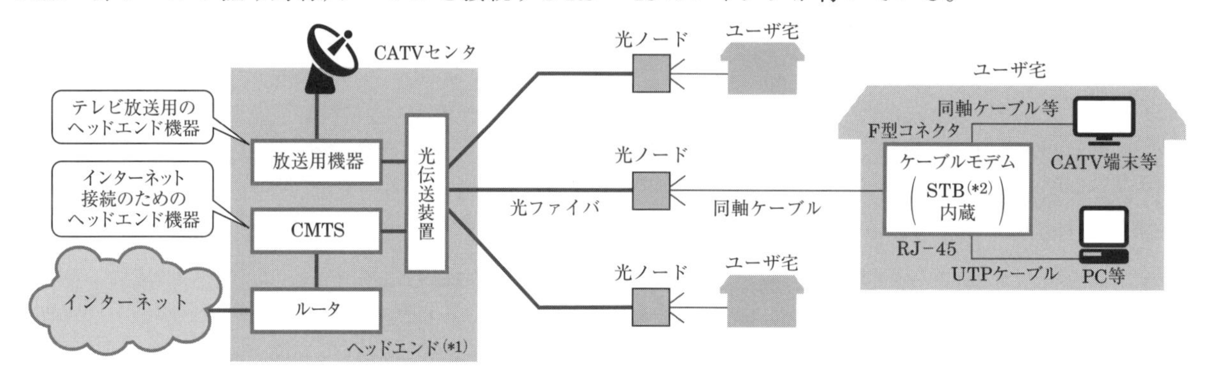

(＊1) ヘッドエンド：放送・通信サービスを提供するための各種機器が収容されている施設。
(＊2) STB：セットトップボックス。CATV放送信号等を受信して、一般のテレビ等で視聴可能な信号に変換する装置。

図3　CATVネットワークの構成(概略図)

(4) OSI(Open Systems Interconnection：開放型システム間相互接続)参照モデルは、ITU－T勧告X.200で規定されている標準的なネットワークアーキテクチャであり、通信プロトコルを7つの層(レイヤ)に分けて標準化している。ここで7つの層とは、図4に示すように、物理層(第1層)、データリンク層(第2層)、ネットワーク層(第3層)、トランスポート層(第4層)、セション層(第5層)、プレゼンテーション層(第6層)、アプリケーション層(第7層)のことをいう。

これらのうちデータリンク層は、隣接するノード間(伝送装置間)でデータが誤りなく伝送できるように、データのフレーム構成、データの送達確認、誤り検出方法などの伝送制御を規定している。また、このデータリンク層では、フレームという単位でデータを伝送している。

したがって、解答群の記述のうち、正しいものは、「**どのようなフレームを構成して通信媒体上でのデータ伝送を実現するかなどを規定している。**」である。なお、解答群の①はネットワーク層、③は物理層について述べたものである。

第7層	アプリケーション層	ファイル転送やデータベースアクセスなどの各種の適用業務に対する通信サービスの機能を規定する。
第6層	プレゼンテーション層	端末相互間の符号形式、データ構造、情報表現方式などの管理を行う。
第5層	セション層	両端末間で同期のとれた会話の管理を行う。会話の開始、区切り、終了などを規定する。
第4層	トランスポート層	端末相互間でデータの転送を確実に行うための機能、すなわちデータの送達確認、順序制御、フロー制御などを規定する。
第3層	ネットワーク層	データの通信経路の設定・解放を行うための呼制御手順、最適な通信経路を選択する機能(ルーティング機能)などを規定する。パケット単位でデータを伝送している。
第2層	データリンク層	隣接するノード間(伝送装置間)でデータが誤りなく伝送できるように、データのフレーム構成、データの送達確認、誤り検出方法などの伝送制御を規定する。フレーム単位でデータを伝送している。
第1層	物理層	最下位に位置づけられる層であり、コネクタの形状、電気的特性、信号の種類、伝送速度などの物理的機能を提供する。情報の授受はビット単位で行われる。

図4　OSI参照モデル

【補足説明】

通信に必要な機能には、物理的なコネクタの形状、電気的条件、データ伝送制御手順、データの解読など、さまざまな機能があるが、これらは一定のまとまった機能に分類することができ、また、分類された機能を階層構造の体系としてとらえることができる。

このように通信機能を階層化し、それらの機能を実現するためのプロトコルを体系化したものを、「ネットワークアーキテクチャ」という。ネットワークアーキテクチャにおいて、送信側では伝達するメッセージを上位層から順番に下位層に渡し、受信側では下位層から上位層に渡す。この過程で各層ごとに決められたプロトコルの処理を行う。

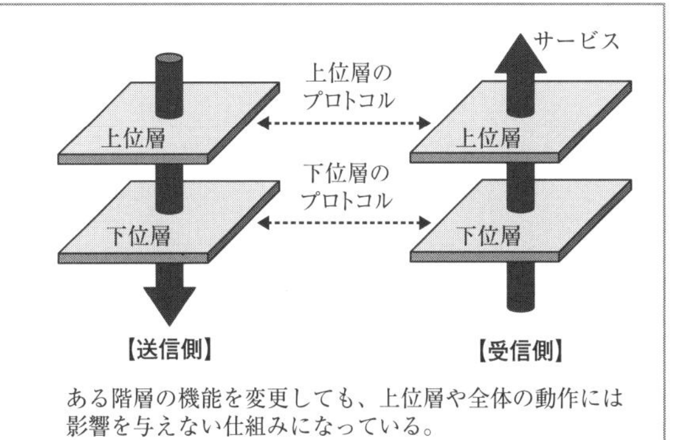

図5　ネットワークアーキテクチャ

(5) IPv4では、ユニキャスト、マルチキャスト、ブロードキャストという3つの通信方式を定義している。

・ユニキャスト：特定の相手、たとえば図6のXからAへ、XからBへといった「1対1」の通信方式である。

・マルチキャスト：たとえば図6のA、C、E、F、Hという複数の端末(ホスト)で特定のグループを構成したとする。**マルチキャスト**は、Xから、この特定のグループ内のすべての端末、すなわちA、C、E、F、Hへ同じデータを同時に送信する「1対多」の通信方式である。マルチキャストは、映像や音楽の会員向けのストリーミング配信などに用いられる。

・ブロードキャスト：一般に放送型ともいわれ、たとえばXからA～Hのすべての端末へ同じデータを同時に送信する「1対all」の通信方式である(特別な場合を除き、一般的には同一ネットワーク内のすべての端末に対して同時に送信する)。ブロードキャストは、通信相手が特定されていないときに、各端末がすべての端末に情報を問い合わせるためなどに用いられる。

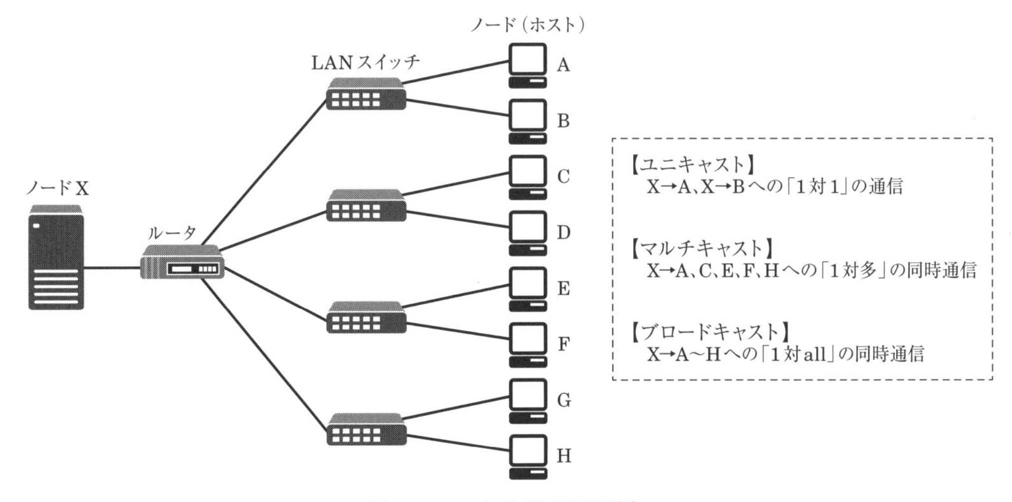

図6　IPv4における通信例

技術・理論

2 ネットワークの技術(I)

答	
(ア)	③
(イ)	②
(ウ)	①
(エ)	②
(オ)	③

次の各文章の［　　］内に、それぞれの[　　]の解答群の中から最も適したものを選び、その番号を記せ。ただし、［　　］内の同じ記号は、同じ解答を示す。　(小計25点)

(1) 100BASE－FXでは、送信するデータに対して4B／5Bといわれるデータ符号化を行った後、［（ア）］といわれる方式で信号を符号化する。［（ア）］は、図1に示すように2値符号でビット値1が発生するごとに信号レベルが低レベルから高レベルへ又は高レベルから低レベルへと遷移する符号化方式である。　(5点)

[① NRZ　② NRZI　③ MLT－3]

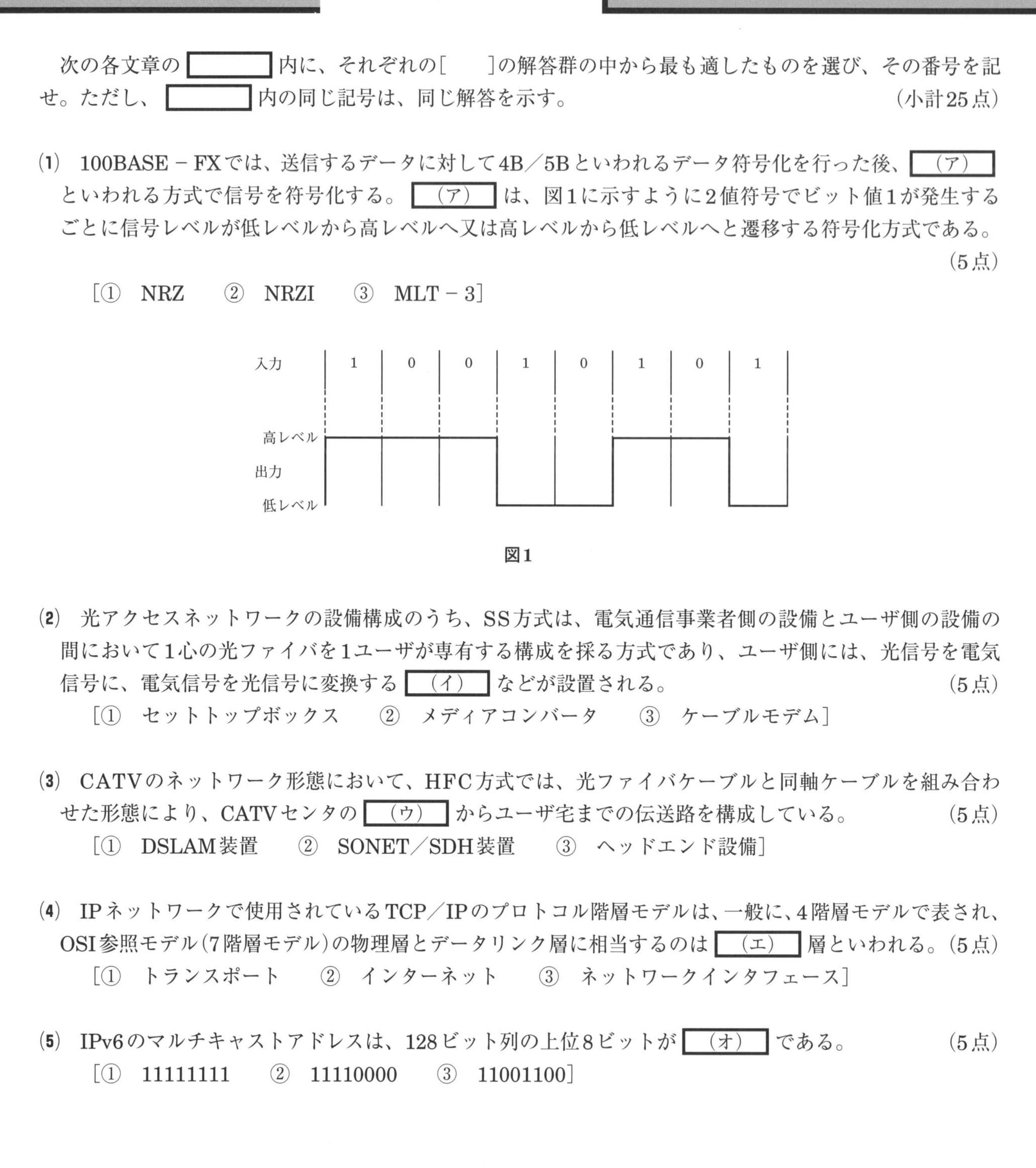

図1

(2) 光アクセスネットワークの設備構成のうち、SS方式は、電気通信事業者側の設備とユーザ側の設備の間において1心の光ファイバを1ユーザが専有する構成を採る方式であり、ユーザ側には、光信号を電気信号に、電気信号を光信号に変換する［（イ）］などが設置される。　(5点)

[① セットトップボックス　② メディアコンバータ　③ ケーブルモデム]

(3) CATVのネットワーク形態において、HFC方式では、光ファイバケーブルと同軸ケーブルを組み合わせた形態により、CATVセンタの［（ウ）］からユーザ宅までの伝送路を構成している。　(5点)

[① DSLAM装置　② SONET／SDH装置　③ ヘッドエンド設備]

(4) IPネットワークで使用されているTCP／IPのプロトコル階層モデルは、一般に、4階層モデルで表され、OSI参照モデル(7階層モデル)の物理層とデータリンク層に相当するのは［（エ）］層といわれる。(5点)

[① トランスポート　② インターネット　③ ネットワークインタフェース]

(5) IPv6のマルチキャストアドレスは、128ビット列の上位8ビットが［（オ）］である。　(5点)

[① 11111111　② 11110000　③ 11001100]

解 説

(1) デジタル信号を送受信するためには、伝送路の特性に合わせた符号形式に変換する必要がある。これを符号化といい、LANなどにおいて、さまざまなデジタル伝送路符号が使用されている。

これらのうち、設問の図1のように、ビット値0のときは信号レベルを変化させず、ビット値1が発生するごとに、信号レベルを低レベルから高レベルへ、または高レベルから低レベルへ変化させる符号は、**NRZI**(Non-Return to Zero Inversion)である。この符号は一般に、100BASE－FXで用いられている。100BASE－FXでは、送信するデータに対して4B／5B(4ビットのビット列を5ビットのコード体系に変換する方式)と呼ばれる符号化を行った後、**NRZI**方式で信号を伝送路の特性にあわせて符号化する。

(2) 光アクセスネットワークの設備構成のうちSS(Single Star)方式は、電気通信事業者側のOSU(光加入者線終端盤)であるメディアコンバータ(MC)と、ユーザ宅内のONU(光加入者線網装置)である**メディアコンバータ**がポイント・ツー・ポイント(1対1)で接続され、1心の光ファイバを1ユーザが専有する形態をとる。この形態において、メディアコンバータは、電気信号と光信号を相互に変換する役割を担う。

(3) CATVインターネットのネットワーク構成において、HFC(Hybrid Fiber Coaxial)方式では、光ファイバと同軸ケーブルを組み合わせた形態をとっている。具体的には、CATVセンタの**ヘッドエンド設備**(放送や通信の信号をCATV用に変換し、伝送路へ送出する設備)からユーザ宅付近に設置された光ノード(メディアコンバータ)までは光ファイバ、光ノードからユーザ宅までは同軸ケーブルという2つの異なった媒体を使用している。

(4) TCP/IPは、インターネット標準の通信プロトコル群の総称であり、OSI参照モデルと同様に階層化モデルを基盤にしている。階層化モデルでは各階層の機能を分離し、ある階層の機能を変更しても上位層や全体の動作には影響を与えない仕組みになっている。

TCP/IP階層モデルは、ネットワークインタフェース層、インターネット層、トランスポート層、およびアプリケーション層の4階層で構成されている。階層化アーキテクチャとしては、7階層を持つOSI参照モデルと同様であるが、制定された時期も異なり、各階層の役割が全く同じというわけでもない。しかし、共通点が多いので2つの階層構造を比較することは可能である。

TCP/IP階層モデルのうち、OSI参照モデルの物理層とデータリンク層に相当するのは**ネットワークインタフェース**層であり、この階層で使用されている主なプロトコルとしてイーサネットが挙げられる。

OSI参照モデル	TCP/IP階層モデル	該当するプロトコルの例
アプリケーション層	アプリケーション層	FTP :File Transfer Protocol Telnet :Telnet Protocol HTTP :Hyper Text Transfer Protocol SMTP :Simple Mail Transfer Protocol POP :Post Office Protocol DNS :Domain Name System SNMP :Simple Network Management Protocol など
プレゼンテーション層		
セション層		
トランスポート層	トランスポート層	TCP :Transmission Control Protocol UDP :User Datagram Protocol
ネットワーク層	インターネット層	IP :Internet Protocol ICMP :Internet Control Message Protocol
データリンク層	ネットワークインタフェース層(リンク層)	イーサネット PPP :Point-to-Point Protocol など
物理層		

図2 OSI参照モデルとTCP/IP階層モデル

(5) IPv6アドレスは宛先の指定方法により、ユニキャストアドレス、マルチキャストアドレス、およびエニーキャストアドレスの3種類に大別される。

・ユニキャストアドレス
単一の宛先を指定するアドレスであり、1対1の通信に使用される。

・マルチキャストアドレス
グループを識別するアドレスである。ネットワーク上で互いに離れた位置に存在するノードをグループ化し、1つのマルチキャストアドレスを共有する。送信者がマルチキャストアドレスを指定してデータを送信すると、経路上にあるルータなどの中継・転送機器がデータを適宜複製し、グループ内のすべての端末に同じデータが送り届けられる。マルチキャストアドレスは、128ビット列のうちの上位8ビットがすべて1(すなわち"**11111111**")となっている。

・エニーキャストアドレス
マルチキャストアドレスと同様にグループを識別するアドレスである。ネットワーク上で互いに離れた位置に存在する複数のノードをグループ化し、1つのエニーキャストアドレスを共有する。送信者がそのアドレスを指定してデータを送信すると、グループ内で経路的に最も近い1台にのみ届き、他のノードにはデータは転送されないよう制御される。

答	
(ア)	②
(イ)	②
(ウ)	③
(エ)	③
(オ)	①

予想問題

問1

次の各文章の　　　　内に、それぞれの[　　]の解答群の中から最も適したものを選び、その番号を記せ。

22春 1　デジタル信号を送受信するための伝送路符号化方式のうち　(ア)　符号は、図1－aに示すように、ビット値0のときは信号レベルを変化させず、ビット値1が発生するごとに、信号レベルを0から高レベルへ、高レベルから0へ、0から低レベルへ、低レベルから0へと、1段ずつ変化させる符号である。

[① MLT－3　② NRZ　③ NRZI]

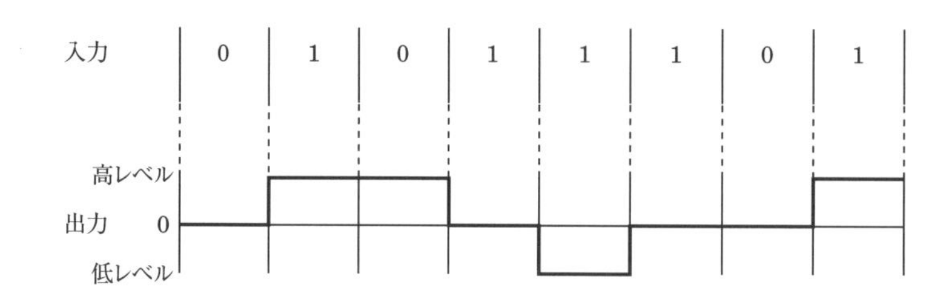

図1－a

22春 2　アクセス回線に光ファイバを用いたブロードバンドサービスでは、ユーザ宅側に設置される　(イ)　と電気通信事業者側の光加入者線終端装置などを用いてサービスが提供されている。

[① ONU　② OSU　③ OLT]

21春 3　OSI参照モデル(7階層モデル)の第3層であるネットワーク層について述べた次の記述のうち、正しいものは、　(ウ)　である。

① どのようなフレームを構成して通信媒体上でのデータ伝送を実現するかなどを規定している。
② 異なる通信媒体上にある端末どうしでも通信できるように、端末のアドレス付けや中継装置も含めた端末相互間の経路選択などの機能を規定している。
③ 端末が送受信する信号レベルなどの電気的条件、コネクタ形状などの機械的条件などを規定している。

21秋 4　IPv6アドレスの表記は、128ビットを　(エ)　に分け、各ブロックを16進数で表示し、各ブロックをコロン(：)で区切る。

[① 4ビットずつ32ブロック　② 8ビットずつ16ブロック　③ 16ビットずつ8ブロック]

22秋 21春 5　光アクセスネットワークには、電気通信事業者のビルから集合住宅のMDF室までの区間には光ファイバケーブルを使用し、MDF室から各戸までの区間には　(オ)　方式を適用して既設の電話用配線を利用する方法がある。

[① PDS　② PLC　③ VDSL]

類題

(1)　OSI参照モデル(7階層モデル)の第1層である物理層について述べた次の記述のうち、正しいものは、　(a)　である。

① 端末が送受信する信号レベルなどの電気的条件、コネクタ形状などの機械的条件などを規定している。
② 異なる通信媒体上にある端末どうしでも通信できるように、端末のアドレス付けや中継装置も含めた端末相互間の経路選択などの機能を規定している。
③ どのようなフレームを構成して通信媒体上でのデータ伝送を実現するかなどを規定している。

問1-解説

1 設問の図1－aのように、ビット値0のときは信号レベルを変化させず、ビット値1が発生するたびに、信号レベルを0から高レベルへ、高レベルから0へ、0から低レベルへ、低レベルから0へと、1段ずつ変化させる符号は、**MLT－3**(Multi Level Transmission-3)である。この符号は一般に、100BASE－TXなどで用いられている。

2 電気通信事業者が提供する光ファイバを用いた家庭向けの大容量・常時接続のブロードバンドサービスを、FTTH(Fiber To The Home)という。FTTHでは、電気通信事業者側に複数のOSU(Optical Subscriber Unit：光加入者線終端盤)で構成されるOLT(Optical Line Terminal：光加入者線終端装置)を設置し、ユーザ側に**ONU**(Optical Network Unit：光加入者線網装置)を設置する。

図1－1の例のように、ユーザ側では一般に、ONUと接続されたブロードバンドルータにパーソナルコンピュータ(PC)や電話機などを接続して、高速インターネットやIP電話サービスなどを利用する。

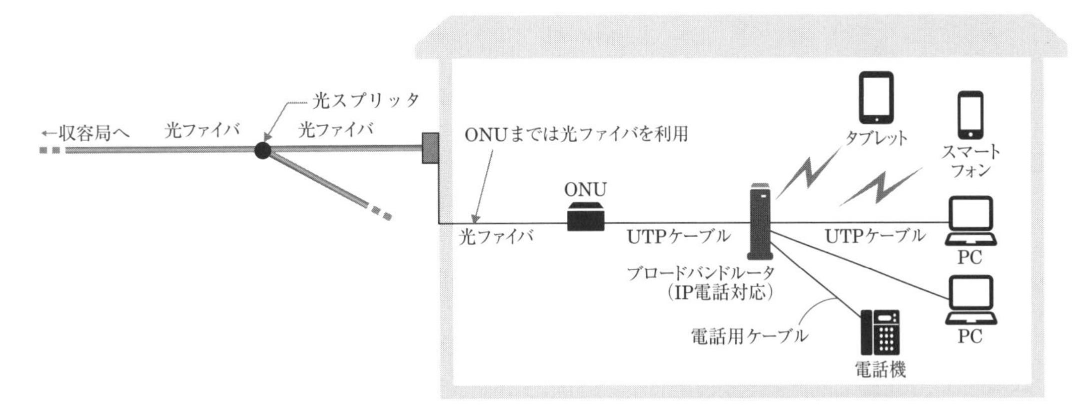

図1－1 光回線の端末設備側における配線構成例

3 OSI参照モデルの第3層であるネットワーク層は、同一のネットワークだけでなく、異なるネットワークに接続されている端末どうしでも通信できるようにするための役割を担っている。具体的には、ネットワーク上にある端末へのアドレスの割り当てや、データの通信経路の設定・解放を行うための呼制御手順、最適な通信経路を選択する機能(ルーティング機能)などを規定している。したがって、解答群の記述のうち、正しいものは、「**異なる通信媒体上にある端末どうしでも通信できるように、端末のアドレス付けや中継装置も含めた端末相互間の経路選択などの機能を規定している。**」である。

4 IPネットワークを使用して通信するコンピュータは、それぞれを識別するための固有のアドレスを持つ必要がある。このアドレスがIPアドレスであり、IPネットワーク上でコンピュータを識別するための「住所」の役割を担っている。従来広く使われてきたIPv4(IPバージョン4)アドレスは32ビットのアドレス空間であるため、最大でも世界人口より少ない43億($\fallingdotseq 2^{32}$)個程度しか使えず、「アドレス枯渇」が問題となっている。そこで、この問題を解決するために、アドレス空間を128ビットに拡張したIPv6(IPバージョン6)の仕様が策定された。IPv6では、$2^{128} \fallingdotseq 340$澗(かん)(340兆の1兆倍の1兆倍)個という、ほぼ無限のIPアドレスを使うことができる。

IPv4アドレスは、32ビットを8ビットずつドット(.)で4ブロックに区切って、その内容を10進数で表示する。これに対しIPv6アドレスは、128ビットを**16ビットずつ**コロン(：)で**8ブロック**に区切って、その内容を16進数で表示する。

5 電話用に敷設されたメタリック伝送路を用いて高速デジタル通信を実現する技術を、DSL(Digital Subscriber Line)といい、VDSL(Very high bitrate DSL)など複数の規格がある。VDSLは、ADSLに比べて伝送距離は短いが、より高速なブロードバンドサービスを提供できる。光アクセスネットワークには、電気通信事業者のビルから大規模集合住宅などのMDF(主配線盤)室までの区間に光ファイバケーブルを敷設し、集合メディア変換装置(メディアコンバータ)により光信号を電気信号に変換して各戸に分配する方法がある。この方法は、MDF室から各戸までの区間に**VDSL**方式を適用して、通信用PVC屋内線を用いた既設の電話用の宅内配線を利用するので、工期の短縮化や工法の簡略化、コスト削減等を図ることができる。

答	
(ア)	①
(イ)	①
(ウ)	②
(エ)	③
(オ)	③

類題の答 (a)①

予想問題

問2

次の各文章の［　　］内に、それぞれの[　　]の解答群の中から最も適したものを選び、その番号を記せ。ただし、［　　］内の同じ記号は、同じ解答を示す。

22秋 **1** HDLC手順では、フレーム同期をとりながらデータの透過性を確保するために、受信側において、開始フラグシーケンスを受信後に、［（ア）］個連続したビットが1のとき、その直後のビットの0は無条件に除去される。

[① 4　② 5　③ 8]

2 光アクセスネットワークの設備形態のうち、電気通信事業者側の設備とユーザ側に設置されたメディアコンバータなどとの間で、1心の光ファイバを1ユーザが専有する形態を採る方式は、［（イ）］方式といわれる。

[① SS　② ADS　③ PDS]

22秋 **3** OSI参照モデル(7階層モデル)のレイヤ2において、一つのフレームで送信可能なデータの最大長は［（ウ）］といわれ、イーサネットフレームの［（ウ）］の標準は、1,500バイトである。

[① MTU　② MSS　③ RWIN]

4 CATVセンタとユーザ宅間の映像配信用ネットワークの一部に同軸伝送路を使用しているネットワークを利用したインターネット接続サービスにおいて、ネットワークに接続するための機器としてユーザ宅内には、一般に、［（エ）］が設置される。

[① ブリッジ　② ケーブルモデム　③ DSU]

22春 **5** TCP／IPのプロトコル階層モデル(4階層モデル)において、ネットワークインタフェース層の直近上位に位置する層は［（オ）］層である。

[① アプリケーション　② トランスポート　③ インターネット]

類題

(1) IPネットワークで使用されているTCP／IPのプロトコル階層モデルは、一般に、4階層モデルで表される。このうち、OSI参照モデル(7階層モデル)のネットワーク層に相当するのは［(a)］層である。

[① ネットワークインタフェース　② インターネット
③ アプリケーション]

(2) TCP／IPのプロトコル階層モデル(4階層モデル)において、インターネット層の直近上位に位置する層は［(b)］層である。

[① トランスポート
② アプリケーション
③ ネットワークインタフェース]

問2-解説

1 HDLC(High-level Data Link Control)手順は、高速・高信頼のデータ伝送を可能とする伝送制御手順であり、データを「フラグシーケンス」という特定のビットパターンで包んだフレーム単位で伝送する。具体的には、"01111110"の8ビットで表されるフラグシーケンスを送信データの先頭と末尾に付加するフラグ同期という方法により、フレーム同期をとっている。その際、データの透過性(トランスペアレントな伝送)を確保するために、送信側と受信側で次のような処理を行っている。

送信側では、開始フラグシーケンス(*)の直後から終結フラグシーケンスの直前までの送信データに"1"のビットが5個連続するとき、その直後に"0"のビットを1個挿入して送出し"1"が6個続くことを避ける。また、受信側では、開始フラグシーケンスである"01111110"を受信後に"1"のビットが**5**個連続して次のビットが"0"であった場合、その"0"を除去して元のデータに復元する。これにより、2つのフラグシーケンスの間に挟まれたデータの内容が、フラグシーケンスと同じビットパターン(01111110)になることを防いでいる。

(*)送信データの先頭に付加するフラグシーケンスを「開始フラグシーケンス」という。また、末尾に付加するフラグシーケンスを「終結フラグシーケンス」という。

	開始フラグシーケンス		フラグシーケンスとの違いを認識できない		終結フラグシーケンス
	01111110	・・・	・・・01111110・・・	・・・	01111110
	開始フラグシーケンス		0を挿入		終結フラグシーケンス
【送信側】	01111110	・・・	・・・011111010・・・	・・・	01111110
	開始フラグシーケンス		0を除去 0		終結フラグシーケンス
【受信側】	01111110	・・・	・・・011111 10・・・	・・・	01111110

送信側では、フラグシーケンス以外のフィールド中に"1"のビットが5個連続した場合は、5個目の"1"の後に"0"を挿入して送信する。これにより、フラグシーケンスと誤認することを防止している。

受信側では、"1"のビットが5個連続して次のビットが"0"であった場合、その"0"を無条件に除去する。

図2－1 "1"が5個連続したときの"0"の挿入

2 光アクセス方式のうち**SS**(Single Star)方式では、電気通信事業者側のOSU(光加入者線終端盤)である光メディアコンバータ(MC)と、ユーザ宅内のONU(光加入者線網装置)である光メディアコンバータがポイント・ツー・ポイント(1対1)で接続され、1心の光ファイバを1ユーザが専有する形態をとる。

3 ネットワーク上で1回の転送(イーサネットの場合は1フレーム)で送信できるデータの最大長(ヘッダを含む)を、**MTU**(Maximum Transmission Unit)という。MTUはデータリンク技術により異なっており、たとえば、標準(DIX規格)のイーサネット(Ethernet)の**MTU**は1,500バイトである。

4 CATVインターネットのネットワーク構成には、光ファイバと同軸ケーブルを組み合わせたHFC(Hybrid Fiber Coaxial)と呼ばれる方式がある。HFC方式では、インターネットに接続するため、一般に、ユーザ宅内に**ケーブルモデム**が設置される。ケーブルモデムは、CATVセンタ内のCMTS(Cable Modem Termination System:ケーブルモデム終端装置)と同様にインターネットデータの変調および復調を行う。

5 TCP/IPは、インターネット標準の通信プロトコル群の総称であり、OSI参照モデルと同様に、各階層の機能を分離し、ある階層の機能を変更しても上位層や全体の動作には影響を与えない仕組みになっている。TCP/IPのプロトコル階層モデルは、図2－2に示すように4つの階層で構成されている。

ネットワークインタフェース層の直近上位に位置する**インターネット**層は、通信相手とのIPパケットの送受信に関する事柄を規定しており、最適な経路でIPパケットを転送するためのルーティング(経路選択制御)機能などを提供する。インターネット層の代表的なプロトコルとして、IP(Internet Protocol)が挙げられる。

図2－2 TCP/IP階層モデル

答	
(ア)	②
(イ)	①
(ウ)	①
(エ)	②
(オ)	③

類題の答 (a)② (b)①

予想問題

問3

次の各文章の [ ] 内に、それぞれの[ ]の解答群の中から最も適したものを選び、その番号を記せ。

1 デジタル信号を送受信するための伝送路符号化方式のうち （ア） 符号は、図3－aに示すように、ビット値1のときはビットの中央で信号レベルを低レベルから高レベルへ、ビット値0のときはビットの中央で信号レベルを高レベルから低レベルへ反転させる符号である。

［① Manchester ② NRZI ③ MLT－3］

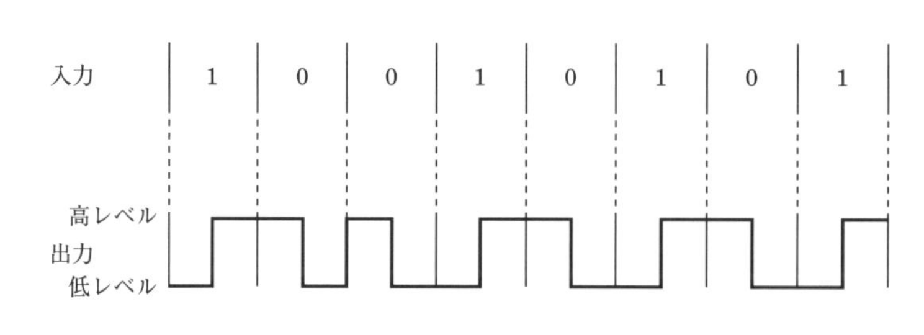

図3－a

2 光アクセス方式の一つであるGE－PONシステムについて述べた次の二つの記述は、 （イ） 。

A GE－PONシステムは、電気通信事業者からの1心の光ファイバを分岐してユーザ宅に配線するアクセスネットワークの構成を採っており、光ファイバをユーザ宅まで引き込む形態であるFTTH（Fiber To The Home）を実現している。

B GE－PONシステムでは、ユーザ側の装置と電気通信事業者側の装置相互間を上り／下りともに最速で毎秒1ギガビットにより双方向通信を行うことが可能である。

［① Aのみ正しい ② Bのみ正しい ③ AもBも正しい ④ AもBも正しくない］

3 スイッチングハブのフレーム転送方式における （ウ） 方式は、有効フレームの先頭から64バイトまで読み取り、異常がなければ、そのフレームを転送する。

［① ストアアンドフォワード ② フラグメントフリー ③ カットアンドスルー］

22春 **4** IPv4において、一つのホストから同じデータリンク内の全てのホストに向けてデータを送信する方式は （エ） といわれ、通信相手が特定されていないときに各ホストが全てのホストに情報を問い合わせるためなどに用いられる。

［① マルチキャスト ② ブロードキャスト ③ ユニキャスト］

22秋 **5** OSI参照モデル（7階層モデル）において、端末が送受信する信号レベルなどの電気的条件、コネクタ形状などの機械的条件などを規定しているのは （オ） 層といわれる。

［① データリンク ② 物 理 ③ ネットワーク］

類題

(1) 光アクセスネットワークの設備構成のうち、電気通信事業者のビルから配線された光ファイバの1心を光スプリッタを用いて分岐し、個々のユーザにドロップ光ファイバケーブルで配線する構成を採る方式は、 (a) 方式といわれる。

［① PDS ② ADS ③ SS］

(2) IP電話において、送信側からの音声パケットがIP網を経由して受信側に到着するときの音声パケットの到着間隔のばらつきによる音声品質の劣化を低減するため、一般に、受信側のVoIPゲートウェイなどでは (b) 機能が用いられる。

［① 音声圧縮・伸張 ② 揺らぎ吸収 ③ トンネリング］

問3-解説

1 設問の図3－aのように1ビットを2分割し、ビット値1のときはビットの中央で信号レベルを低レベルから高レベルへ反転させ、ビット値0のときはビットの中央で高レベルから低レベルへ反転させる符号は、10BASE－Tなどで使用される**Manchester**（マンチェスタ）符号である。

2 設問の記述は、**AもBも正しい**。光アクセス方式の1つであるPDS（Passive Double Star）は、一般にPON（Passive Optical Network）と呼ばれている。PDSすなわちPONは、光スプリッタなどの光受動素子を用いて1心の光ファイバを分岐し、ユーザ側の複数のONU（光加入者線網装置）を電気通信事業者側の1台のOLT（光加入者線終端装置）に収容する形態をとっている。PONは、このような形態で、光ファイバによる家庭向けの大容量・常時接続の高速データ通信サービスであるFTTH（Fiber To The Home）を実現している。

設問に示されたGE－PON（Gigabit Ethernet－PON）は、ユーザ側のONUと電気通信事業者側のOLTとの間で、イーサネットフレーム形式で信号を伝送する方式であり、IEEE802.3ahとして標準化されている。GE－PONは、上り方向、下り方向ともに、最大1Gbit/s（毎秒1ギガビット）で双方向通信を行う。

3 スイッチングハブは、OSI参照モデルにおけるレイヤ2（データリンク層）の機能を持つ機器であり、レイヤ2スイッチとも呼ばれている。端末から送られてきたフレームを読み取り、その宛先MAC（Media Access Control）アドレス(*)を検出し、必要なポートにのみフレームを転送する。

スイッチングハブのフレーム転送方式は、フレーム転送の可否を判断するタイミングによって、ストアアンドフォワード方式、フラグメントフリー方式、カットアンドスルー方式の3つに大別される。これらのうち**フラグメントフリー**方式では、有効フレーム（受信したイーサネットフレームから物理ヘッダを除いた部分）の先頭から64バイトまでを受信した後、異常がなければ、そのフレームを転送する。なお、有効フレーム長が64バイトより短い場合は、そのフレームを破棄する。

（*）MACアドレスとは、各ネットワークインタフェースカードに割り当てられている固有の識別番号のことをいう。

4 IPv4では、ユニキャスト、マルチキャスト、ブロードキャストという3つの通信方式を定義している。ユニキャストとは、特定の相手にデータを送信する「1対1」の通信方式である。これに対しマルチキャストとは、特定のグループ内のすべての端末へ同じデータを同時に送信する「1対多」の通信方式をいい、一般に、映像や音楽のストリーミング配信などに用いられる。また、**ブロードキャスト**とは、不特定多数の端末へ同じデータを同時に送信する「1対all」の通信方式である（特別な場合を除き、一般的には同一ネットワーク内のすべての端末に対して同時に送信する）。ブロードキャストは、通信相手が特定されていないときに、各端末がすべての端末に情報を問い合わせるためなどに用いられる。

5 OSI参照モデルは、ITU－T勧告X.200で規定されている標準的なネットワークアーキテクチャであり、通信プロトコルを7つの層（レイヤ）に分けて標準化している。ここで7つの層とは、物理層（第1層）、データリンク層（第2層）、ネットワーク層（第3層）、トランスポート層（第4層）、セション層（第5層）、プレゼンテーション層（第6層）、アプリケーション層（第7層）のことをいう。

これらのうち**物理**層は、OSI参照モデルにおいて最下位に位置づけられる層であり、端末が送受信する信号レベルなどの電気的条件、コネクタ形状などの機械的条件などを規定している。なお、JIS X 0026：1995 情報処理用語（開放型システム間相互接続）において物理層は、「伝送媒体上でビットの転送を行うための物理コネクションを確立し、維持し、解放する機械的、電気的、機能的及び手続き的な手段を提供する。」と定義づけられている。

OSI参照モデル
アプリケーション層
プレゼンテーション層
セション層
トランスポート層
ネットワーク層
データリンク層
物理層

図3－1 OSI参照モデル

答	
(ア)	①
(イ)	③
(ウ)	②
(エ)	②
(オ)	②

類題の答 (a)① (b)②

技術及び理論 3 端末設備の技術(Ⅱ)、ネットワークの技術(Ⅱ)、情報セキュリティの技術

ここでは、「情報セキュリティの技術」の設問を解く上でおさえておきたいポイントを掲載しています。なお、「端末設備の技術」のポイントは84～85頁、「ネットワークの技術」のポイントは98～101頁をご覧ください。

情報セキュリティ概要

●コンピュータウイルス

他人のコンピュータに侵入し、データの改ざん、破壊を行うプログラムをウイルス(コンピュータウイルス)という。コンピュータウイルスは、通商産業省(現在の経済産業省)が告示した「コンピュータウイルス対策基準」において、次のように定義されている。

「第三者のプログラムやデータベースに対して意図的に何らかの被害を及ぼすように作られたプログラムであり、自己伝染機能、潜伏機能、発病機能のいずれかを1つ以上有するもの。」

ウイルスの感染源としては、電子メールやWebサイトのほか、USBメモリ等の外部記憶媒体などが挙げられる。なお、ウイルスのうち、自己増殖する特徴を持つものをワームと呼び、通常のウイルスと区別する場合がある。

これらの感染を防ぐためには、ウイルス対策ソフトの導入が有効である。また、OSやソフトウェアのセキュリティホールを突くものもあるので、継続的にバージョンアップを行ったり、パッチファイルの最新情報を常に確認しておく必要がある。

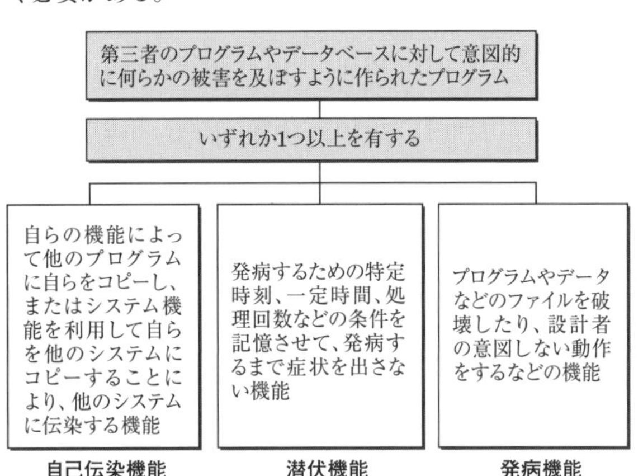

図1　コンピュータウイルスの定義

●不正アクセス、不正行為

アクセス権限が与えられていないにもかかわらずネットワークへ不正にアクセスすることを、「不正アクセス」という。

表1　ネットワークへの不正アクセス、不正行為の例

名称	説明
盗聴	不正な手段で通信内容を盗み取る。
改ざん	管理者や送信者の許可を得ずに、通信内容を勝手に変更する。
なりすまし	他人のIDやパスワードなどを入手して、正規の使用者に見せかけて不正な通信を行う。
辞書攻撃	パスワードとして正規のユーザが使いそうな文字列を辞書として用意しておき、これらを機械的に次々と指定して、ユーザのパスワードを解析し侵入を試みる。
踏み台	侵入に成功したコンピュータを足掛かりにして、他のコンピュータを攻撃する。このとき足掛かりにされたコンピュータのことを「踏み台」という。
ウォードライビング	セキュリティ対策が十分でない無線LANのアクセスポイントを探し出し、ネットワークに侵入する。
スキミング	他人のクレジットカードなどの磁気記録情報を不正に読み取り、カードを偽造したりする。
スパイウェア	ユーザの情報を収集し、許可なく外部へ送信する。
ゼロデイ攻撃	コンピュータプログラムのセキュリティ上の脆弱性が公表される前、あるいは脆弱性の情報は公表されたがセキュリティパッチがまだない状態において、その脆弱性をねらって攻撃する。
セッションハイジャック	攻撃者が、Webサーバとクライアント間の通信に割り込んで、正規のユーザになりすますことによって、やりとりしている情報を盗んだり改ざんしたりする。
バッファオーバフロー攻撃	データを一時的に保存しておく領域(バッファ)の容量を超える大量のデータを送りつけて、システムの機能を停止させるなどの被害を与える。
フィッシング	金融機関などの正規の電子メールやWebサイトを装い、暗証番号やクレジットカード番号などを入力させて個人情報を盗む。
ボット	感染したコンピュータを、ネットワークを通じて外部から操作することを目的として作成されたプログラムをいう。
ポートスキャン	コンピュータに侵入するためにポートの使用状況を解析する。
DoS (Denial of Service：サービス拒絶攻撃)	特定のサーバに大量のパケットを送信することによって、システムの機能を停止させる。なお、多数のコンピュータを踏み台にして、特定のサーバに対して同時に行う攻撃を、DDoS (Distributed Denial of Service：分散型サービス拒絶攻撃)という。
SQLインジェクション	データベースと連携したWebアプリケーションにSQL文の一部を含んだ不適切なデータを入力する。これにより、データベースに直接アクセスして不正な操作を行う。

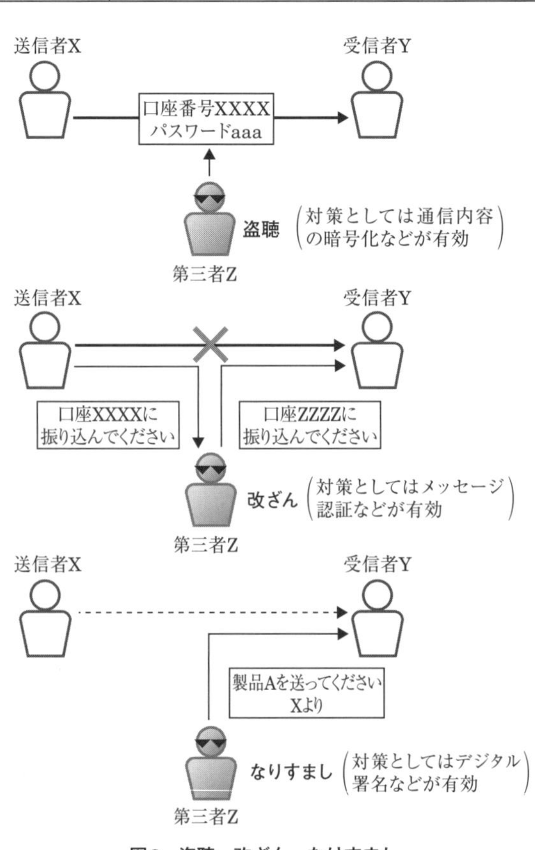

図2　盗聴、改ざん、なりすまし

●ファイアウォール

ファイアウォールは、不正アクセスを防ぐためにアクセス制御を実行するソフトウェア、機器、またはシステムであり、外部ネットワーク(インターネット)と内部ネットワーク(イントラネット)の境界に設置される。ファイアウォールは、IPパケットに記述されたIPアドレスなどを参照してパケットの通過の可否を判断する。

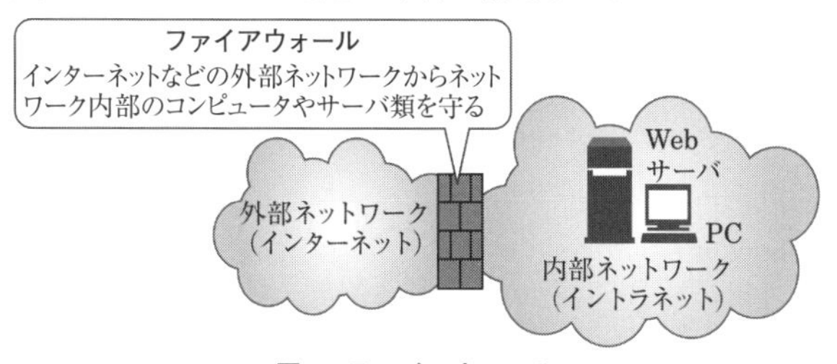

図3　ファイアウォール

ファイアウォールを導入することにより、ネットワークは、外部ネットワークからのアクセスに対して「バリア」のような役割を果たすバリアセグメント、外部にアドレスを公開するWebサーバ、DNSサーバ、メールサーバなどを配置するDMZ(De-Militarized Zone：非武装地帯)、外部からのアクセスから守るべき内部セグメントの3つのゾーンに分けることができる。

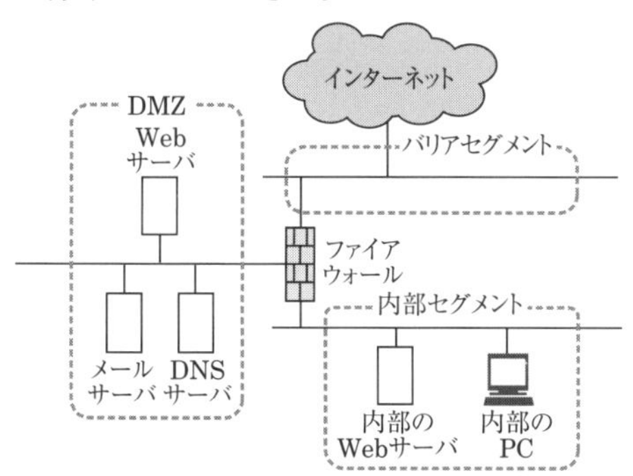

図4　ファイアウォールによる3つのゾーン分割

●VPN

VPN(Virtual Private Network)は、仮想私設網と訳され、公衆網を仮想的にあたかも専用線のように利用することができる技術である。エンド・ツー・エンド間で専用的な通信を実現するために、網のプロトコルと異なるプロトコルのパケットであってもカプセル化して送受信できるトンネリング技術や、より強固な秘匿性(ひとくせい)を確保する暗号化技術が使われている。

VPNは、専用線を利用するよりもコストが抑えられるため注目を集めている。

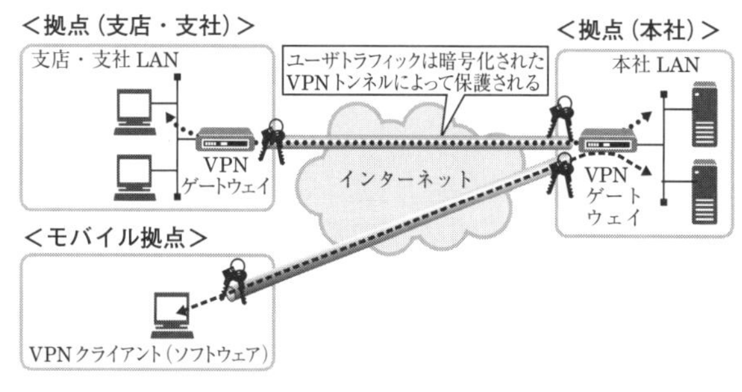

図5　VPNの利用形態

●NAT、NAPT

NAT(Network Address Translation)およびNAPT(Network Address Port Translation)は、組織内の閉じたネットワークでのみ利用できるプライベートIPアドレスと、インターネットに接続されたコンピュータに一意に割り当てられているグローバルIPアドレスを相互に変換する機能である。このうちNAPTは、IPアドレスだけでなくポート番号も変換し、1つのグローバルIPアドレスに対して複数のプライベートIPアドレスを割り当てることができる。NATおよびNAPTは、外部ネットワークからプライベートIPアドレスを隠すことができるので、セキュリティを高めることが可能である。

端末設備とネットワークのセキュリティ

●端末設備とネットワークのセキュリティ対策

端末設備とネットワークのセキュリティ対策の主なものとして、不正アクセス対策とウイルス対策が挙げられる。

不正アクセス対策としては、ファイアウォールやIDS(Intrusion Detection System：侵入検知システム)の導入などが有効である。IDSは、外部ネットワーク(インターネット)からの内部ネットワーク(イントラネット)への不正侵入や攻撃を監視し、検知するためのシステムである。IDSは、ファイアウォールだけでは防止できないような不正アクセス行為を検出する。

ウイルス対策としては、ワクチンソフト(ウイルス対策ソフト)の導入が有効である。ただし、ウイルスの新種が日々発生しているので、ワクチンソフトで利用するウイルス定義ファイルのアップデート、ソフトウェアのバージョンアップなどを速やかに行うことが必要である。

●運用管理面からのセキュリティ対策

最近では、Webサイトを利用したフィッシング、利用者の端末から情報を搾取・操作するスパイウェアの埋込みなど、手段が巧妙化している。これらに関する情報収集や教育など、利用者レベルでの対策も大変重要である。

企業や組織でネットワークを構築・利用している場合は、大量のデータを送りつけシステムダウンに追い込むDoS(Denial of Service)攻撃や、第三者が自分になりすまし、いわゆる「踏み台」として知らないうちに自分が攻撃主体と偽装されてしまうなど、さまざまな脅威がある。これに対し、日頃からのログの取得・解析、アクセス管理が重要である。さらに、個人情報の保管・廃棄方法などに関して厳重な管理を行い、個人情報の漏えいを防ぐことが必要である。

しかし、さまざまな脅威から自らの端末やネットワークを完全に防御できるとは限らない。そのため、セキュリティ侵害に対する対策と復旧方法に加え、公的機関などへの報告も含むインシデント対策を講じる必要がある。このインシデント対策においては、システムへの不正侵入、データの改ざんなどが発生した場合の対処方法について事前の検討が必要である。

次の各文章の［　　］内に、それぞれの[　　]の解答群の中から最も適したものを選び、その番号を記せ。ただし、［　　］内の同じ記号は、同じ解答を示す。（小計25点）

(1) 他人のクレジットカードやキャッシュカードの磁気記録情報を不正に読み取るなどの行為は、一般に、［（ア）］といわれる。（5点）
[① トラッシング　② スキミング　③ フィッシング]

(2) コンピュータからの情報漏洩(えい)を防止するための対策の一つで、ユーザが利用するコンピュータには表示や入力などの必要最小限の処理をさせ、サーバ側でアプリケーションやデータファイルなどの資源を管理するシステムは、一般に、［（イ）］システムといわれる。（5点）
[① 検疫ネットワーク　② リッチクライアント　③ シンクライアント]

(3) インターネットに接続されるパーソナルコンピュータなどの端末は、ルータなどの［（ウ）］サーバ機能が有効な場合は、起動時に、［（ウ）］サーバ機能にアクセスしてIPアドレスを取得するため、端末個々にIPアドレスを設定しなくてもよい。（5点）
[① WEB　② SNMP　③ DHCP]

(4) スイッチングハブのフレーム転送方式におけるフラグメントフリー方式は、有効フレームの先頭から［（エ）］読み取り、異常がなければ、そのフレームを転送する。（5点）
[① 64バイトまで　② 宛先アドレスの6バイトまで　③ FCSまで]

(5) LANを構成する機器のうち、OSI参照モデル(7階層モデル)のトランスポート層からアプリケーション層までの階層において、プロトコルが異なるネットワークを相互に接続するためにプロトコルを変換しデータの中継を行う機器は、一般に、［（オ）］といわれる。（5点）
[① スイッチングハブ　② ゲートウェイ　③ リピータ]

解　説

(1) 特殊な機器を使って他人のクレジットカードやキャッシュカードの磁気記録情報を不正に読み取り、カードを偽造するなどの行為を、一般に、**スキミング**という。なお、解答群の①「トラッシング」とは、ゴミ箱に廃棄された書類などから機密情報等を収集する行為を指す。また、③「フィッシング」とは、金融機関などの正規の電子メールやWebサイトを装い、暗証番号やクレジットカード番号などを入力させて個人情報を盗む行為のことをいう。

(2) コンピュータからの情報漏洩(ろうえい)を防止する対策の1つに、**シンクライアント**システム(thin client system)の導入がある。シンクライアントシステムでは、ユーザが利用するコンピュータには表示や入力などの必要最小限の処理しかさせず、サーバ側がアプリケーションやデータファイルなどの資源の管理を行う。このようにシンクライアントシステムでは、クライアント側の機能を少なくしている。ちなみにシンクライアントの「シン(thin)」は、英語で、薄い、やせ細ったなどの意味を持つ。

(3) IPアドレスなどを一元的に管理し、端末の起動時に自動的にIPアドレスを割り当てるプロトコルを、DHCP(Dynamic Host Configuration Protocol)という。IPアドレスを管理しているDHCPサーバは、配布するIPアドレスの範囲や貸し出し期間などを設定している。

インターネットに接続されるパーソナルコンピュータ(PC)などの端末は、ルータなどの**DHCP**サーバ機能が有効な場合、起動時に**DHCP**サーバ機能にアクセスしてIPアドレスを取得する。そのため、端末1台1台にIPアドレスを設定する必要がない。

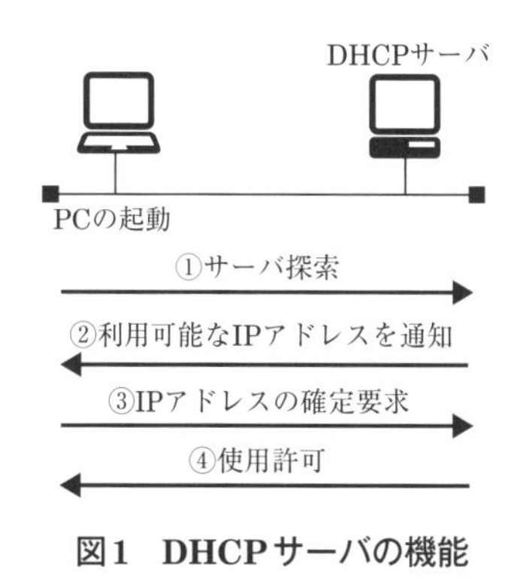

図1 DHCPサーバの機能

(4) スイッチングハブは、OSI(Open Systems Interconnection：開放型システム間相互接続)参照モデルにおけるレイヤ2(データリンク層)の機能を持つ機器であり、レイヤ2スイッチとも呼ばれている。スイッチングハブは、端末から送られてきたフレームを読み取り、その宛先MAC(Media Access Control)アドレス(*)を検出し、必要なポートにのみフレームを転送する。

スイッチングハブのフレーム転送方式は、フレーム転送の可否を判断するタイミングによって3種類あり、転送速度が大きい順に挙げると、カットアンドスルー方式、フラグメントフリー方式、ストアアンドフォワード方式となる。

ストアアンドフォワード方式は、有効フレーム(受信したイーサネットフレームから物理ヘッダを除いた部分)の先頭からFCS(Frame Check Sequence)まで読み取り、すべてバッファに保存し、誤り検査を行って異常がなければ転送する方式である。有効フレームの全域について誤り検査を行うため信頼性が高く、また、速度やフレーム形式が異なるLAN相互を接続できることから、スイッチングハブのフレーム転送方式の主流となっている。一方、フラグメントフリー方式は、有効フレームの先頭からイーサネットLANの最小フレーム長である**64バイトまで**を読み込んだ時点で誤り検査を行い、異常がなければ、そのフレームを転送する。このとき、有効フレーム長が64バイトより短い場合は、破損フレームとして破棄する。また、カットアンドスルー方式は、有効フレームの先頭から6バイト(宛先MACアドレス)までを読み込んだ後、誤り検査を行わずに、そのフレームを転送する。

(*) MACアドレスとは、各ネットワークインタフェースカードに割り当てられている固有の識別番号のことをいう。

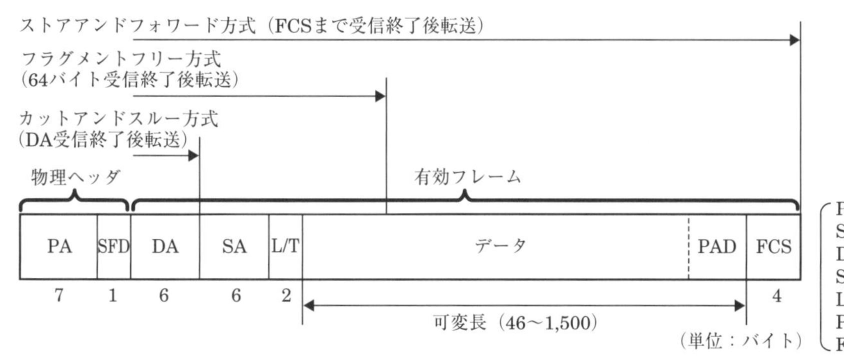

図2 スイッチングハブのフレーム転送

(5) LANを構成する機器には、リピータやブリッジ、ルータ、ゲートウェイなどがある。リピータはOSI参照モデルにおけるレイヤ1(物理層)、ブリッジはレイヤ2(データリンク層)、ルータはレイヤ3(ネットワーク層)に位置する機器である。一方、**ゲートウェイ**は、さらに上位の階層すなわちレイヤ4(トランスポート層)からレイヤ7(アプリケーション層)に位置し、プロトコル体系が異なるLANどうしを接続するためにプロトコルを変換してデータの中継を行う。

技術・理論

3 端末設備の技術(II)、ネットワークの技術(II)、情報セキュリティの技術

答	
(ア)	②
(イ)	③
(ウ)	③
(エ)	①
(オ)	②

次の各文章の［　　］内に、それぞれの[　　]の解答群の中から最も適したものを選び、その番号を記せ。
(小計25点)

(1) データベースに連動したWebサイトに入力するデータの中に悪意のあるコマンドを混入することにより、Webサイト運営者が意図していない処理を発生させ、データベースからの情報漏洩(えい)やデータの改ざんを引き起こす攻撃は、［(ア)］といわれる。(5点)

[① SQLインジェクション　② クロスサイトスクリプティング　③ セッションハイジャック]

(2) 情報セキュリティの3要素のうち、認可されていない個人、プロセスなどに対して、情報を使用させず、また、開示しない特性は、［(イ)］といわれる。(5点)

[① 可用性　② 完全性　③ 機密性]

(3) IETFのRFC4443として標準化されたICMPv6のメッセージのうち、情報メッセージに分類されるのは、［(ウ)］メッセージである。(5点)

[① パケット過大　② 近隣探索　③ 時間超過]

(4) ネットワークインタフェースカード(NIC)に固有に割り当てられた物理アドレスは、一般に、MACアドレスといわれ、［(エ)］ビット長で構成される。(5点)

[① 48　② 64　③ 96]

(5) LANを構成する機器のうち、OSI参照モデル(7階層モデル)の物理層で動作し、ネットワークを延長するために、受信した電気信号の増幅や波形の整形などを行う機器は、一般に、［(オ)］といわれる。(5点)

[① ルータ　② レイヤ2スイッチ　③ リピータ]

解　説

(1) データベースを操作するための言語の1つに、SQL(Structured Query Language)がある。**SQLインジェクション**は、データベースと連動したWebアプリケーションに悪意のある入力データを与えて、データベースへの問合せや操作を行うSQL命令文を組み立てて、データベースを改ざんしたり、不正に情報を入手したりする。

(2) JIS Q 27000：2019情報技術－セキュリティ技術－情報セキュリティマネジメントシステム－用語では、情報セキュリティを、「情報の機密性、完全性および可用性を維持すること」と定義している。この「機密性」、「完全性」、および「可用性」が情報セキュリティの3要素であり、JIS Q 27000において表1のように規定されている。

表1　情報セキュリティの3要素（機密性・完全性・可用性）

特　性	JIS Q 27000による定義
機密性	認可されていない個人、エンティティまたはプロセスに対して、情報を使用させず、また、開示しない特性。
完全性	正確さおよび完全さの特性。
可用性	認可されたエンティティが要求したときに、アクセスおよび使用が可能である特性。

［注記］エンティティは、“実体”、“主体”などともいう。情報セキュリティの文脈においては，情報を使用する組織および人、情報を扱う設備、ソフトウェアおよび物理的媒体などを意味する。

表1より、認可されていない個人、プロセスなどに対して、情報を使用させず、また、開示しない特性は、**機密性**であることがわかる。機密性とは、認可された正当なもののみが情報にアクセスでき、使用できることをいう。機密性を損（そこ）なう行為の例としてネットワーク上の盗聴などが挙げられる。また、完全性とは、保有する情報が正確であり、完全である状態を保持すること、すなわち、情報が不正に改ざんされたり、破壊されたりしていない正常な状態であることが確認できることをいう。完全性を損なう行為の例としてWebページの改ざんなどが挙げられる。可用性とは、認可された正当なものが情報にアクセスし、使用できる状態であることをいい、たとえばシステム障害によりサーバが停止すると、可用性は損なわれてしまう。

(3)　ICMP（Internet Control Message Protocol）は、IPネットワーク上で検知されたエラーの状況の通知などを行うプロトコルである。IPv6で用いられるICMPは、ICMPv6と呼ばれている。

IETF（インターネット技術標準化委員会）の技術仕様RFC4443として標準化されたICMPv6のICMPv6メッセージは、「宛先到達不能」、「パケット過大」、「時間超過」、「パラメータ異常」といったエラーメッセージと、「エコー要求」、「エコー応答」、「マルチキャスト受信者探索」、「**近隣探索**」などの情報メッセージの2種類に大別される。RFC4443において、ICMPv6はIPv6を構成する一部分として不可欠なものであり、すべてのIPv6ノードは完全にICMPv6を実装しなければならないと規定されている。

(4)　ネットワークインタフェースカード（NIC：Network Interface Card）に固有に割り当てられた物理アドレスは、一般に、MAC（Media Access Control）アドレスと呼ばれている。このMACアドレスによって、イーサネットLAN上の各ノードを識別することができる。

MACアドレスの長さは6バイト（**48**ビット）であり、前半の3バイト（24ビット）は、製造メーカーを識別する番号としてIEEE（米国電気電子学会）が管理、割り当てを行っている。また、後半の3バイト（24ビット）は、製造メーカーが管理し、製品に固有に割り当てる。製造メーカーは、この2つを組み合わせたMACアドレスをあらかじめネットワークインタフェースカードに設定して出荷する。このような仕組みにより、MACアドレスは、世界に同じものはない一意のアドレスとなっている。

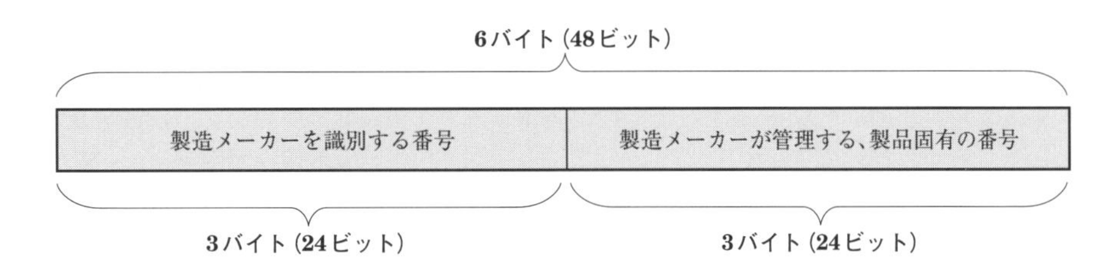

図1　MACアドレスの形式

(5)　**リピータ**は、OSI参照モデルにおけるレイヤ1（物理層）に位置する通信機器であり、ケーブル上を流れる電気信号の増幅や整形、中継を行う。これにより、LANセグメントの距離を延長することができる。

接続する通信機器間の距離が長く、LANケーブルで接続しただけでは信号が減衰してしまって通信が行えない場合などに、リピータを使用して信号を中継する。

技術・理論

3 端末設備の技術(Ⅱ)、ネットワークの技術(Ⅱ)、情報セキュリティの技術

答	
(ア)	①
(イ)	③
(ウ)	②
(エ)	①
(オ)	③

予想問題

問1

次の各文章の[　　]内に、それぞれの[　　]の解答群の中から最も適したものを選び、その番号を記せ。ただし、[　　]内の同じ記号は、同じ解答を示す。

21春 **1** 分散された複数のコンピュータから攻撃対象のサーバに対して、一斉に大量のリクエストを送信し、過剰な負荷をかけて機能不全にする攻撃は、一般に、[（ア）]攻撃といわれる。

[① ゼロデイ　② ブルートフォース　③ DDoS]

22秋 **2** コンピュータウイルス対策ソフトウェアに用いられ、ウイルス定義ファイルと検査の対象となるメモリやファイルなどとを比較してウイルスを検出する方法は、一般に、[（イ）]といわれる。

[① パターンマッチング　② チェックサム　③ ヒューリスティック]

3 スイッチングハブのフレーム転送方式におけるストアアンドフォワード方式について述べた次の記述のうち、正しいものは、[（ウ）]である。

[① 有効フレームの先頭からFCSまでを受信した後、異常がなければフレームを転送する。
② 有効フレームの先頭から64バイトまでを受信した後、異常がなければフレームを転送する。
③ 有効フレームの先頭から宛先アドレスの6バイトまでを受信した後、フレームが入力ポートで完全に受信される前に、フレームを転送する。]

21秋 **4** IETFのRFC4443として標準化された[（エ）]の[（エ）]メッセージには、大きく分けてエラーメッセージと情報メッセージの2種類があり、[（エ）]は、IPv6に不可欠なプロトコルとして、全てのIPv6ノードに完全に実装されなければならないとされている。

[① SNMPv3　② ICMPv6　③ DHCPv6]

22秋 21春 **5** LANを構成する機器であるルータでは、TCP／IPのプロトコル階層モデル(4階層モデル)における[（オ）]層で用いられるルーティングテーブルが使われ、異なるLAN相互を接続することができる。

[① トランスポート　② アプリケーション　③ インターネット]

類題

(1) 攻撃者が、Webサーバとクライアントとの間の通信に割り込んで、正規のユーザになりすますことにより、その間でやり取りしている情報を盗んだり改ざんしたりする行為は、一般に、[(a)]といわれる。

[① SYNフラッド攻撃
② コマンドインジェクション
③ セッションハイジャック]

(2) Webページへの来訪者のコンピュータ画面上に、連続的に新しいウィンドウを開くなど、来訪者のコンピュータに来訪者本人が意図しない動作をさせるWebページは、一般に、[(b)]といわれる。

[① ガンブラー　② ブルートフォース
③ ブラウザクラッシャー]

(3) コンピュータウイルスとは、第三者のプログラムなどに対して意図的に何らかの被害を及ぼすように作られたプログラムであり、一般に、自己伝染機能、潜伏機能及び[(c)]機能の三つの機能のうち一つ以上有するものとされている。

[① 増殖　② 分裂　③ 発病]

(4) スイッチングハブのフレーム転送方式におけるカットアンドスルー方式は、有効フレームの先頭から[(d)]までを受信した後、フレームが入力ポートで完全に受信される前に、フレームの転送を開始する。

[① 宛先アドレスの6バイト　② 64バイト
③ FCS]

(5) IETFのRFC4443として標準化されたICMPv6のメッセージのうち、エラーメッセージに分類されるのは、[(e)]メッセージである。

[① 近隣探索　② パケット過大　③ エコー要求]

問1-解説

1 1台のコンピュータから特定のサーバなどに対して、電子メールや不正な通信パケットを大量に送りつけることによってシステムのサービス提供を妨害する攻撃を、DoS(Denial of Service：サービス拒絶)攻撃という。また、1台のコンピュータではなく多数のコンピュータを踏み台にして、特定のサーバなどに対して同時に行う攻撃を、特に**DDoS**(Distributed Denial of Service：分散型サービス拒絶)攻撃という。DDoS攻撃では多数のコンピュータを踏み台にするため、攻撃者を特定することは困難とされている。

2 コンピュータウイルス対策ソフトウェアは、ウイルス感染の有無を定期的にチェックしたり、電子メールの送受信時などにウイルスが含まれていないかどうかを監視したりすることで、ウイルスを検出する。

ウイルスの主な検出方法として、パターンマッチング方式、チェックサム方式、ヒューリスティックスキャン方式がある。これらのうち**パターンマッチング**方式は、既知のウイルスの特徴(パターン)が登録されているウイルス定義ファイルと、検査の対象となるメモリやファイルなどを比較して、パターンが一致するか否かでウイルスかどうかを判断する。一方、チェックサム方式は、ファイルが改変されていないかどうか、ファイルの完全性をチェックする。また、ヒューリスティックスキャン方式は、ウイルス定義ファイルに頼ることなく、ウイルスの構造や動作、属性を解析することにより検出する。

3 スイッチングハブは、OSI参照モデルにおけるレイヤ2(データリンク層)の機能を持つ機器であり、レイヤ2スイッチとも呼ばれている。スイッチングハブは、端末から送られてきたフレームを読み取り、その宛先MACアドレスを検出し、必要なポートにのみフレームを転送する。スイッチングハブのフレーム転送方式の1つであるストアアンドフォワード方式は、有効フレーム(受信したイーサネットフレームから物理ヘッダを除いた部分)の先頭からFCS(Frame Check Sequence)までを読み取り、すべてバッファに保存し、誤り検査を行って異常がなければ転送する方式である。有効フレームの全域について誤り検査を行うため信頼性が高く、また、速度やフレーム形式が異なるLAN相互を接続できることから、スイッチングハブのフレーム転送方式の主流となっている。

よって、解答群の記述のうち、正しいものは、「**有効フレームの先頭からFCSまでを受信した後、異常がなければフレームを転送する。**」である。

4 ICMPは、IPネットワーク上で検知されたエラーの状況の通知などを行うプロトコルである。IPv6で用いられるICMPは、ICMPv6と呼ばれている。

IETF(インターネット技術標準化委員会)の技術仕様RFC4443として標準化された**ICMPv6**の**ICMPv6**メッセージは、「時間超過」や「パケット過大」などのエラーメッセージと、「エコー要求」や「エコー応答」などの情報メッセージの2種類に大別される。**ICMPv6**は、IPv6を構成する一部分として不可欠なものであり、すべてのIPv6ノードは完全にICMPv6を実装しなければならないとされている。

5 ルータは、TCP/IP階層モデルにおける**インターネット**層が提供する機能を用いて、LAN間を接続する機器である。

ルータの基本的な機能としては、最適な経路を選択しながらパケットを宛先端末まで転送するルーティング(経路選択制御)機能が挙げられる。パケットの送信端末と宛先端末が、それぞれ異なるLANに属している場合、送信端末から転送されたパケットは、LANとLANとの境界に位置するルータに転送される。ルータは、ルーティングテーブル(パケットの転送先等に関する情報)を参照して適切な経路を選択し、宛先端末または次のルータへパケットを転送する。

答	
(ア)	③
(イ)	①
(ウ)	①
(エ)	②
(オ)	③

類題の答 (a)③ (b)③ (c)③ (d)① (e)②

問2

次の各文章の[　　]内に、それぞれの[　　]の解答群の中から最も適したものを選び、その番号を記せ。

22春 **1** DNSサーバの脆(ぜい)弱性を利用し、偽りのドメイン管理情報に書き換えることにより、特定のドメインに到達できないようにしたり、悪意のあるサイトに誘導したりする攻撃手法は、一般に、DNS[（ア）]といわれる。

[① キャッシュクリア　② キャッシュポイズニング　③ ラウンドロビン]

21春 **2** 外部ネットワーク(インターネット)と内部ネットワーク(イントラネット)の中間に位置する緩衝地帯は[（イ）]といわれ、インターネットからのアクセスを受けるWebサーバ、メールサーバなどは、一般に、ここに設置される。

[① DMZ　② SSL　③ IDS]

21秋 **3** ルータは、OSI参照モデル(7階層モデル)における[（ウ）]層が提供する機能を利用して、異なるLAN相互を接続することができる。

[① トランスポート　② ネットワーク　③ データリンク]

4 スイッチングハブのフレーム転送方式におけるカットアンドスルー方式について述べた次の記述のうち、正しいものは、[（エ）]である。

① 有効フレームの先頭から64バイトまでを受信した後、異常がなければフレームの転送を開始する。
② 有効フレームの先頭から宛先アドレスの6バイトまでを受信した後、フレームが入力ポートで完全に受信される前に、フレームの転送を開始する。
③ 有効フレームの先頭からFCSまでを受信した後、異常がなければフレームを転送する。

5 コネクタ付きUTPケーブルを現場で作製する際には、[（オ）]による伝送性能に与える影響を最小にするため、コネクタ箇所での心線の撚(よ)り戻し長はできるだけ短くする注意が必要である。

[① 近端漏話　② 挿入損失　③ 伝搬遅延]

類題

(1) 情報セキュリティの3要素のうち、認可された利用者が、必要なときに、情報及び関連する情報資産に対して確実にアクセスできる特性は、[(a)]といわれる。

[① 可用性　② 完全性　③ 機密性]

(2) 考えられる全ての暗号鍵や文字の組合せを試みることにより、暗号の解読やパスワードの解析を実行する手法は、一般に、[(b)]攻撃といわれる。

[① バッファオーバフロー　② DDoS　③ ブルートフォース]

(3) 一つの監視エリアにおいて、認証のためのICカードなどを用い、入室記録後の退室記録がない場合に再入室を不可能にしたり、退室記録後の入室記録がない場合に再退室を不可能にしたりする機能は、一般に、[(c)]といわれる。

[① トラッシング　② スプーフィング　③ アンチパスバック]

(4) イントラネットなどへのコンピュータウイルス侵入や不正アクセスの監視、発見の一般的な方法として、アクセス記録の分析がある。ファイアウォールには、アクセス記録を残しておく機能があり、この記録は、一般に、[(d)]といわれる。

[① ログ　② タグ　③ アラームリスト]

(5) ネットワークインタフェースカード(NIC)に固有に割り当てられた[(e)]は、一般に、MACアドレスといわれ、6バイト長で構成される。

[① 有効アドレス　② 物理アドレス　③ 論理アドレス]

問2-解説

① DNS(Domain Name System)は、ドメイン名とIPアドレスの対応情報をキャッシング(一時的に保存)している。これにより、同じ内容の問合せがきたときに、保存している情報をクライアントに返答することができ、応答の高速化、ネットワークの負荷軽減などを実現している。このDNSを実装しているサーバをDNSサーバという。DNSサーバの脆弱性(ぜいじゃくせい)を利用して、キャッシュに保存されている情報を偽りのドメイン名、IPアドレスの情報に書き換えることによって、特定のドメインに到達できないようにしたり、悪意のあるWebサイトに誘導したりする攻撃手法は、一般に、DNS**キャッシュポイズニング**と呼ばれている。

② 一般に、不正アクセスを防ぐために、外部ネットワーク(インターネット)と内部ネットワーク(イントラネット)の境界にファイアウォールが設置される。ファイアウォールは、アクセス制御を実行するソフトウェア、機器、またはシステムである。このファイアウォールによって、外部ネットワークからも内部ネットワークからも物理的に隔離された区域は、一般に、**DMZ**(DeMilitarized Zone:非武装地帯)と呼ばれており、外部にアドレスを公開するメールサーバやWebサーバなどが設置される。DMZという緩衝(かんしょう)機能を設けることにより、内部ネットワークへの不正アクセスの危険性を低減することができる。

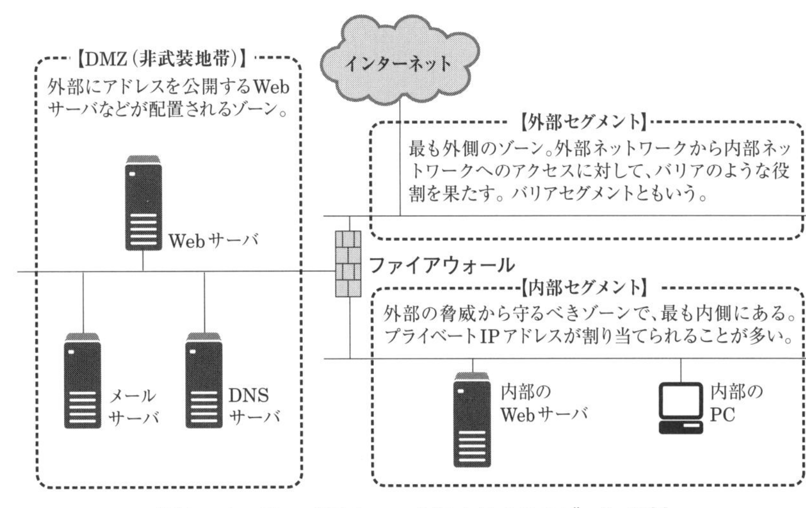

図2－1 ファイアウォールによる3つのゾーン分割

③ ルータは、OSI参照モデルにおけるレイヤ3(**ネットワーク**層)(*)が提供する機能を用いて、LAN間を接続する機器である。

ルータの基本的な機能として、IPなどのようなレイヤ3のプロトコルによるルーティング(経路選択制御)機能がある。ルーティングとは、データを宛先まで転送するために、網の伝送効率の向上と伝送遅延時間の短縮を図りながら、データごとに最適な経路を選択することをいう。ルータは、このルーティング機能を使って、レイヤ3レベルの中継処理を行い、異なるLAN相互を接続することができる。

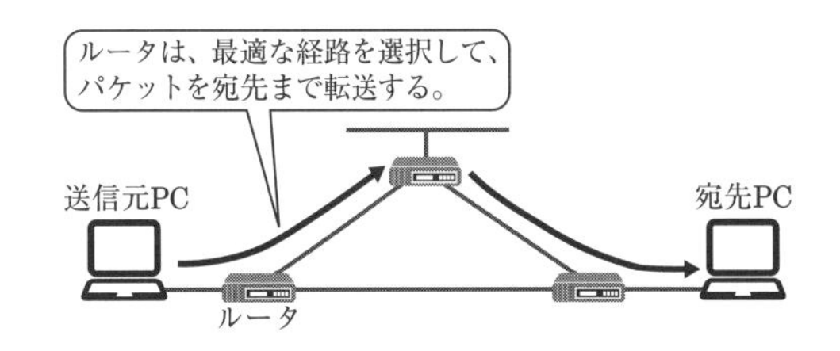

図2－2 ルーティング(経路選択制御)

(*) OSI参照モデルのネットワーク層は、TCP／IP階層モデルのインターネット層に相当する。

④ スイッチングハブのフレーム転送方式の1つであるカットアンドスルー方式は、**有効フレーム**(受信したイーサネットフレームから物理ヘッダを除いた部分)**の先頭から宛先MACアドレスの6バイトまでを受信した後、フレームが入力ポートで完全に受信される前に、フレームの転送を開始する。**

⑤ UTP(Unshielded Twisted Pair:非シールド撚(よ)り対線)ケーブルは、2本1組の銅線を**らせん**状に撚り合わせたものが4組束ねられた通信用ケーブルであり、その両端には、通常、RJ－45と呼ばれる8ピンのモジュラプラグが接続される。UTPケーブルでは、コネクタ箇所での心線の「撚り戻し長」(撚りを戻す部分の長さ)が長いと、**近端漏話**(きんたんろうわ)によるノイズの影響を受けやすくなり伝送品質が低下してしまう。そのため、心線の撚り戻し長はできるだけ短くするように留意する。

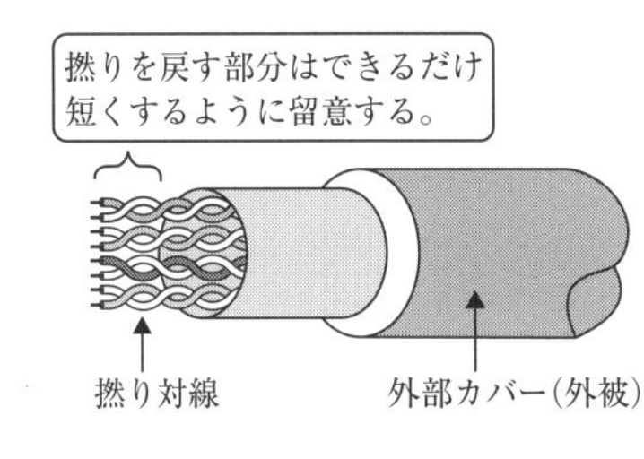

図2－3 UTPケーブル

類題の答 (a)① (b)③ (c)③ (d)① (e)②

答	
(ア)	②
(イ)	①
(ウ)	②
(エ)	②
(オ)	①

予想問題

問3

次の各文章の［　　］内に、それぞれの[　　]の解答群の中から最も適したものを選び、その番号を記せ。

22秋 **1** サーバが提供しているサービスに接続して、その応答メッセージを確認することにより、サーバが使用しているソフトウェアの種類やバージョンを推測する方法は［（ア）］といわれ、サーバの脆弱性を検知するための手法として用いられる場合がある。

[① トラッシング　② バナーチェック　③ パスワード解析]

21秋 **2** コンピュータウイルスのうち、拡張子が「.com」、「.exe」などの実行形式のプログラムに感染するウイルスは、一般に、［（イ）］感染型ウイルスといわれる。

[① マクロ　② ブートセクタ　③ ファイル]

3 IPv4ネットワークにおいて、IPv4パケットなどの転送データが特定のホストコンピュータへ到達するまでに、どのような経路を通るのかを調べるために用いられるWindowsのtracertコマンドは、［（ウ）］メッセージを用いる基本的なコマンドの一つである。

[① HTTP　② DHCP　③ ICMP]

22春 **4** LANを構成するレイヤ2スイッチは、受信したフレームの［（エ）］を読み取り、アドレステーブルに登録されているかどうかを検索し、登録されていない場合はアドレステーブルに登録する。

[① 宛先IPアドレス　② 宛先MACアドレス
③ 送信元IPアドレス　④ 送信元MACアドレス]

5 電気通信事業者の光アクセスネットワークとそれに接続されるユーザのLANとの間において、ユーザ宅内に設置され、宅内機器のアドレス変換、ルーティング、プロトコル変換などの機能を有する装置は、一般に、［（オ）］といわれる。

[① ホームゲートウェイ　② セットトップボックス　③ OLT]

類題

(1) ネットワークを介してサーバに連続してアクセスし、セキュリティホールを探す場合などに利用される手法は、一般に、［(a)］といわれる。

[①ポートスキャン　②スプーフィング
③スキミング]

(2) 複数のサービスにおいてIDとパスワードの組合せをすべて同じにしていると、その中のいずれかのサービスでアカウント情報が漏洩した場合、［(b)］により別のサービスにおいても不正にログインされるおそれがある。

[①ブルートフォース攻撃
②パスワードリスト攻撃
③DoS攻撃]

(3) システムがあらかじめ想定しているサイズ以上のデータを送り込むことにより、メモリ領域をあふれさせてシステムを動作不能にしたり特別なプログラムを実行させたりする攻撃は、一般に、［(c)］攻撃といわれる。

[①キーロガー　②バッファオーバフロー
③辞書]

(4) パスワードクラッキングの方法の一つにブルートフォース攻撃がある。ブルートフォース攻撃への対策の一つとして、パスワードを指定回数以上連続して間違えた場合に、一時的に当該ユーザからのログオンを不可にする［(d)］機能の設定が有効である。

[①デッドロック　②アカウントロックアウト
③チェックサム]

(5) プライベートIPアドレスをグローバルIPアドレスに変換する際に、ポート番号も変換することにより、一つのグローバルIPアドレスに対して複数のプライベートIPアドレスを割り当てる機能は、一般に、［(e)］又はIPマスカレードといわれ、プライベートネットワークの保護といったセキュリティ面での利点がある。

[①NAPT　②DMZ　③DHCP]

問3-解説

① サーバのセキュリティ上の弱点(脆弱性(ぜいじゃくせい))を調べる手法の1つに、**バナーチェック**がある。バナーチェックでは、サーバが提供しているサービスにTelnet(*1)などで接続する。そして、その応答メッセージを確認することで、当該サーバが使用しているソフトウェアの種類やバージョンを推測する。

(＊1) Telnetは、ネットワーク上の機器を遠隔操作するために用いられるプロトコルである。

② 狭義のコンピュータウイルス(*2)は、ファイル感染型、システム領域感染型、複合感染型に大別される。

- **ファイル**感染型：プログラム実行ファイル(例：拡張子が“.exe”や“.com”のファイル)に感染する。プログラム実行時に発病し自己増殖する傾向がある。
- システム領域感染型：コンピュータのシステム領域(OS起動時に読み込まれるブートセクタなど)に感染する。OS起動時に実行され、電源を切るまでメモリに常駐する。
- 複合感染型：ファイル感染型とシステム領域感染型の両方の特徴を持つ。

(＊2)狭義のコンピュータウイルスとは、ウイルスを感染対象別に分類したものを指す。これに対し広義のコンピュータウイルスは行動別に分類され、狭義のウイルス(感染行動型)、ワーム(拡散行動型)、トロイの木馬(単体行動型)となる。

③ tracertコマンドは、IPv4パケットなどの転送データが特定のホストコンピュータへ到達するまでの経路を調べるために用いられるコマンドである。このtracertコマンドは、**ICMP**(Internet Control Message Protocol)のTTL(Time To Live：生存時間)超過による到達不能メッセージを利用する。TTLは、パケットの生存時間(ルータを何回通過できるか)を示すもので、パケットがルータを経由するたびに1ずつ減っていき、値が0になると、そのパケットは廃棄される。

もう少し具体的に説明すると、tracertコマンドでは、図3－1のようにTTLの値を1ずつ増やしながら宛先にパケットを次々と送信していく。パケットが宛先に到達しないまま次々と転送されTTLが0になれば、そのときに当該パケットを処理したルータは、TTL超過のため宛先に到達できない旨のエラーメッセージ(Time Exceeded：時間超過)を送信元に返す。パケットが宛先に到達すれば、「Echo Reply」というメッセージが返ってくるので、この時点でパケットの送出を終了する。

このようにtracertコマンドを用いることにより、パケットが宛先に到達するまでに経由するルータと往復時間を調査することができる。

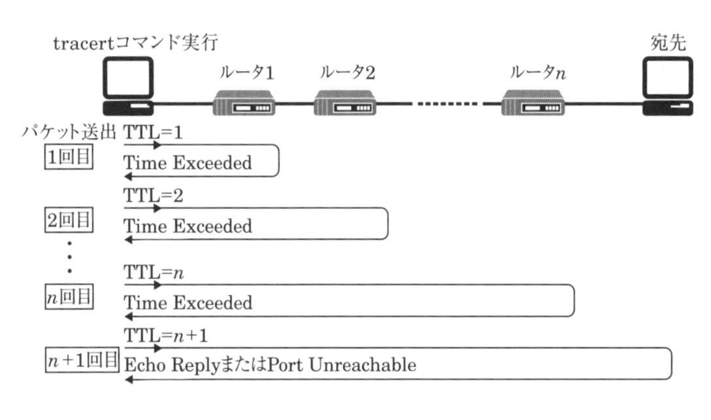

図3－1 tracertコマンド

④ レイヤ2スイッチは、端末から送られてきたフレームを読み取って、その宛先MACアドレスを検出し、必要なポートにのみフレームを転送する。レイヤ2スイッチは、フレームを受信したときに、そのフレームの**送信元MACアドレス**を読み取り、自分が持つアドレステーブルに登録されているかどうかを調べる。そして、登録されていなければ、そのMACアドレスをアドレステーブルに登録する。ここでアドレステーブルとは、ポートと、そのポートに接続されている機器のMACアドレスとの対応表のことをいう。

⑤ ユーザ宅のLAN上にある情報機器が光アクセスネットワークを通じてインターネットにアクセスするには、さまざまな機能が必要となる。たとえば、宅内機器にIPアドレスを割り当てるDHCP機能や、宅内機器のプライベートIPアドレスとインターネットで使用するグローバルIPアドレスとを相互に変換するNAT(Network Address Translation)機能、パケットを転送するルーティング(経路選択制御)機能などが挙げられる。一般に、ユーザ宅内に設置される**ホームゲートウェイ**は、これらの機能を1台に統合した装置であり、電気通信事業者の光アクセスネットワークと、宅内のLAN上にある情報機器を接続する際に用いられる。

答	
(ア)	②
(イ)	③
(ウ)	③
(エ)	④
(オ)	①

類題の答 (a)① (b)② (c)② (d)② (e)①

技術及び理論

接続工事の技術

LANケーブル

●UTPケーブル

UTP(Unshielded Twisted Pair)ケーブルはシールド(遮へい)を持たない撚り対線ケーブルであり、LAN配線部材として最も普及している。光ファイバケーブルやSTP(Shielded Twisted Pair)ケーブルに比べて、拡張性、施工性、柔軟性、コストの面で優れている。撚り対線部の導体には軟銅線が利用されており、4対のツイストペアで構成されている(図1)。両端のコネクタには8極8心のRJ－45モジュラプラグが使用される。

モジュラプラグのピンの配列は、ANSI/TIA(米国国家規格協会／米国通信工業会)で定められており、T568A規格とT568B規格がある。ストレートケーブルを作製する場合は、両端のプラグを同一規格で結線する。たとえば一方がT568Aであれば、他方もT568Aとする。また、クロスケーブルを作製する場合は異なった規格、つまり一方がT568Aであれば、他方をT568Bで結線する。

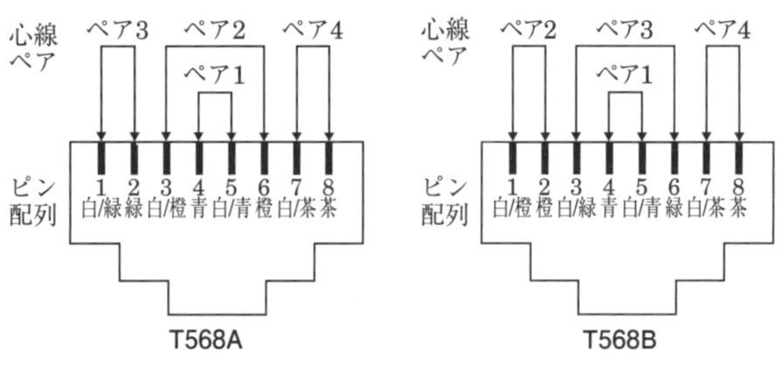

図1　RJ－45のピン配列

●カテゴリ

ケーブル、コネクタ、パッチコードなどの配線部材は、JIS規格では表1のように伝送性能別にカテゴリという名称の後に付く数字によって区分されている。

表1　配線部材の伝送性能区分(JIS X 5150－1：2021による)

カテゴリ5	クラスD(100MHzまで)平衡配線性能をサポートする配線部材
カテゴリ6	クラスE(250MHzまで)平衡配線性能をサポートする配線部材
カテゴリ6_Aまたは8.1	クラスE_A(500MHzまで)平衡配線性能をサポートする配線部材
カテゴリ7	クラスF(600MHzまで)平衡配線性能をサポートする配線部材
カテゴリ7_Aまたは8.2	クラスF_A(1000MHzまで)平衡配線性能をサポートする配線部材

これに対し、ANSI/TIA/EIA－568規格では、カテゴリ5e(～100MHz)、カテゴリ6(～250MHz)、カテゴリ6A(～500MHz)等に区別されている。

カテゴリ別に挿入損失、漏話減衰、反射減衰、伝搬遅延などの値は規格で定められており、また、その他の仕様として、特性インピーダンスが100Ωに統一されている。

●ケーブル端の長さ

ケーブル成端のための撚り戻しはできるだけ小さくする。

イーサネットLANの種類

イーサネット(Ethernet) LANは、企業ネットワークにおいて、最も普及しているLANの形態である。当初、イーサネットLANは、その伝送帯域が10Mbit/sであった。その後1990年代に入り、より高速なイーサネットLANとして、伝送帯域が100Mbit/sのファストイーサネット(FE：Fast Ethernet)が開発された。さらに、1Gbit/sのギガビットイーサネット(GbE：Gigabit Ethernet)、および10Gbit/sイーサネットが登場している。

●イーサネット

イーサネットは10Mbit/sの通信帯域を提供するLANである。使用するケーブルにより、表2のような種類がある。表のうち10BASE2と10BASE5は、1本の同軸ケーブルに複数の端末を接続するバス型の形態である。近年ではより高速なLANに移行されており、あまり利用されていない。

10BASE－Tと10BASE－FLはケーブルを集線するハブと呼ばれる機器を設置し、ハブを中心としたスター型の接続が行われる形態である。後述する高速化されたLANでは、スター型の接続形態が基本となる。

表2　イーサネットの種類

LANの種類	使用ケーブル
10BASE2	5mm径の同軸ケーブル
10BASE5	10mm径の同軸ケーブル
10BASE－T	カテゴリ3以上のUTPケーブル等
10BASE－FL	マルチモード光ファイバ(MMF)

●ファストイーサネット

ファストイーサネットは、アプリケーションの多様化により、従来の10Mbit/sのイーサネットでは伝送帯域が不十分になってきたことから1995年にIEEE802.3uとして標準化された。ファストイーサネットは、100Mbit/sの伝送帯域を提供するLANであり、使用するケーブルにより、表3のような種類がある。

表のうち100BASE－TXと100BASE－FXは、全二重式の伝送を実装することにより、両方向の伝送帯域を合わせて200Mbit/sの伝送帯域を提供することが可能である。また、ファストイーサネットは、すべてスター型の接続形態であり、LANの中心にはLANスイッチ(スイッチングハブ)などの集線装置が使用される。

表3　ファストイーサネットの種類

LANの種類	使用ケーブル
100BASE－T4	カテゴリ3以上のUTPケーブル等
100BASE－TX	カテゴリ5e以上のUTPケーブル等
100BASE－FX	マルチモード光ファイバ(MMF)またはシングルモード光ファイバ(SMF)

●ギガビットイーサネット

近年の著しいトラヒックの増加に対応するため、伝送帯域が1Gbit/s（1000Mbit/s）のギガビットイーサネットが登場し、1998年にIEEE802.3zおよびIEEE802.3abとして標準化された。

ギガビットイーサネットは、使用するケーブルにより、表4のような種類がある。表のうち1000BASE－LXと1000BASE－SXは、ともに光ファイバケーブルを使用するが、光波長が異なることにより区別されている。1000BASE－LXでは1310nmの長波長が使用され、1000BASE－SXでは850nmの短波長が使用されている。

表4　ギガビットイーサネットの種類

LANの種類	使用ケーブル
1000BASE－CX	2心平衡型同軸ケーブルまたはSTPケーブル
1000BASE－LX	マルチモード光ファイバ(MMF)またはシングルモード光ファイバ(SMF)
1000BASE－SX	マルチモード光ファイバ(MMF)
1000BASE－T	カテゴリ5e以上のUTPケーブル等

光ファイバの接続

光ファイバ心線の接続方法は、着脱不可能な永久接続法と着脱可能なコネクタ接続法に大別することができる。永久接続法はさらに融着法と接着法に分類される。

融着法は光ファイバの接続端面をアーク放電などで発熱させ溶解して接続する。心線の接続部では、被覆が完全に除去され、機械的強度が低下するので、光ファイバ保護スリーブを用いて補強する。

接着法では光ファイバ端面の軸合せを行い、接着剤により接続部を固定する。また、接続部には整合剤を使用する。この接続方法にはメカニカルスプライス法などがある。

コネクタ接続法は、光ファイバを光コネクタで機械的に接続する方法で、着脱が容易である。光ファイバを機械的に固定する部品をフェルールという。その中心にある光ファイバ径よりわずかに大きい穴に接着剤などを用いて光ファイバを固定することにより、正確な位置を確保する。

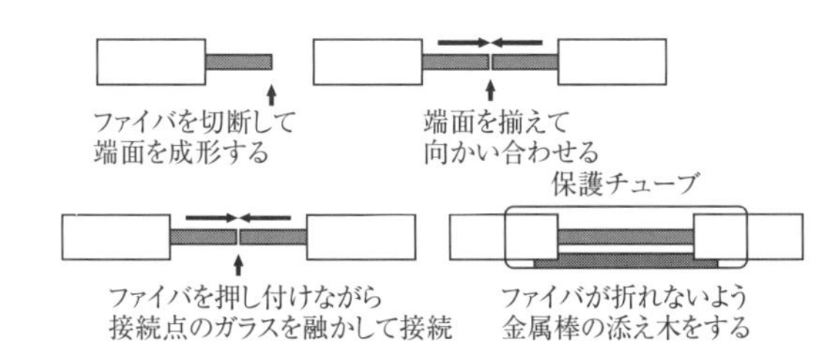

図2　融着法

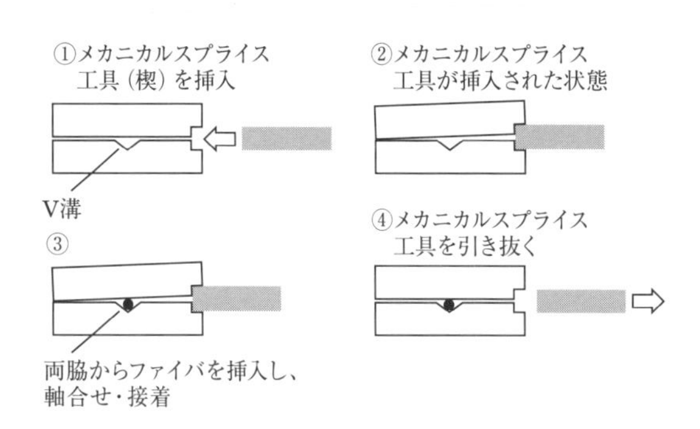

図3　メカニカルスプライス法

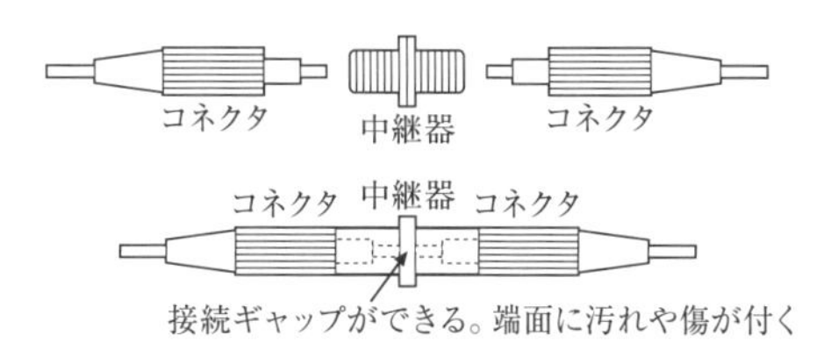

図4　コネクタ接続法

配線方式

●フロアダクト方式

フロアダクトは、各種ケーブルを床内配線できるようにするための配管用品である。フロアダクトには一定の間隔でケーブル引出口があり、そこからケーブルを外部に引き出せるようになっている。なお、フロアダクトが交差するところには、一般に、接合用のボックス（ジャンクションボックス）が設置される。

●フリーアクセスフロア（簡易二重床）方式

床スラブ（梁）の上に二重の床を形成し、その間の空間を配線スペースとする方式である。配線の取り出しが自由で配線容量も大きいため、比較的多く採用されている。美観にも優れ、レイアウトの変更が容易に行えるという利点を有する。

●セルラダクト方式

ビル構造に採用されているデッキプレートの波形空間を、配線空間として利用する方式である。デッキプレートの凹（くぼ）み部分に蓋（ふた）をつけた空間を主配線通路とし、これと交差するフロアダクトなどの枝配線路を連結して、高密度にフロア面に配線の引出口を設けている。

次の各文章の[　　]内に、それぞれの[　　]の解答群の中から最も適したものを選び、その番号を記せ。 (小計25点)

(1) LAN配線に用いられるグレーデッドインデックス型マルチモード光ファイバは、[(ア)]に向かって緩やかに小さくすることによりモード分散を低減している。 (5点)

[① コアの屈折率をコアの外側から中心
② コアの屈折率をコアの中心から外側
③ クラッドの屈折率をクラッドの外側から内側]

(2) 光ファイバの接続について述べた次の二つの記述は、[(イ)]。 (5点)

A コネクタ接続は、光コネクタにより光ファイバを機械的に接続する方法を用いており、再接続できる。

B メカニカルスプライス接続は、V溝により光ファイバどうしを軸合わせして接続する方法を用いており、接続工具には電源を必要としない。

[① Aのみ正しい　② Bのみ正しい　③ AもBも正しい　④ AもBも正しくない]

(3) LAN配線工事に用いられるUTPケーブルについて述べた次の記述のうち、正しいものは、[(ウ)]である。 (5点)

[① UTPケーブルをコネクタ成端する場合、撚り戻し長を短くすると、近端漏話が大きくなる。
② UTPケーブルは、ケーブル外被の内側において薄い金属箔を用いて心線全体をシールドすることにより、ケーブルの外からのノイズの影響を受けにくくしている。
③ UTPケーブルは、ケーブル内の2本の心線どうしを対にして撚り合わせることにより、ケーブルの外部へノイズを出しにくくしている。]

(4) Windowsのコマンドプロンプトから入力されるpingコマンドは、調べたいパーソナルコンピュータ(PC)のIPアドレスを指定することにより、初期設定値の[(エ)]バイトのデータを送信し、PCからの返信により接続の正常性を確認することができる。 (5点)

[① 32　② 64　③ 128]

(5) 無線LANの構築においてチャネルを設定する場合、隣接する二つのアクセスポイントに使用するチャネルの組合せとして適切なものは、周波数帯域が[(オ)]チャネルである。 (5点)

[① 重なり合わない離れた　② 一部重なる隣接した　③ 完全に重なる同じ]

解　説

(1) 光ファイバは、コアといわれる中心層とクラッドといわれる外層の2層構造から成り(図1(a))、コアの屈折率をクラッドの屈折率より大きくすることにより、入射した光はコア内をクラッドとの境界で全反射を繰り返しながら進んでいく(図1(b))。

光ファイバは、1つのモード(経路)を伝送するシングルモード光ファイバと、複数のモードを伝送するマルチモード光ファイバの2種類に大別される。このうちマルチモード光ファイバは、コアの屈折率分布の違いにより、さらにステップインデックス型とグレーデッドインデックス型に分けられる。

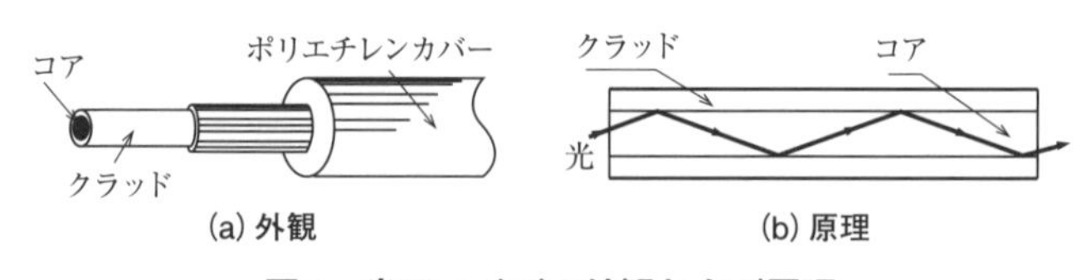

図1 光ファイバの外観および原理

図2のようにマルチモード光ファイバでは、光信号パルスは同一波長においても多くのモード(光の伝搬経路)に分かれて伝搬されるので、伝搬時間に差異が生じてパルス幅が広がる。この現象をモード分散という。モード分散は信号の歪みの要因となるため、グレーデッドインデックス型マルチモード光ファイバでは、**コアの屈折率をコアの中心から外側**

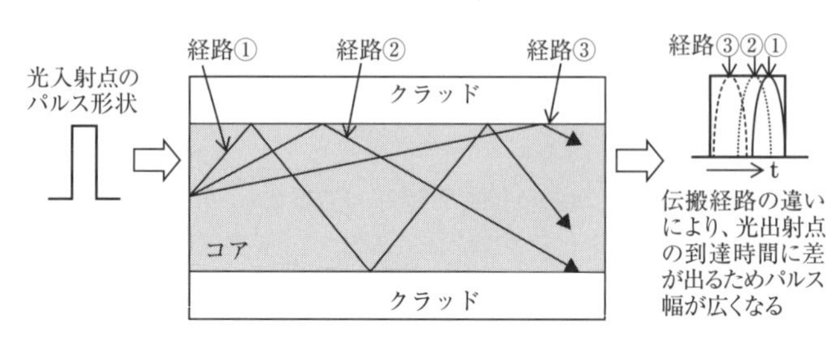

図2 マルチモード光ファイバにおける光信号パルスの伝搬

に向かって緩やかに小さくすることにより伝搬時間の差を小さくし、モード分散を低減している。

(2) 設問の記述は、**AもBも正しい**。

A　コネクタ接続は、光ファイバを光コネクタで機械的に接続する方法である(図3)。着脱作業を比較的簡単に行うことができ、接続部に接合剤などを使用していないので再接続(着脱)が可能という利点を持つ。したがって、記述は正しい。

B　メカニカルスプライス接続は、専用の部品を用いて光ファイバどうしを軸合わせして機械的に接続する方法である(図4)。接続部品の内部には、光ファイバの接合面で発生する反射を抑制するための屈折率整合剤があらかじめ充填(じゅうてん)されている。この接続方法では、メカニカルスプライス工具が必要になるが、融着(ゆうちゃく)接続機などの特別な装置や電源は不要である。したがって、記述は正しい。

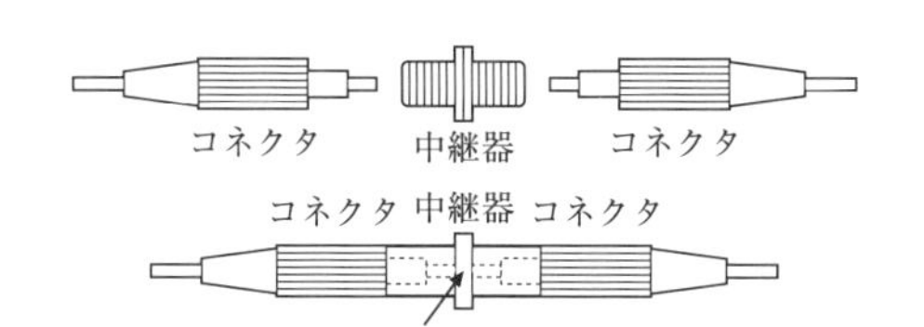

図3　コネクタ接続法

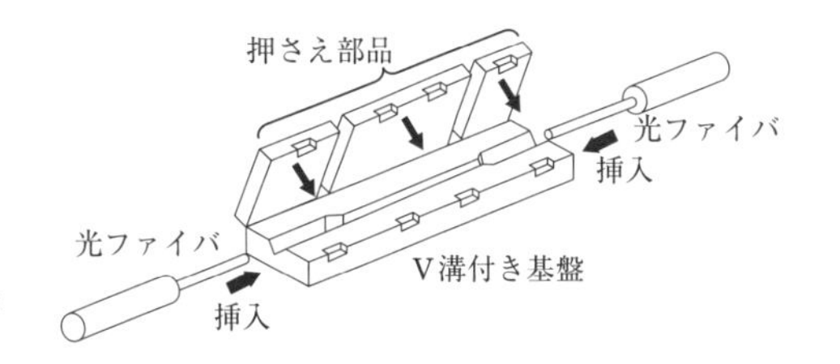

図4　メカニカルスプライス接続の原理

(3) UTP(Unshielded Twisted Pair：非シールド撚(よ)り対線)ケーブルは、イーサネットLANの配線部材として広く普及しているケーブルである。

①：UTPケーブルでは、コネクタ箇所での心線の「撚り戻し長」(撚りを戻す部分の長さ)が長いと、近端(きんたん)漏話(ろうわ)によるノイズの影響を受けやすくなり、伝送品質が低下してしまう。そのため、UTPケーブルを成端(せいたん)する場合、心線の撚り戻し長はできるだけ短くするように留意する(例：カテゴリ5e以上では約13mm以下とする)。したがって、記述は誤り。

②：UTPケーブルは、外部からのノイズを遮断(しゃだん)するためのシールド(遮へい)加工が施されていないので、ノイズの影響を受ける。したがって、記述は誤り。UTPケーブルはノイズの影響を受けるが、企業の通常のオフィス環境ではほとんど問題がなく、現在、最も一般的に使用されている。

③：UTPケーブルは、2本1組の銅線をらせん状に撚り合わせたもの(撚り対線)が4組束ねられてできており、ノイズを外部に出しにくいようになっている。したがって、記述は正しい。

以上より、解答群の記述のうち、正しいものは、「**UTPケーブルは、ケーブル内の2本の心線どうしを対にして撚り合わせることにより、ケーブルの外部へノイズを出しにくくしている。**」である。

(4) pingコマンドは、LANに接続されたコンピュータの接続状況をICMP(Internet Control Message Protocol)メッセージを用いて診断するコマンドである。具体的には、接続が正常かどうか確認したいコンピュータのIPアドレスを指定し、pingコマンドを実行する。このとき送信するデータの初期設定値は、Windowsでは**32**バイト、macOSやLinuxなどでは56バイトとなっている。

(5) 無線LANでは周波数帯域を分割したもの、すなわちチャネルを使用して通信が行われるが、複数のアクセスポイントで同じチャネルを使うと、電波の干渉により通信速度が低下することがある。

2.4GHz帯の場合、1つのチャネルに割り当てられている周波数帯域幅は22MHzであるが、隣接チャネルとの間隔は5MHz単位で区切られていることから、アクセスポイントAがチャネル1を使用しているときにアクセスポイントBがチャネル2～5のいずれかを使用すると、周波数帯域が重なって電波の干渉が生じてしまう。これを防ぐために、アクセスポイントBにおいては、周波数帯域が**重なり合わない離れた**チャネル、つまりチャネル1の占める周波数帯から5チャネル以上(＝25MHz以上)離れたチャネル6以降を使用するように設定する必要がある。

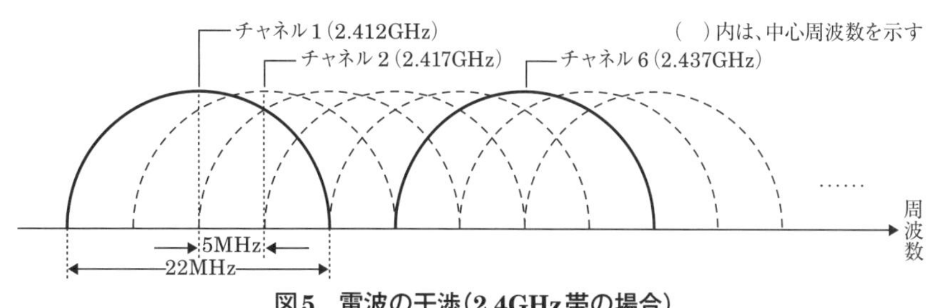

図5　電波の干渉(2.4GHz帯の場合)

答	
(ア)	②
(イ)	③
(ウ)	③
(エ)	①
(オ)	①

　次の各文章の　　　　内に、それぞれの[　　]の解答群の中から最も適したものを選び、その番号を記せ。　（小計25点）

(1)　LAN配線に用いられる　(ア)　光ファイバは、コアの屈折率をコアの中心から外側に向かって緩やかに小さくすることにより、モード分散を低減している。　(5点)

[① ステップインデックス型マルチモード
② グレーデッドインデックス型マルチモード
③ シングルモード]

(2)　光配線システム相互や光配線システムと機器との接続に使用される光ファイバや光パッチコードの接続などに用いられる　(イ)　コネクタは、接合部がプッシュプル方式で着脱が容易である。　(5点)

[① ST　② FC　③ SC]

(3)　UTPケーブルをRJ－45のモジュラジャックに結線するとき、配線規格T568Bでは、ピン番号8番には外被が　(ウ)　色の心線が接続される。　(5点)

[① 茶　② 青　③ 橙（だいだい）]

(4)　LAN配線工事における配線試験について述べた次の記述のうち、誤っているものは、　(エ)　である。　(5点)

[① UTPケーブルの配線試験において、ワイヤマップ試験では、挿入損失やクロスペアなどの配線不具合を検出することができる。
② UTPケーブルの配線に関する測定項目として、挿入損失、伝搬遅延時間などがある。
③ UTPケーブルの配線試験において、ワイヤマップ試験では、近端漏話減衰量や遠端漏話減衰量を測定することはできない。]

(5)　JIS C 0303：2000構内電気設備の配線用図記号に規定されている一般配線のうち、接地線などに用いられる600Vビニル絶縁電線の記号は、　(オ)　である。　(5点)

[① AE　② IV　③ DV]

解　説

(1)　光ファイバは、1つのモード(経路)を伝送するシングルモード光ファイバと、複数のモードを伝送するマルチモード光ファイバの2種類に大別される。このうちマルチモード光ファイバは、コアの屈折率分布の違いにより、さらにステップインデックス型とグレーデッドインデックス型に分けられる(表1)。

表1　光ファイバの種類

	シングルモード光ファイバ	マルチモード光ファイバ	
		ステップインデックス型	グレーデッドインデックス型
光信号の伝搬方法と屈折率分布	クラッド クラッド 大 屈折率　コア	大 屈折率　コア　クラッド	大 屈折率　コア　クラッド
コア径	～10 μm	50～85 μm	
光の分散	小さい	大きい	中程度
光の損失	小さい	大きい	中程度

さて、マルチモード光ファイバでは、光信号パルスは同一波長においても多くのモード(光の伝搬経路)に分かれて伝搬されるので、伝搬時間に差異が生じてパルス幅が広がる。この現象をモード分散という。モード分散は信号の歪みの要因となるため、**グレーデッドインデックス型マルチモード**光ファイバでは、コアの屈折率をコアの中心から外側に向かって緩やかに小さくすることにより伝搬時間の差を小さくし、モード分散を低減している。

(2) 光ファイバの各種接続法のうち、コネクタで機械的に接続するコネクタ接続法は、着脱作業を比較的簡単に行うことができ、接続部に接合剤などを使用していないので再接続が可能という利点を持つ。光ファイバ心線を1心どうし接続する単心用コネクタには、SCコネクタやFCコネクタなどがある。このうち**SC**(Single Fiber Coupling)コネクタは、アダプタの差し込み部にプラグを押し込んで(push)接続し、簡単な操作により引き抜く(pull)ことができるプッシュプル方式のコネクタであり、単心用コネクタの中で現在、最も普及している。

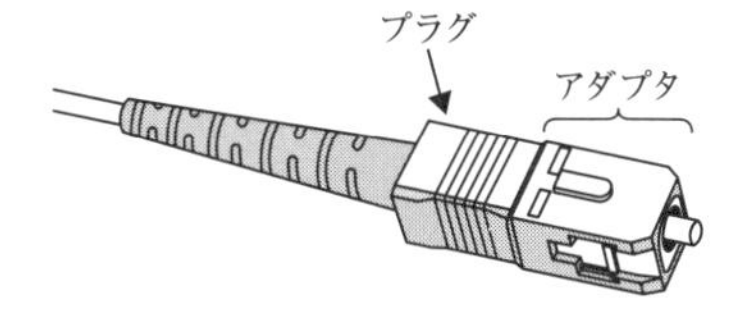

図1 SCコネクタの外観例

(3) モジュラコネクタのピンの配列は、ANSI/TIA(米国国家規格協会/米国通信工業会)で規定されており、T568A規格とT568B規格という2つの規格がある。

また、UTPケーブルの心線の被覆の色は、緑、橙(だいだい)、青、茶の4色と、これらの各色に白のストライプを入れた計8種類がある。図2より、T568Bのピン番号8番には、外被が**茶**色の心線が接続される。

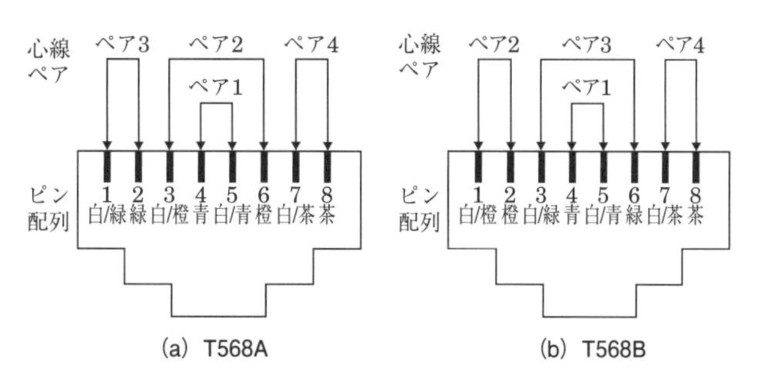

図2 T568AおよびT568Bのピン配列

(4) LAN配線工事における配線試験に関する問題である。

①:UTPケーブルの配線状態を測定する試験では、一般に、ケーブルテスタなどを用いて、伝搬遅延や対間近端漏話、ワイヤマップなどを調べる。これらのうちワイヤマップ試験は、リンクまたはチャネルの導通試験であり、断線や配線不具合を検出することができる。しかし、挿入損失を検出することはできない。したがって、記述は誤りである。

②:JIS X 5150－1:2021汎用情報配線設備－第1部:一般要件では、データ通信におけるUTPケーブルの配線(平衡配線設備)に関するチャネルの性能パラメータとして、挿入損失や伝搬遅延時間などを規定している。したがって、記述は正しい。

③:ワイヤマップ試験は、リンクまたはチャネルの導通試験であり、この試験において近端漏話減衰量や遠端漏話減衰量を測定することはできない。したがって、記述は正しい。

以上より、解答群の記述のうち、誤っているものは、「**UTPケーブルの配線試験において、ワイヤマップ試験では、挿入損失やクロスペアなどの配線不具合を検出することができる。**」である。

(5) JIS C 0303:2000構内電気設備の配線用図記号の「2.配線 － 2.1 一般配線」で規定されている一般配線のうち、接地線などに用いられる600Vビニル絶縁電線の記号は、**IV**である。なお、解答群の①「AE」は警報用ケーブルの記号、③「DV」は引込用ビニル絶縁電線の記号である。

答	
(ア)	②
(イ)	③
(ウ)	①
(エ)	①
(オ)	②

予想問題

問1

次の各文章の［　　］内に、それぞれの［　　］の解答群の中から最も適したものを選び、その番号を記せ。

1 光配線システム相互や光配線システムと機器との接続に使用される光ファイバや光パッチコードの接続などに用いられる［(ア)］コネクタは、接合部がねじ込み式で振動に強い構造になっている。
［① SC　② FC　③ MU］

2 光ファイバ心線の接続について述べた次の二つの記述は、［(イ)］。
A 光ファイバ心線の融着接続部は、被覆が完全に除去されるため機械的強度が低下するので、融着接続部の補強方法として、一般に、フェルールにより補強する方法が採用されている。
B 光ファイバ心線どうしを接続するときに用いられるコネクタには、接続損失や反射を極力発生させないことが求められる。
［① Aのみ正しい　② Bのみ正しい　③ AもBも正しい　④ AもBも正しくない］

22秋 **3** UTPケーブルを図1－aに示す8極8心のモジュラコネクタに、配線規格T568Bで決められたモジュラアウトレットの配列でペア1からペア4を結線するとき、ペア2のピン番号の組合せは、［(ウ)］である。
［① 1番と2番　② 3番と6番　③ 4番と5番　④ 7番と8番］

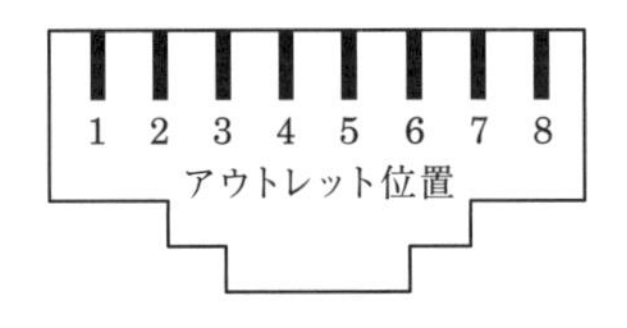

図1－a　コネクタ前面図

22秋 **4** Windowsのコマンドプロンプトから入力されるpingコマンドは、調べたいパーソナルコンピュータ(PC)のIPアドレスを指定することにより、［(エ)］メッセージを用いて初期設定値の32バイトのデータを送信し、PCからの返信により接続の正常性を確認することができる。
［① DHCP　② SNMP　③ ICMP］

21秋 **5** フロアダクトは、鋼製ダクトをコンクリートの床スラブに埋設し、電源ケーブルや通信ケーブルを配線するために使用される。埋設されるダクトには、接地抵抗値が［(オ)］オーム以下の接地工事を施す必要がある。
［① 1　② 10　③ 100］

類題

(1) LAN配線工事においてUTPケーブルを図1に示す8極8心のモジュラコネクタに、配線規格T568Bで決められたモジュラアウトレットの配列でペア1からペア4までを結線するとき、1000BASE－Tのギガビットイーサネットでは、［(a)］を用いてデータの送受信を行っている。
［① ペア1と2　② ペア2と3
③ ペア3と4　④ 全てのペア］

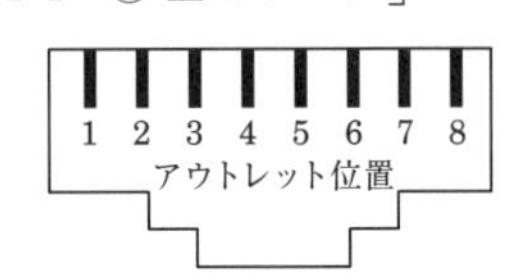

図1　コネクタ前面図

(2) フロアダクト配線工事において、フロアダクトが交差するところには、一般に、［(b)］が設置される。
［① スイッチボックス　② ジャンクションボックス
③ パッチパネル］

(3) 通信機械室などにおいて、床下に電力ケーブル、LANケーブルなどを自由に配線するための二重床は、［(c)］といわれる。
［① レースウェイ　② セルラフロア
③ フリーアクセスフロア］

問1-解説

1 **FC**コネクタは、図1－1のような形状の単心光ファイバコネクタである。光接合部が、ねじ込み式になっているため、振動に対してずれや緩(ゆる)みのような不具合が比較的生じにくい、という利点を持っている。

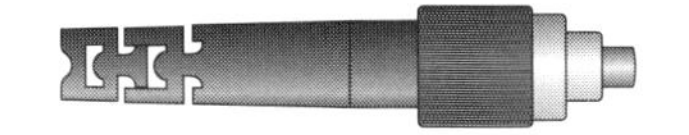

図1－1 FCコネクタ

2 設問の記述は、**Bのみ正しい**。

A 融着(ゆうちゃく)接続は、光ファイバの切断面を加熱して融着する方法である。融着後の接続部は被覆が完全に除去されて機械的強度が低下するので、融着接続部の補強方法として、一般に、光ファイバ保護スリーブにより補強する方法が採用されている。この方法は図1－2のように、接続した光ファイバ心線を光ファイバ保護スリーブに挿入する。そして、これを加熱することで内部チューブが融(と)けて接続部を包み、同時に外部チューブが収縮固定し外部を補強する仕組みになっている。したがって、記述は誤り。

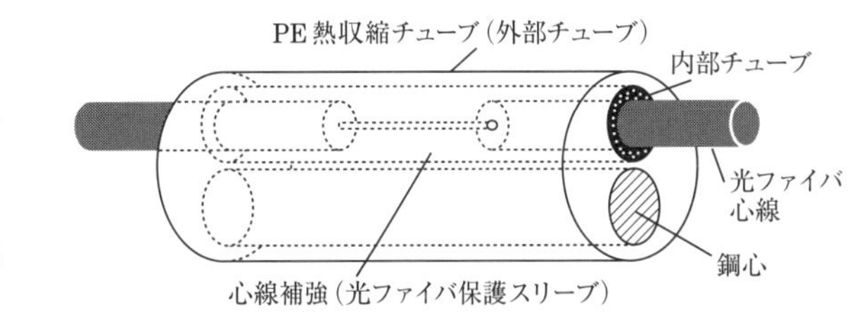

図1－2 光ファイバ保護スリーブによる補強法

B 光ファイバ心線の接続方法の1つであるコネクタ接続法は、着脱作業が容易なので、接続の変更や分岐が必要な場合に広く用いられている。しかし、接続部分に接続ギャップができたり、着脱時にコネクタ部分のファイバ端面に汚れや傷がつきやすく、接続損失等が比較的大きくなる。光ファイバ心線どうしを接続する際は、接続損失や反射を極力発生させないことが求められる。したがって、記述は正しい。

3 モジュラコネクタのピンの配列は、ANSI/TIA（米国国家規格協会／米国通信工業会）で規定されており、T568A規格とT568B規格という2つの規格がある。ANSI/TIA568におけるピン配列とそれぞれのピンに接続される心線の被覆の色は、T568AとT568Bで異なっており、図1－3のようになる。この図1－3(b)より、T568Bにおけるペア2のピン番号の組合せは、**1番と2番**である。

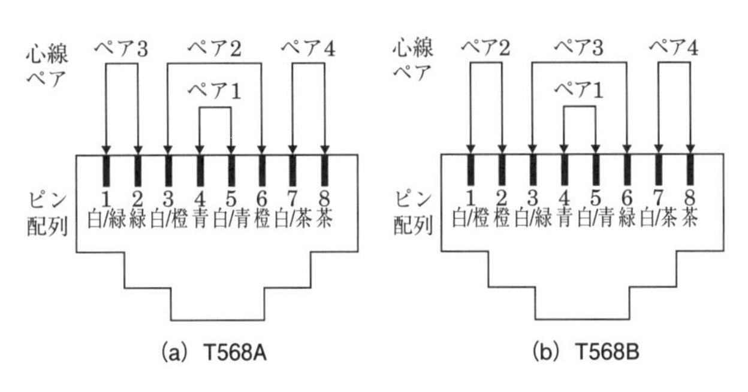

図1－3 T568AおよびT568Bのピン配列

4 pingコマンドは、LANに接続されたコンピュータの接続状況を**ICMP**（Internet Control Message Protocol）メッセージを用いて診断するコマンドである。具体的には、接続が正常かどうか確認したいコンピュータのIPアドレスを指定し、pingコマンドを実行する。このとき送信するデータの初期設定値は、Windowsでは32バイト、macOSやLinuxなどでは56バイトとなっている。接続が正常な場合は「IPアドレスからの応答：」、正常でない場合は「要求がタイムアウトしました。」と画面上に表示される。

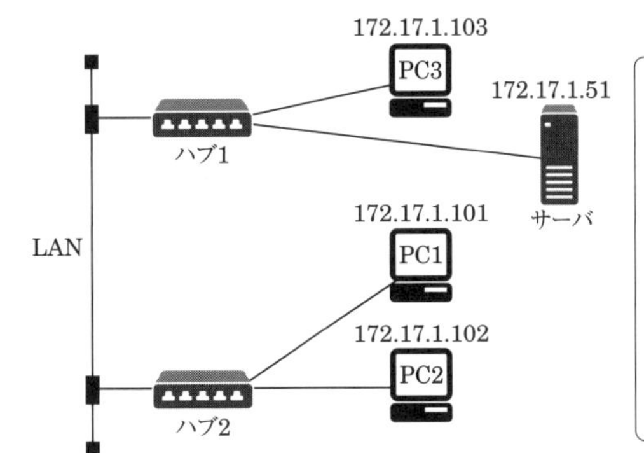

図1－4 pingコマンドの活用例

5 フロアダクトは、各種ケーブルを床内に配線するための配管設備用品である。埋設されるフロアダクトには、「電気設備の技術基準の解釈」で規定されているD種接地工事を施す必要がある。このD種接地工事は、主に感電防止を目的としており、原則として接地抵抗を**100**Ω以下とし、接地線には、引っ張り強さ0.39kN以上の腐食(ふしょく)しにくい金属線または直径1.6mm以上の軟銅線などを使用することとされている。

答	
(ア)	②
(イ)	②
(ウ)	①
(エ)	③
(オ)	③

類題の答 (a)④ (b)② (c)③

予想問題

問2

次の各文章の［　　］内に、それぞれの[　　]の解答群の中から最も適したものを選び、その番号を記せ。

21春 **1** 光ファイバの損失について述べた次の二つの記述は、［（ア）］。

A　マイクロベンディングロスは、光ファイバケーブルの布設時に、光ファイバに過大な張力が加わったときに生ずる。

B　レイリー散乱損失は、光ファイバ中の屈折率の揺らぎによって光が散乱するために生ずる。

[① Aのみ正しい　② Bのみ正しい　③ AもBも正しい　④ AもBも正しくない]

21春 **2** 光ファイバ用コネクタには、光ファイバのコアの中心をコネクタの中心に固定するために［（イ）］といわれる部品が使われている。

[① フェルール　② スリーブ　③ プランジャ]

3 無線LANの構築において、IEEE802.［（ウ）］規格の機器を用いると、電子レンジなどISMバンドを使用する機器からの電波干渉を避けることができる。

[① 11b　② 11g　③ 11ac]

4 UTPケーブルへのコネクタ成端時における結線の配列誤りには、［（エ）］、クロスペア、リバースペアなどがあり、このような配線誤りの有無を確認する試験は、一般に、ワイヤマップ試験といわれる。

[① ツイストペア　② スプリットペア　③ ショートリンク]

22秋 **5** 床の配線ダクトにケーブルを通す床配線方式で、電源ケーブルや通信ケーブルを配線するための既設ダクトを備えた金属製又はコンクリートの床は、一般に、［（オ）］といわれる。

[① フリーアクセスフロア　② セルラフロア　③ トレンチダクト]

類題

(1) シングルモード光ファイバでは、コアとクラッドの屈折率を比較すると、［(a)］となっている。

[① コアがクラッドより僅かに小さい値
② コアがクラッドより僅かに大きい値
③ コアとクラッドが全く同じ値]

(2) 光ファイバ心線の融着接続部は、被覆が完全に除去されるため機械的強度が低下するので、融着接続部の補強方法として、一般に、［(b)］により補強する方法が採用されている。

[① ケーブルジャケット　② プランジャ
③ 光ファイバ保護スリーブ]

(3) 光ファイバのコネクタ接続において、フェルール先端を直角にフラット研磨した端面形状の場合、コネクタ接続部の光ファイバ間に微少な空間ができるため、［(c)］が起こる。

[① フレネル反射　② 波長分散　③ 後方散乱]

(4) 光ファイバケーブルの心線接続には、融着接続法が一般的に用いられている。しかし、将来、ケーブルの分岐や切分けが必要となる接続点には、融着接続法に比較して接続損失の点で劣るが、［(d)］接続法が主に採用されている。

[① スリーブ　② ルーズチューブ　③ コネクタ]

問2-解説

1 設問の記述は、**Bのみ正しい**。光ファイバの損失とは、光ファイバを伝搬する光の強度がどれだけ減衰するかを示す尺度であり、損失が小さければ伝搬できる距離が長いことを意味する。

A マイクロベンディングロス(マイクロベンディング損失)とは、微少な曲がり(コア径よりも小さな曲がり)によって生じる損失のことをいう。光ファイバをケーブル化する過程や布設時に、側面に不均一な圧力が加わったときに発生する。したがって、記述は誤り。

B レイリー散乱損失は、光ファイバ中の屈折率の微少な変動(揺らぎ)によって光が散乱するために生じる。したがって、記述は正しい。

2 光ファイバの接続方法の1つとして、フェルール型コネクタを用いる方法がある。**フェルール**とは、光ファイバのコアの中心をコネクタの中心に固定するための部品であり、コアの軸ずれを防止する。

フェルールの中心には光ファイバ径よりわずかに大きい孔があり、光ファイバをその中に接着剤で固定することにより、心線の正確な位置を確保している。

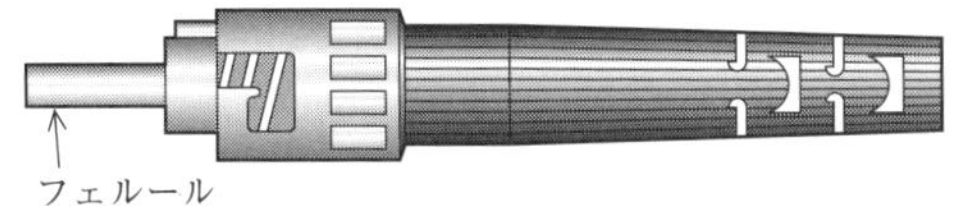

図2－1 フェルール型コネクタ(単芯系)の例

3 IEEE802.11bやIEEE802.11gなどの無線LANでは、電子レンジの誘電加熱やBluetoothの通信などと同じ2.4GHzのISM(Industrial, Scientific and Medical)バンドを使用して通信を行っている。このため、電子レンジなどを使用しているときは、電波干渉により伝送速度が遅くなったり、リンクが切れて通信が途絶したりする。一方、IEEE802.11aやIEEE802.**11ac**の無線LANでは、5GHz帯の電波を使用しているため、2.4GHzのISMバンドとの干渉問題はなく、近くで電子レンジやBluetooth機器などを使用しているときでも安定したスループットが得られる。

4 UTPケーブルへのコネクタ成端時における結線の配列誤りには、リバースペア、クロスペア、**スプリットペア**などがある。

リバースペアとは、たとえば3－6ペアを相手側で6－3と結線することをいい、クロスペアとは、1－2ペアを3－6ペアに結線するようなことをいう。また、スプリットペアとは、撚り対のペアを1･2、3･6、4･5、7･8とすべきところを1･2、3･4、5･6、7･8のようにすることをいう。これらの配列違いによって、漏話特性が劣化したりPoE機能が使用できなくなったりする場合がある。このような配線誤りの有無は、一般に、リンクやチャネルの導通試験、すなわちワイヤマップ試験で確認する。

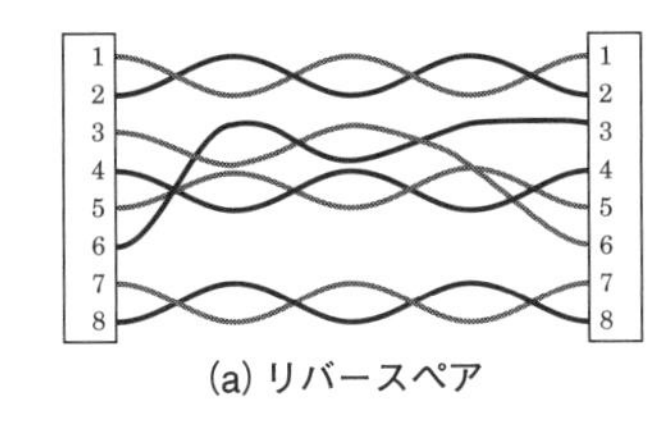

(a) リバースペア

(b) クロスペア

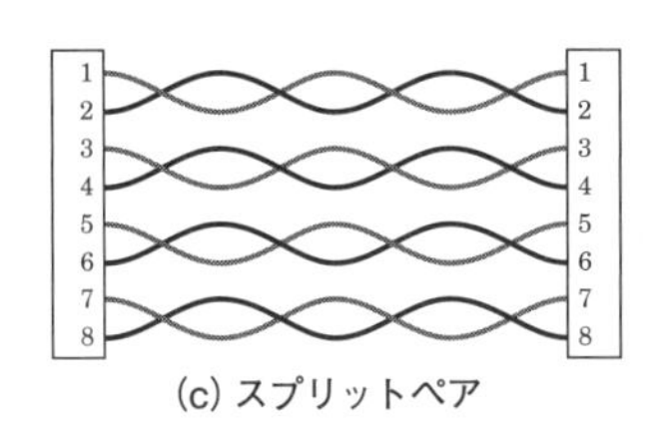

(c) スプリットペア

図2－2 結線の配列誤り

5 図2－3のように、建物の床型枠材として用いられる波形デッキプレートの溝の部分を、カバープレートで閉鎖して配線路として使用する配線収納方式のことを、セルラダクト方式という。また、このセルラダクト方式の床を**セルラフロア**という。

セルラダクト方式は一般に、配線の保護性が良好である。また、断面積が比較的大きいため配線収容本数を多くとることができる。

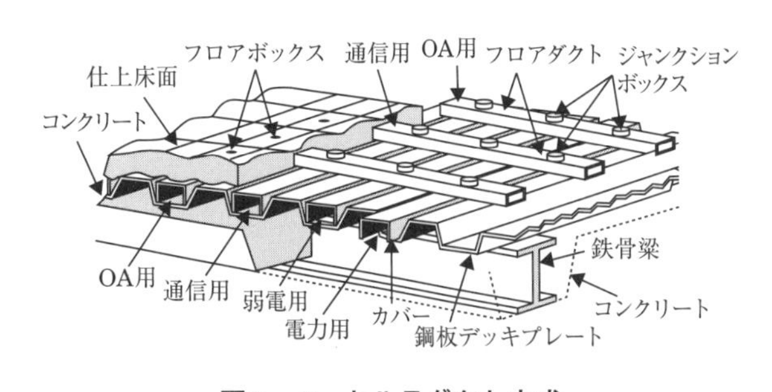

図2－3 セルラダクト方式

答	
(ア)	②
(イ)	①
(ウ)	③
(エ)	②
(オ)	②

類題の答 (a)② (b)③ (c)① (d)③

予想問題

問3

次の各文章の［　　］内に、それぞれの[　　]の解答群の中から最も適したものを選び、その番号を記せ。

1　ホームネットワークなどにおける配線に用いられるプラスチック光ファイバは、曲げに強く折れにくいなどの特徴があり、送信モジュールには、一般に、光波長が650ナノメートルの［(ア)］が用いられる。
[① LED　② FET　③ PD]

22春 2　光ファイバの接続において、一般に、メカニカルスプライス接続はコネクタ接続と比較して、接続による損失値は［(イ)］。
[① ほぼ同等である　② 大きい　③ 小さい]

21秋 3　1000BASE－Tイーサネットの LAN配線工事では、一般に、カテゴリ［(ウ)］以上の UTPケーブルの使用が推奨されている。
[① 5e　② 6　③ 6A]

4　UTPケーブルの配線試験において、ワイヤマップ試験で検出できないものには、［(エ)］がある。
[① 断 線　② 漏 話　③ 対交差]

22春 5　屋内線が家屋の壁などを貫通する箇所で絶縁を確保するためや、電灯線及びその他の支障物から屋内線を保護するためには、一般に、［(オ)］が用いられる。
[① 硬質ビニル管　② PVC電線防護カバー　③ ワイヤプロテクタ]

類題

(1) コネクタ付きUTPケーブルを現場などで作製する際には、［(a)］による伝送性能に与える影響を最小にするため、モジュラプラグで終端することによって生ずる心線の撚り戻し長はできるだけ短くする注意が必要である。
[① 近端漏話　② 伝搬遅延　③ 挿入損失]

(2) アクセス系光ファイバ心線の接続には、永久的な光ファイバ心線の接続方法の一つとして、［(b)］が用いられる。この接続方法は、光ファイバ端面の突合せ固定が可能な専用の接続部品を用いて、機械的に接続する方法で、電源が不要であり、部品が小形、軽量で接続作業が他の永久的な光ファイバ心線の接続方法と比較して短時間であるといわれる。
[① メカニカルスプライス　② 融着接続
③ コネクタ接続]

(3) 石英系光ファイバについて述べた次の二つの記述は、［(c)］。
A　LAN配線に用いられるマルチモード光ファイバは、モード分散の影響により、シングルモード光ファイバと比較して伝送帯域が狭い。
B　ステップインデックス型光ファイバのコアの屈折率は、クラッドの屈折率より僅かに大きい。
[① Aのみ正しい　② Bのみ正しい
③ AもBも正しい　④ AもBも正しくない]

(4) フロアダクトは、鋼製ダクトをコンクリートの床スラブに埋設し、電源ケーブルや通信ケーブルを配線するために使用される。埋設されたフロアダクトには、［(d)］種接地工事を施す必要がある。
[① B　② C　③ D]

問3-解説

1 通信用に用いられる代表的な光ファイバとして、二酸化けい素を主成分とした石英系光ファイバや、アクリル樹脂(じゅし)またはフッ素樹脂を主成分としたプラスチック系光ファイバなどがある。プラスチック系光ファイバは、石英系光ファイバに比べて伝送距離が短いが、曲げに強く折れにくい、加工が容易、コストが安いといったメリットがあり、ホームネットワークなどの配線に用いられている。プラスチック系光ファイバの送信モジュールには、通常、光波長が650nm（赤）の発光ダイオード（**LED**：Light Emitting Diode）が用いられている。

2 光ファイバの接続方法には、光ファイバの切断面を加熱して融着(ゆうちゃく)する融着接続の他、コネクタ接続やメカニカルスプライス接続がある。コネクタ接続は、光ファイバを光コネクタで機械的に接続する方法であり（図4－1）、着脱が簡単にできることから、接続の変更や分岐が必要な場合に広く用いられている。しかし、接続部分に接続ギャップができたり、着脱時にコネクタ部分のファイバ端面に汚れや傷がつきやすく、接続損失等が比較的大きくなる。

一方、メカニカルスプライス接続は、専用の部品を用いて光ファイバどうしを軸合わせして機械的に接続する方法である（図4－2）。接続部品の内部には、光ファイバの接合面で発生する反射を抑制するための屈折率整合剤があらかじめ充填(じゅうてん)されている。一般に、メカニカルスプライス接続はコネクタ接続と比較して、接続による損失値は**小さい**。

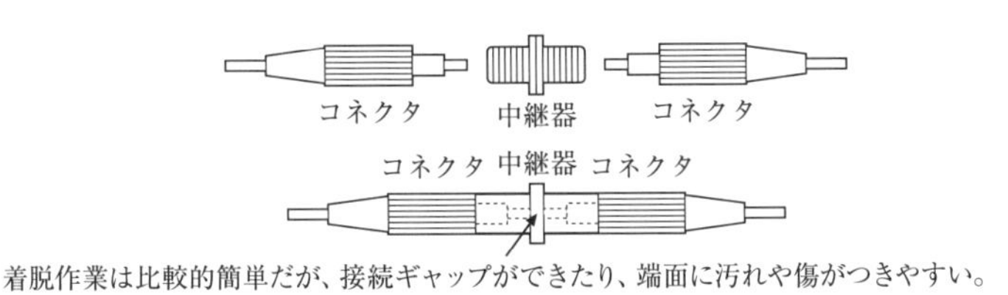

図3－1 コネクタ接続

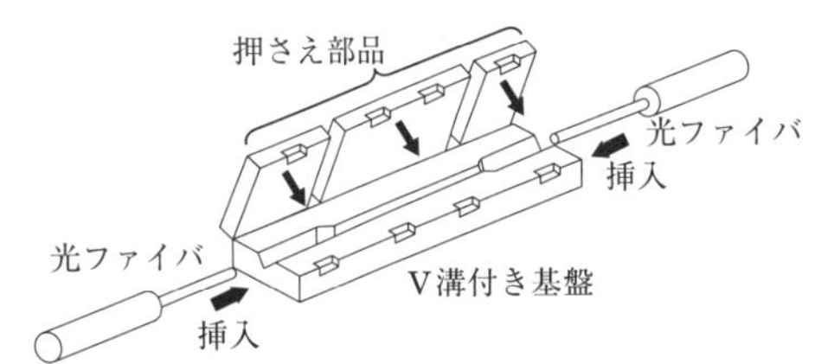

図3－2 メカニカルスプライス接続の原理

3 トラヒックの著しい増加に対応するため、伝送速度が1Gbit/s（1,000Mbit/s）のギガビットイーサネットが登場し、IEEE802.3zおよびIEEE802.3abとして標準化されている。ギガビットイーサネットの1つである1000BASE－TイーサネットのLAN配線工事では、一般にカテゴリ**5e**以上のUTPケーブルの使用が推奨されている。なお、カテゴリ5eの「e」は、エンハンスト（enhanced：拡張された）という意味である。

4 UTPケーブルの配線状態を測定する試験では、一般に、ケーブルテスタなどを用いて、伝搬遅延や対間近端漏話、ワイヤマップなどを調べる。これらのうちワイヤマップ試験は、リンクまたはチャネルの導通試験であるため、断線、配線誤り、対交差などを検出できるが、**漏話**を検出することはできない。

5 電灯線などの支障物から屋内線を保護したり、屋内線が家屋の壁などを貫通する箇所で絶縁を確保したりするために、一般に、**硬質ビニル管**が用いられている。

家屋の壁を貫通して電線を引き込む場合は、雨などの侵入を防ぐため硬質ビニル管の屋内側を高く上向きにして貫通させる。また、両側には、つばを取り付け、角で屋内線が破損しないようにする。

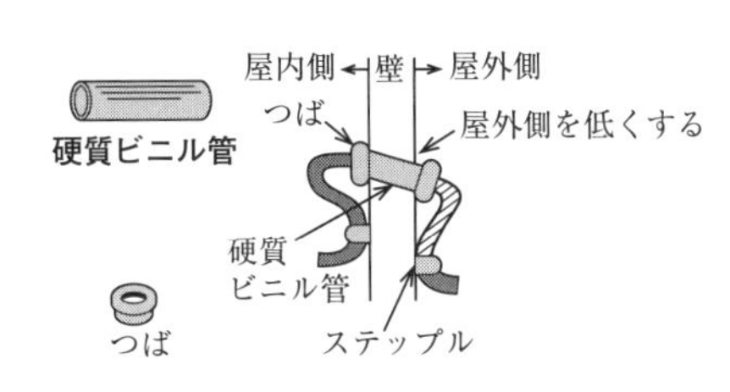

図3－3 硬質ビニル管

答

(ア)	①
(イ)	③
(ウ)	①
(エ)	②
(オ)	①

類題の答 (a)① (b)① (c)③ (d)③

端末設備の接続に関する法規

1 …… 電気通信事業法

2 …… 工担者規則、認定等規則、有線法、設備令、不正アクセス禁止法

3 …… 端末設備等規則（Ⅰ）

4 …… 端末設備等規則（Ⅱ）

本書の構成について

1. 出題分析と重点整理

●**出題分析**：「基礎」、「技術及び理論」、「法規」の各科目の冒頭で、過去に出題された問題についてさまざまな角度から分析しています。

●**重点整理**：各科目の重点となるテーマを整理してまとめています。問題を解く前の予備学習や、試験直前の確認などにお役立てください。

2. 問題と解説・解答

●**2023年11月公表問題**：一般財団法人日本データ通信協会のホームページ上で2023年11月29日に公表された「令和5年度第2回 工事担任者第2級デジタル通信試験問題」を掲載しています。

●**2023年5月公表問題**：2023年5月24日に公表された「令和5年度第1回 工事担任者第2級デジタル通信試験問題」を掲載しています。

●**予想問題**：既出問題等を厳選して掲載しています。なお、過去4回分の問題(*)については、特に出題年度を記載しています（例：22秋）。

(*)令和4年度第2回(2022年秋)試験、令和4年度第1回(2022年春)試験、令和3年度第2回(2021年秋)試験、および令和3年度第1回(2021年春)試験の問題。

●**類題**：演習に役立つ問題を掲載しています。

端末設備の接続に関する法規

出題分析と対策の指針

　第2級デジタル通信における「法規科目」は、第1問から第4問まであり、各問は配点が25点で、解答数は5つ、解答1つの配点は5点となっている。
　第1問は電気通信事業法および電気通信事業法施行規則、第2問は工事担任者規則、端末機器の技術基準適合認定等に関する規則、有線電気通信法、有線電気通信設備令、および不正アクセス禁止法が出題対象になっている。また、第3問と第4問は、端末設備等規則から出題される。
　対策としては、過去の公表問題を繰り返し解いて出題のポイントを見極められるようにしておくとよい。

●**出題分析表**
　次の表は、3年分の公表問題を分析したものである。試験傾向を見るうえでの参考資料としてご活用頂きたい。

表　「端末設備の接続に関する法規」科目の出題分析

出題項目		公表問題						学習のポイント
		23秋	23春	22秋	22春	21秋	21春	
第1問	目的(有1条)				○		○	適正かつ合理的、利用者等の利益を保護、公共の福祉
	定義(法2条)、用語(施2条)	○		○	○	○	○	電気通信、電気通信設備、電気通信役務、電気通信事業、電気通信事業者、電気通信業務
	検閲の禁止(法3条)	○		○			○	取扱中に係る通信
	秘密の保護(法4条)	○		○		○	○	取扱中に係る通信、他人の秘密、職を退いた後
	利用の公平(法6条)	○	○	○				電気通信役務の提供、不当な差別的取扱い
	重要通信の確保(法8条)			○		○		非常事態、災害の予防、電力の供給の確保、秩序の維持、公共の利益、重要通信の優先的な取扱い
	電気通信事業の登録(法9条)、登録を要しない電気通信事業(施3条)		○					総務大臣の登録、電気通信回線設備、端末系伝送路設備
	業務の改善命令(法29条)	○	○		○			利用者の利益又は公共の利益を確保するために必要な限度、業務の方法の改善
	端末設備の接続の技術基準(法52条)					○		端末設備、同一の構内又は同一の建物内、総務省令で定める技術基準に適合
	表示が付されていないものとみなす場合(法55条)	○		○			○	他の利用者の通信への妨害の発生を防止
	端末設備の接続の検査(法69条)					○		身分を示す証明書
	自営電気通信設備の接続(法70条)		○		○			請求を拒める、技術基準に適合しない、経営上困難
	工事担任者による工事の実施及び監督(法71条)		○	○		○	○	実地に監督、誠実に行わなければならない
	工事担任者資格者証(法72条)	○	○		○	○		養成課程、認定をしたものを修了、端末設備若しくは自営電気通信設備の接続、返納を命ぜられた日から1年
第2問	資格者証の種類及び工事の範囲(担4条)	○	○	○	○	○		第1級アナログ通信、第2級アナログ通信、第1級デジタル通信、第2級デジタル通信、総合通信
	資格者証の交付の申請(担37条)						○	総務大臣に提出
	表示(認10条)	○	○	○	○	○	○	技術基準適合認定番号の最初の文字
	目的(有1条)		○	○				設置及び使用を規律、秩序を確立
	定義(有2条)			○				有線電気通信、有線電気通信設備
	有線電気通信設備の届出(有3条)	○						設備の設置の場所、工事の開始の日の2週間前
	技術基準(有5条)		○		○		○	他人の設置する有線電気通信設備に妨害、人体に危害を及ぼし、又は物件に損傷
	設備の検査等(有6条)					○		有線電気通信設備を設置した者
	定義(有令1条)	○	○	○	○	○	○	電線、絶縁電線、ケーブル、強電流電線、線路、支持物、離隔距離、音声周波、高周波、絶対レベル、平衡度
	目的(ア1条)		○		○		○	都道府県公安委員会、犯罪の防止、秩序の維持
	定義(ア2条)	○		○		○		アクセス管理者、不正アクセス行為、アクセス制御機能

表 「端末設備の接続に関する法規」科目の出題分析(続き)

	出題項目	公表問題						学習のポイント
		23秋	23春	22秋	22春	21秋	21春	
第3問・第4問	定義(端2条)	○	○	○	○	○	○	電話用設備、アナログ電話用設備、アナログ電話端末、移動電話用設備、インターネットプロトコル移動電話端末、総合デジタル通信用設備、デジタルデータ伝送用設備、選択信号、直流回路、絶対レベル、制御チャネル
	責任の分界(端3条)	○		○			○	分界点、分界点における接続の方式
	漏えいする通信の識別禁止(端4条)		○		○	○	○	事業用電気通信設備から漏えい、意図的に識別
	鳴音の発生防止(端5条)	○		○	○		○	電気的又は音響的結合、発振状態
	絶縁抵抗等(端6条)	○	○	○	○	○	○	接地抵抗、絶縁抵抗、絶縁耐力
	過大音響衝撃の発生防止(端7条)		○			○		通話中に受話器から過大な音響衝撃
	配線設備等(端8条)	○			○		○	絶縁抵抗、評価雑音電力、強電流電線との関係
	端末設備内において電波を使用する端末設備(端9条)		○	○		○	○	識別符号、空き状態、通信路を設定、一の筐体、容易に開ける
	アナログ電話端末の基本的機能(端10条)					○		直流回路、発信又は応答を行うとき閉じ、通信が終了したとき開く
	アナログ電話端末の発信の機能(端11条)	○	○	○				自動的に選択信号を送出、相手の端末設備からの応答を自動的に確認、自動再発信
	選択信号の条件(端12条)	○	○	○	○	○	○	押しボタンダイヤル信号の条件
	アナログ電話端末の緊急通報機能(端12条の2)				○			緊急通報番号、警察機関、海上保安機関、消防機関
	移動電話端末の基本的機能(端17条)		○			○		発信を行う場合、応答を行う場合、通信を終了する場合
	移動電話端末の発信の機能(端18条)		○	○	○			相手の端末設備からの応答を自動的に確認、自動再発信
	インターネットプロトコル電話端末の基本的機能(端32条の2)			○		○		発信又は応答を行う場合、通信を終了する場合
	インターネットプロトコル電話端末の発信の機能(端32条の3)			○		○		相手の端末設備からの応答を自動的に確認、自動再発信
	インターネットプロトコル移動電話端末の発信の機能(端32条の11)	○	○		○		○	相手の端末設備からの応答を自動的に確認、自動再発信
	インターネットプロトコル移動電話端末の送信タイミング(端32条の12)				○		○	総務大臣が別に告示する条件
	総合デジタル通信端末の電気的条件等(端34条の5)		○		○			電気的条件、光学的条件、電気通信回線に対して直流の電圧を加えない
	専用通信回線設備等端末の電気的条件等(端34条の8)	○		○		○	○	電気的条件、光学的条件、電気通信回線に対して直流の電圧を加えない
	漏話減衰量(端15条、端31条、端34条の9)	○						1,500Hzにおいて70dB以上

(凡例)各項目の括弧内の「法」は電気通信事業法、「施」は電気通信事業法施行規則、「担」は工事担任者規則、「認」は端末機器の技術基準適合認定等に関する規則、「有」は有線電気通信法、「有令」は有線電気通信設備令、「ア」は不正アクセス行為の禁止等に関する法律、「端」は端末設備等規則をそれぞれ表しています。
また、「出題実績」欄の○印は、当該項目の問題がいつ出題されたかを示しています。
23秋:2023年秋(令和5年度第2回)試験に出題実績のある項目　23春:2023年春(令和5年度第1回)試験に出題実績のある項目
22秋:2022年秋(令和4年度第2回)試験に出題実績のある項目　22春:2022年春(令和4年度第1回)試験に出題実績のある項目
21秋:2021年秋(令和3年度第2回)試験に出題実績のある項目　21春:2021年春(令和3年度第1回)試験に出題実績のある項目

法規

法規  電気通信事業法

総則、電気通信事業

●電気通信事業法の目的(第1条)

電気通信事業の運営を適正かつ合理的なものとするとともに、その公正な競争を促進することにより、電気通信役務の円滑な提供を確保するとともにその利用者等の利益を保護し、もって電気通信の健全な発達及び国民の利便の確保を図り、公共の福祉を増進すること。

●用語の定義(第2条、施行規則第2条)

用語	定義
電気通信	有線、無線その他の電磁的方式により、符号、音響、又は影像を送り、伝え、又は受けること
電気通信設備	電気通信を行うための機械、器具、線路その他の電気的設備
電気通信役務	電気通信設備を用いて他人の通信を媒介し、その他電気通信設備を他人の通信の用に供すること
電気通信事業	電気通信役務を他人の需要に応ずるために提供する事業(放送法第118条第1項に規定する放送局設備供給役務に係る事業を除く。)
電気通信事業者	電気通信事業を営むことについて第9条の登録を受けた者及び第16条第1項(同条第2項の規定により読み替えて適用する場合を含む。)の規定による届出をした者
電気通信業務	電気通信事業者の行う電気通信役務の提供の業務
利用者	次の①又は②に掲げる者をいう。 ①電気通信事業者又は第164条第1項第三号に掲げる電気通信事業(以下「第三号事業」という。)を営む者との間に電気通信役務の提供を受ける契約を締結する者その他これに準ずる者として総務省令で定める者 ②電気通信事業者又は第三号事業を営む者から電気通信役務(これらの者が営む電気通信事業に係るものに限る。)の提供を受ける者(①に掲げる者を除く。)
音声伝送役務	おおむね4kHz帯域の音声その他の音響を伝送交換する機能を有する電気通信設備を他人の通信の用に供する電気通信役務であってデータ伝送役務以外のもの
データ伝送役務	専ら符号又は影像を伝送交換するための電気通信設備を他人の通信の用に供する電気通信役務
専用役務	特定の者に電気通信設備を専用させる電気通信役務

●通信の秘密の保護(第4条)

電気通信事業者の取扱中に係る通信の秘密は、侵してはならない。また、電気通信事業に従事する者は、在職中電気通信事業者の取扱中に係る通信に関して知り得た他人の秘密を守らなければならない。その職を退いた後においても、同様とする。

●利用の公平(第6条)

電気通信事業者は、電気通信役務の提供について不当な差別的取扱いをしてはならない。

●基礎的電気通信役務の提供(第7条)

基礎的電気通信役務を提供する電気通信事業者は、その適切、公平かつ安定的な提供に努めなければならない。

●重要通信の確保(第8条)

電気通信事業者は、天災、事変その他の非常事態が発生し、又は発生するおそれがあるときは、災害の予防若しくは救援、交通、通信若しくは電力の供給の確保又は秩序の維持のために必要な事項を内容とする通信を優先的に取り扱わなければならない。公共の利益のため緊急に行うことを要するその他の通信であって総務省令で定めるものについても同様とする。

●電気通信事業の登録(第9条)

電気通信事業を営もうとする者は、総務大臣の登録を受けなければならない。

ただし、その者が設置する電気通信回線設備の規模及び設置区域の範囲が総務省令で定める基準を超えない等の場合は、総務大臣への届出(第16条)を行う。

●電気通信回線設備の定義

送信の場所と受信の場所との間を接続する伝送路設備及びこれと一体として設置される交換設備並びにこれらの附属設備。

●業務の改善命令(第29条)

総務大臣は、通信の秘密の確保に支障があるときや、特定の者に対し不当な差別的取扱いを行っているとき、重要通信に関する事項について適切に配慮していないとき等の場合は、電気通信事業者に対し、業務の方法の改善その他の措置をとるべきことを命ずることができる。

電気通信設備

●技術基準適合命令(第43条)

総務大臣は、電気通信事業法第41条〔電気通信設備の維持〕第1項に規定する電気通信設備が総務省令で定める技術基準に適合していないと認めるときは、当該電気通信設備を設置する電気通信事業者に対し、その技術基準に適合するように当該設備を修理し、若しくは改造することを命じ、又はその使用を制限することができる。

●端末設備の接続の請求(第52条第1項、施行規則第31条)

電気通信事業者は、利用者から端末設備の接続の請求を受けたときは、その請求を拒むことができない。ただし、その接続が総務省令で定める技術基準に適合しない場合や、利用者から、端末設備であって電波を使用するもの(別に告示で定めるものを除く。)及び公衆電話機その他利用者による接続が著しく不適当なものの接続の請求を受けた場合は拒否できる。

●端末設備の接続の技術基準(第52条第2項)

端末設備の接続の技術基準は、これにより次の事項が確保されるものとして定められなければならない。

①電気通信回線設備を損傷し、又はその機能に障害を与えないようにすること。

②電気通信回線設備を利用する他の利用者に迷惑を及ぼさないようにすること。

③電気通信事業者の設置する電気通信回線設備と利用者の接続する端末設備との責任の分界が明確であるようにすること。

●端末設備の定義

電気通信回線設備の一端に接続される電気通信設備であって、一の部分の設置の場所が他の部分の設置の場所と同一の構内又は同一の建物内であるものをいう。一方、電気通信回線設備を設置する電気通信事業者以外の者が設置する電気通信設備であって端末設備以外のものは、自営電気通信設備に該当する。

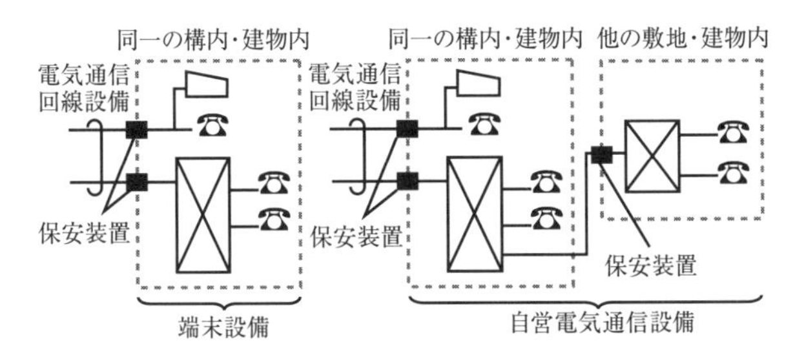

図1　端末設備と自営電気通信設備

●端末機器技術基準適合認定(第53条)

登録認定機関は、その登録に係る技術基準適合認定を受けようとする者から求めがあった場合、総務省令で定めるところにより審査を行い、当該求めに係る端末機器(総務省令で定める種類の端末設備の機器をいう。)が端末設備の接続の技術基準に適合していると認めるときに限り、技術基準適合認定を行う。登録認定機関は、技術基準適合認定をしたときは、総務省令で定めるところにより当該端末機器に技術基準適合認定をした旨の表示を付さなければならない。

●表示が付されていないものとみなす場合(第55条)

登録認定機関による技術基準適合認定を受けた端末機器であって、電気通信事業法の規定により表示が付されているものが総務省令で定める技術基準に適合していない場合において、総務大臣が電気通信回線設備を利用する他の利用者の通信への妨害の発生を防止するため特に必要があると認めるときは、当該端末機器は、同法の規定による表示が付されていないものとみなす。

総務大臣は、端末機器について表示が付されていないものとみなされたときは、その旨を公示しなければならない。

●端末設備の接続の検査(第69条)

利用者は、電気通信事業者の電気通信回線設備に端末設備を接続したときは、当該電気通信事業者の検査を受け、その接続が総務省令で定める技術基準に適合していると認められた後でなければ、これを使用してはならない。ただし、適合表示端末機器を接続する場合その他総務省令で定める場合は、この限りでない。

また、接続後に端末設備に異常がある場合その他電気通信役務の円滑な提供に支障がある場合において必要と認めるときは、電気通信回線設備を設置する電気通信事業者は、利用者に対して検査を受けるべきことを求めることができる。

なお、これらの検査に従事する者は、端末設備の設置の場所に立ち入るときは、その身分を示す証明書を携帯し、関係人に提示しなければならない。

●自営電気通信設備の接続(第70条)

自営電気通信設備の接続の請求及び検査に関しては、基本的に端末設備の場合と扱いは同じであるが、自営電気通信設備のみ、それを接続することにより電気通信事業者が電気通信回線設備を保持することが経営上困難となることについて総務大臣の認定を受けたときは接続を拒否できる。

●工事担任者による工事の実施及び監督(第71条)

利用者は、端末設備又は自営電気通信設備を接続するときは、工事担任者資格者証の交付を受けている者(「工事担任者」という。)に、当該工事担任者資格者証の種類に応じ、これに係る工事を行わせ、又は実地に監督させなければならない。ただし、総務省令で定める場合は、この限りでない。

工事担任者は、その工事の実施又は監督の職務を誠実に行わなければならない。

●工事担任者資格者証(第72条)

①交付を受けることができる者
- 工事担任者試験に合格した者
- 総務大臣が認定した養成課程を修了した者
- 総務大臣が、試験合格者等と同等以上の知識及び技能を有すると認定した者

②交付を受けられないことがある者
- 資格者証の返納を命ぜられ、1年を経過しない者
- 電気通信事業法の規定により罰金以上の刑に処せられ、その執行が終わってから2年を経過しない者

③返納

総務大臣は、工事担任者が電気通信事業法又は同法に基づく命令の規定に違反したときは、資格者証の返納を命ずることができる。

当ページでは、一般財団法人日本データ通信協会のホームページ上で2023年11月29日に公表された「令和5年度第2回工事担任者第2級デジタル通信試験問題」を掲載しています。

次の各文章の［　　］内に、それぞれの[　]の解答群の中から、「電気通信事業法」又は「電気通信事業法施行規則」に規定する内容に照らして最も適したものを選び、その番号を記せ。（小計25点）

(1) 電気通信事業法又は電気通信事業法施行規則に規定する用語について述べた次の文章のうち、誤っているものは、［（ア）］である。（5点）

① 端末設備とは、電気通信回線設備の一端に接続される電気通信設備であって、一の部分の設置の場所が他の部分の設置の場所と同一の構内（これに準ずる区域内を含む。）又は同一の建物内であるものをいう。
② 電気通信設備とは、電気通信を行うための機械、器具、線路その他の電気的設備をいう。
③ 専用役務とは、専ら符号又は影像を伝送交換するための電気通信設備を他人の通信の用に供する電気通信役務をいう。

(2) 電気通信事業法に規定する「秘密の保護」、「検閲の禁止」又は「利用の公平」について述べた次の文章のうち、誤っているものは、［（イ）］である。（5点）

① 電気通信事業に従事する者は、在職中電気通信事業者の取扱中に係る通信に関して知り得た他人の秘密を守らなければならない。その職を退いた後においても、同様とする。
② 電気通信事業者の取扱中に係る通信は、犯罪捜査に必要であると総務大臣が認めた場合を除き、検閲してはならない。
③ 電気通信事業者は、電気通信役務の提供について、不当な差別的取扱いをしてはならない。

(3) 総務大臣は、電気通信事業者が特定の者に対し不当な差別的取扱いを行っていると認めるときは、当該電気通信事業者に対し、利用者の利益又は［（ウ）］を確保するために必要な限度において、業務の方法の改善その他の措置をとるべきことを命ずることができる。（5点）

[①　公共の利益　　②　国民の利便　　③　社会の秩序]

(4) 登録認定機関による技術基準適合認定を受けた端末機器であって電気通信事業法の規定により表示が付されているものが総務省令で定める技術基準に適合していない場合において、総務大臣が［（エ）］を利用する他の利用者の通信への妨害の発生を防止するため特に必要があると認めるときは、当該端末機器は、同法の規定による表示が付されていないものとみなす。（5点）

[①　移動端末設備　　②　自営電気通信設備　　③　電気通信回線設備]

(5) 電気通信事業法に規定する「工事担任者資格者証」について述べた次の二つの文章は、［（オ）］。（5点）

A　総務大臣は、工事担任者資格者証の交付を受けようとする者の養成課程で、総務大臣が総務省令で定める基準に適合するものであることの認定をしたものを受講した者に対し、工事担任者資格者証を交付する。
B　総務大臣は、電気通信事業法の規定により工事担任者資格者証の返納を命ぜられ、その日から1年を経過しない者に対しては、工事担任者資格者証の交付を行わないことができる。

[①　Aのみ正しい　　②　Bのみ正しい　　③　AもBも正しい　　④　AもBも正しくない]

解　説

(1) 電気通信事業法第2条〔定義〕、第52条〔端末設備の接続の技術基準〕及び電気通信事業法施行規則第2条〔用語〕に関する問題である。

①：電気通信事業法第52条第1項に規定する内容と一致しているので、文章は正しい。

②：電気通信事業法第2条第二号に規定する内容と一致しているので、文章は正しい。

③：電気通信事業法施行規則第2条第2項第三号の規定により、専用役務とは、特定の者に電気通信設備を専用させる電気通信役務をいうとされている。したがって、文章は誤り。

よって、解答群の文章のうち、誤っているものは、「**専用役務とは、専ら符号又は影像を伝送交換するための電気通信設備を他人の通信の用に供する電気通信役務をいう。**」である。

(2) 電気通信事業法第3条〔検閲の禁止〕、第4条〔秘密の保護〕及び第6条〔利用の公平〕に関する問題である。

①：第4条第2項に規定する内容と一致しているので、文章は正しい。電気通信事業に従事する者は、容易に通信の内容を知り得る立場にあることから、厳重な守秘義務が課されている。

②：第3条の規定により、電気通信事業者の取扱中に係る通信は、検閲してはならないとされている。したがって、設問文のような例外規定は存在しないので、文章は誤り。「検閲」とは、国または公的機関が強権的に通信の内容を調べることをいう。

③：第6条に規定する内容と一致しているので、文章は正しい。

よって、解答群の文章のうち、誤っているものは、「**電気通信事業者の取扱中に係る通信は、犯罪捜査に必要であると総務大臣が認めた場合を除き、検閲してはならない。**」である。

(3) 電気通信事業法第29条〔業務の改善命令〕第1項第二号の規定により、総務大臣は、電気通信事業者が特定の者に対し不当な差別的取扱いを行っていると認めるときは、当該電気通信事業者に対し、利用者の利益又は**公共の利益**を確保するために必要な限度において、業務の方法の改善その他の措置をとるべきことを命ずることができるとされている。

(4) 電気通信事業法第55条〔表示が付されていないものとみなす場合〕第1項の規定により、登録認定機関による技術基準適合認定を受けた端末機器であって第53条〔端末機器技術基準適合認定〕第2項又は第68条の8〔表示〕第3項の規定により表示が付されているものが第52条〔端末設備の接続の技術基準〕第1項の総務省令で定める技術基準に適合していない場合において、総務大臣が**電気通信回線設備**を利用する他の利用者の通信への妨害の発生を防止するため特に必要があると認めるときは、当該端末機器は、第53条第2項又は第68条の8第3項の規定による表示が付されていないものとみなすとされている。登録認定機関とは、端末機器について技術基準適合認定の事業を行う者であって、総務大臣の登録を受けた者をいう。

(5) 電気通信事業法第72条〔工事担任者資格者証〕第2項で準用する同法第46条〔電気通信主任技術者資格者証〕に関する問題である。

A　同条第3項の規定により、総務大臣は、次の各号のいずれかに該当する者に対し、工事担任者資格者証を交付するとされている。設問の文章は、「二」の規定により誤りである。

一　工事担任者試験に合格した者

二　工事担任者資格者証の交付を受けようとする者の養成課程で、総務大臣が総務省令で定める基準に適合するものであることの認定をしたものを修了した者

三　前2号に掲げる者と同等以上の知識及び技能を有すると総務大臣が認定した者

B　同条第4項の規定により、総務大臣は、次の各号のいずれかに該当する者に対しては、工事担任者資格者証の交付を行わないことができるとされている。設問の文章は、「一」に規定する内容と一致しているので正しい。

一　電気通信事業法又は同法に基づく命令の規定に違反して、工事担任者資格者証の返納を命ぜられ、その日から1年を経過しない者

二　電気通信事業法の規定により罰金以上の刑に処せられ、その執行を終わり、又はその執行を受けることがなくなった日から2年を経過しない者

よって、設問の文章は、**Bのみ正しい**。

答	
(ア)	③
(イ)	②
(ウ)	①
(エ)	③
(オ)	②

当ページでは、一般財団法人日本データ通信協会のホームページ上で2023年5月24日に公表された「令和5年度第1回工事担任者第2級デジタル通信試験問題」を掲載しています。

次の各文章の［　　］内に、それぞれの[　]の解答群の中から、「電気通信事業法」又は「電気通信事業法施行規則」に規定する内容に照らして最も適したものを選び、その番号を記せ。（小計25点）

(1) 端末系伝送路設備とは、端末設備又は［（ア）］と接続される伝送路設備をいう。（5点）
[① 電気通信回線設備　② 事業用電気通信設備　③ 自営電気通信設備]

(2) 電気通信事業法の「利用の公平」において、電気通信事業者は、電気通信役務の提供について、［（イ）］してはならないと規定されている。（5点）
[① 不当な差別的取扱いを　② 提供条件を変更　③ 業務の一部を停止]

(3) 総務大臣は、電気通信事業者が重要通信に関する事項について適切に配慮していないと認めるときは、当該電気通信事業者に対し、［（ウ）］又は公共の利益を確保するために必要な限度において、業務の方法の改善その他の措置をとるべきことを命ずることができる。（5点）
[① 国民の利便　② 利用者の利益　③ 社会の秩序]

(4) 電気通信事業者は、電気通信回線設備を設置する電気通信事業者以外の者からその電気通信設備（端末設備以外のものに限る。以下「自営電気通信設備」という。）をその電気通信回線設備に接続すべき旨の請求を受けたとき、その自営電気通信設備の接続が、総務省令で定める技術基準に適合しないときは、その［（エ）］ことができる。（5点）
[① 設備を検査する　② 仕様の改善を指示する　③ 請求を拒む]

(5) 「工事担任者による工事の実施及び監督」及び「工事担任者資格者証」について述べた次の二つの文章は、［（オ）］。（5点）

A　利用者は、端末設備又は自営電気通信設備を接続するときは、工事担任者資格者証の交付を受けている者に、当該工事担任者資格者証の種類に応じ、これに係る工事を行わせ、又は実地に監督させなければならない。ただし、総務省令で定める場合は、この限りでない。

B　工事担任者資格者証の種類及び工事担任者が行い、又は監督することができる端末設備若しくは移動電話用設備の接続に係る工事の範囲は、総務省令で定める。

[① Aのみ正しい　② Bのみ正しい　③ AもBも正しい　④ AもBも正しくない]

解　説

(1)　電気通信事業法施行規則第3条〔登録を要しない電気通信事業〕第1項第一号の規定により、端末系伝送路設備とは、端末設備又は**自営電気通信設備**と接続される伝送路設備をいうとされている。ここで「端末設備」とは、電気通信回線設備の一端に接続する電気通信設備であって、その設置場所が同一の構内または同一の建物内にあるものをいう。一方、電気通信事業者以外の者が設置する電気通信設備であって、同一の構内等になく複数の敷地または建物にまたがって設置されるものは、「自営電気通信設備」に分類される。

(2)　電気通信事業法第6条〔利用の公平〕の規定により、電気通信事業者は、電気通信役務の提供について、**不当な差別的取扱いを**してはならないとされている。

(3)　電気通信事業法第29条〔業務の改善命令〕第1項第三号の規定により、総務大臣は、電気通信事業者が重要通信に関する事項について適切に配慮していないと認めるときは、当該電気通信事業者に対し、**利用者の利益**又は公共の利益を確保するために必要な限度において、業務の方法の改善その他の措置をとるべきことを命ずることができるとされている。

本項では、この他にも、電気通信事業者の業務の方法に関し通信の秘密の確保に支障があるとき(第一号)や、電気通信事業者が特定の者に対し不当な差別的取扱いを行っているとき(第二号)などにおいても、総務大臣が電気通信事業者に対し、必要な限度において、業務の方法の改善その他の措置をとるべきことを命ずることができると規定している。

(4)　電気通信事業法第70条〔自営電気通信設備の接続〕第1項の規定により、電気通信事業者は、電気通信回線設備を設置する電気通信事業者以外の者からその電気通信設備(端末設備以外のものに限る。以下「自営電気通信設備」という。)をその電気通信回線設備に接続すべき旨の請求を受けたときは、次に掲げる場合を除き、その**請求を拒む**ことができないとされている。つまり、次に掲げる場合は、接続の請求を拒むことができる。

一　その自営電気通信設備の接続が、総務省令で定める技術基準(当該電気通信事業者又は当該電気通信事業者とその電気通信設備を接続する他の電気通信事業者であって総務省令で定めるものが総務大臣の認可を受けて定める技術的条件を含む。)に適合しないとき。

二　その自営電気通信設備を接続することにより当該電気通信事業者の電気通信回線設備の保持が経営上困難となることについて当該電気通信事業者が総務大臣の認定を受けたとき。

(5)　電気通信事業法第71条〔工事担任者による工事の実施及び監督〕及び第72条〔工事担任者資格者証〕に関する問題である。

A　第71条第1項に規定する内容と一致しているので、文章は正しい。

B　第72条第1項の規定により、工事担任者資格者証の種類及び工事担任者が行い、又は監督することができる端末設備若しくは自営電気通信設備の接続に係る工事の範囲は、総務省令で定めるとされている。したがって、文章は誤り。工事担任者資格者証の種類及び工事の範囲は、「工事担任者規則」で規定されている。

よって、設問の文章は、**Aのみ正しい**。

法規

1 電気通信事業法

答	
(ア)	③
(イ)	①
(ウ)	②
(エ)	③
(オ)	①

予想問題

問1

次の各文章の[　　]内に、それぞれの[　　]の解答群の中から、「電気通信事業法」又は「電気通信事業法施行規則」に規定する内容に照らして最も適したものを選び、その番号を記せ。

22春 [1] 電気通信事業法又は電気通信事業法施行規則に規定する用語について述べた次の文章のうち、正しいものは、[(ア)]である。

[① 電気通信回線設備とは、送信の場所と受信の場所との間を接続する伝送路設備及びこれと一体として設置される交換設備並びにこれらの附属設備をいう。
② 音声伝送役務とは、おおむね3キロヘルツ帯域の音声その他の音響を伝送交換する機能を有する電気通信設備を他人の通信の用に供する電気通信役務であってデータ伝送役務を含むものをいう。
③ データ伝送役務とは、音声その他の音響を伝送交換するための電気通信設備を他人の通信の用に供する電気通信役務をいう。]

[2] 電気通信事業者は、利用者から端末設備をその電気通信回線設備(その損壊又は故障等による利用者の利益に及ぼす影響が軽微なものとして総務省令で定めるものを除く。)に接続すべき旨の請求を受けたときは、その接続が総務省令で定める[(イ)]に適合しない場合その他総務省令で定める場合を除き、その請求を拒むことができない。

[① 管理規程　② 技術基準　③ 検査規格]

21秋 [3] 電気通信事業に従事する者は、在職中電気通信事業者の取扱中に係る通信に関して知り得た[(ウ)]ならない。その職を退いた後においても、同様とする。

[① 他人の秘密を守らなければ
② 人命に関する情報は、警察機関等に通知しなければ
③ 全ての情報は、厳重に管理し、外部に漏らしては]

[4] 電気通信事業者は、電気通信事業法に規定する重要通信の円滑な実施を他の電気通信事業者と相互に連携を図りつつ確保するため、他の電気通信事業者と電気通信設備を相互に接続する場合には、総務省令で定めるところにより、重要通信の[(エ)]な取扱いについて取り決めることその他の必要な措置を講じなければならない。

[① 基本的　② 優先的　③ 合理的]

22秋 [5] 工事担任者は、端末設備又は自営電気通信設備を接続する工事の実施又は監督の職務を[(オ)]に行わなければならない。

[① 公　正　② 誠　実　③ 確　実]

類題

(1) 工事担任者資格者証の種類及び工事担任者が行い、又は監督することができる端末設備若しくは[(a)]の接続に係る工事の範囲は、総務省令で定める。

[① 電気通信回線設備　② 自営電気通信設備
③ 有線電気通信設備]

(2) 総務大臣は、工事担任者資格者証の交付を受けようとする者の養成課程で、総務大臣が総務省令で定める基準に適合するものであることの[(b)]した者に対し、工事担任者資格者証を交付する。

[① 認証をしたものに合格　② 許可したものを受講
③ 認定をしたものを修了]

問1-解説

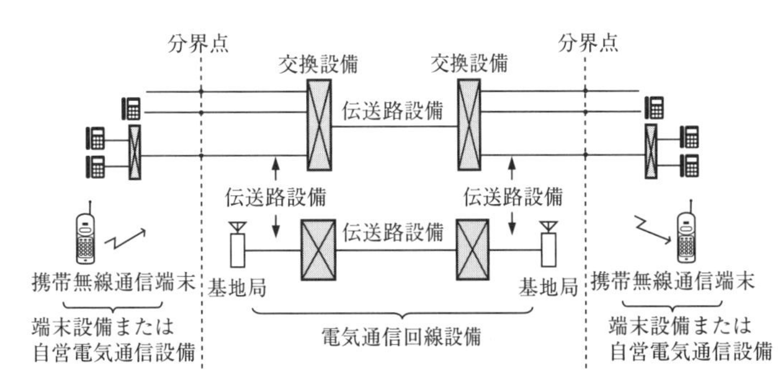

図1－1　電気通信回線設備

1　電気通信事業法第2条〔定義〕、第9条〔電気通信事業の登録〕及び電気通信事業法施行規則第2条〔用語〕に関する問題である。

①：電気通信事業法第9条第一号に規定する内容と一致しているので、文章は正しい。電気通信回線設備とは、電気通信事業者が提供する電話網などのネットワークのことであり、電気通信設備のうち端末設備および自営電気通信設備を除いたものをいう（図1－1）。

②：電気通信事業法施行規則第2条第2項第一号の規定により、音声伝送役務とは、おおむね4kHz帯域の音声その他の音響を伝送交換する機能を有する電気通信設備を他人の通信の用に供する電気通信役務であってデータ伝送役務以外のものをいうとされている。したがって、文章は誤り。

③：電気通信事業法施行規則第2条第2項第二号の規定により、データ伝送役務とは、専ら符号又は影像を伝送交換するための電気通信設備を他人の通信の用に供する電気通信役務をいうとされている。したがって、文章は誤り。

よって、解答群の文章のうち、正しいものは、「**電気通信回線設備とは、送信の場所と受信の場所との間を接続する伝送路設備及びこれと一体として設置される交換設備並びにこれらの附属設備をいう。**」である。

2　電気通信事業法第52条〔端末設備の接続の技術基準〕第1項の規定により、電気通信事業者は、利用者から端末設備（電気通信回線設備の一端に接続される電気通信設備であって、一の部分の設置の場所が他の部分の設置の場所と同一の構内（これに準ずる区域内を含む。）又は同一の建物内であるものをいう。）をその電気通信回線設備（その損壊又は故障等による利用者の利益に及ぼす影響が軽微なものとして総務省令で定めるものを除く。）に接続すべき旨の請求を受けたときは、その接続が総務省令で定める**技術基準**（当該電気通信事業者又は当該電気通信事業者とその電気通信設備を接続する他の電気通信事業者であって総務省令で定めるものが総務大臣の認可を受けて定める技術的条件を含む。）に適合しない場合その他総務省令で定める場合を除き、その請求を拒むことができないとされている。

3　電気通信事業法第4条〔秘密の保護〕第2項の規定により、電気通信事業に従事する者は、在職中電気通信事業者の取扱中に係る通信に関して知り得た**他人の秘密を守らなければ**ならない。その職を退いた後においても、同様とするとされている。電気通信事業に従事する者は厳重な守秘義務が課されている。なお、通信の秘密には、通信の内容はもちろんのこと通信当事者の住所や氏名なども含まれる。

4　電気通信事業法第8条〔重要通信の確保〕第3項の規定により、電気通信事業者は、第8条第1項に規定する通信（以下「重要通信」という。）の円滑な実施を他の電気通信事業者と相互に連携を図りつつ確保するため、他の電気通信事業者と電気通信設備を相互に接続する場合には、総務省令で定めるところにより、重要通信の**優先的**な取扱いについて取り決めることその他の必要な措置を講じなければならないとされている。

5　電気通信事業法第71条〔工事担任者による工事の実施及び監督〕第2項の規定により、工事担任者は、端末設備又は自営電気通信設備を接続する工事の実施又は監督の職務を**誠実**に行わなければならないとされている。

答	
(ア)	①
(イ)	②
(ウ)	①
(エ)	②
(オ)	②

類題の答　(a)②　(b)③

予想問題

問2

次の各文章の［　　　　］内に、それぞれの［　　］の解答群の中から、「電気通信事業法」又は「電気通信事業法施行規則」に規定する内容に照らして最も適したものを選び、その番号を記せ。

21秋 **1** 電気通信事業法又は電気通信事業法施行規則に規定する用語について述べた次の文章のうち、誤っているものは、［（ア）］である。

［① 端末設備とは、電気通信回線設備の一端に接続される電気通信設備であって、一の部分の設置の場所が他の部分の設置の場所と同一の構内(これに準ずる区域内を含む。)又は同一の建物内であるものをいう。
② 電気通信役務とは、電気通信設備を用いて他人の通信を媒介し、その他電気通信設備を特定の者の専用の用に供することをいう。
③ 音声伝送役務とは、おおむね4キロヘルツ帯域の音声その他の音響を伝送交換する機能を有する電気通信設備を他人の通信の用に供する電気通信役務であってデータ伝送役務以外のものをいう。］

21秋 **2** 電気通信事業者は、天災、事変その他の非常事態が発生し、又は発生するおそれがあるときは、災害の予防若しくは救援、交通、通信若しくは電力の供給の確保又は秩序の維持のために必要な事項を内容とする通信を優先的に取り扱わなければならない。［（イ）］のため緊急に行うことを要するその他の通信であって総務省令で定めるものについても、同様とする。

［① 人命の救助　② 利用者の利益の保護　③ 公共の利益］

3 電気通信事業法に規定する電気通信設備とは、電気通信を行うための機械、器具、線路その他の［（ウ）］設備をいう。

［① 機械的　② 電気的　③ 業務用］

4 電気通信事業者が提供する電気通信役務に関する提供条件(料金を除く。)が電気通信回線設備の使用の態様を不当に［（エ）］するものであると総務大臣が認めるとき、総務大臣は当該電気通信事業者に対し、利用者の利益又は公共の利益を確保するために必要な限度において、業務の方法の改善その他の措置をとるべきことを命ずることができる。

［① 継　続　② 制　限　③ 禁　止］

5 総務大臣は、次の(ⅰ)～(ⅲ)のいずれかに該当する者に対し、工事担任者資格者証を交付する。

(ⅰ) 工事担任者試験に合格した者
(ⅱ) 工事担任者資格者証の交付を受けようとする者の［（オ）］で、総務大臣が総務省令で定める基準に適合するものであることの認定をしたものを修了した者
(ⅲ) 前記(ⅰ)及び(ⅱ)に掲げる者と同等以上の知識及び技能を有すると総務大臣が認定した者

［① 育成講座　② 認定学校等　③ 養成課程］

類題

(1) 総務大臣は、工事担任者試験に合格した者であっても、次の各号のいずれかに該当する者に対しては、工事担任者資格者証の交付を行わないことができる。
(ⅰ) 電気通信事業法又は同法に基づく命令の規定に違反して、工事担任者資格者証の返納を命ぜられ、その日から［(a)］年を経過しない者
(ⅱ) 電気通信事業法の規定により罰金以上の刑に処せられ、その執行を終わり、又はその執行を受けることがなくなった日から［(b)］年を経過しない者

［①1　②2　③3　④4　⑤5］

問2-解説

1 電気通信事業法第2条〔定義〕、第52条〔端末設備の接続の技術基準〕及び電気通信事業法施行規則第2条〔用語〕に関する問題である。

①：電気通信事業法第52条第1項に規定する内容と一致しているので、文章は正しい。

②：電気通信事業法第2条第三号の規定により、電気通信役務とは、電気通信設備を用いて他人の通信を媒介し、その他電気通信設備を他人の通信の用に供することをいうとされている。したがって、文章は誤り。「他人の通信を媒介する」とは、たとえば図2－1において、Aの所有する電気通信設備を利用してBとCの通信を扱う場合をいい、その他Aの設備をA以外の者が使用する場合を、「他人の通信の用に供する」という。

③：電気通信事業法施行規則第2条第2項第一号に規定する内容と一致しているので、文章は正しい。

よって、解答群の文章のうち、誤っているものは、「**電気通信役務とは、電気通信設備を用いて他人の通信を媒介し、その他電気通信設備を特定の者の専用の用に供することをいう。**」である。

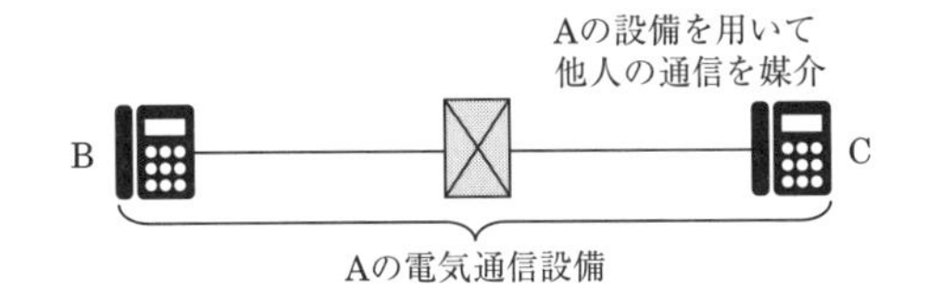

図2－1　電気通信役務(他人の通信を媒介する場合)

2 電気通信事業法第8条〔重要通信の確保〕第1項の規定により、電気通信事業者は、天災、事変その他の非常事態が発生し、又は発生するおそれがあるときは、災害の予防若しくは救援、交通、通信若しくは電力の供給の確保又は秩序の維持のために必要な事項を内容とする通信を優先的に取り扱わなければならない。**公共の利益**のため緊急に行うことを要するその他の通信であって総務省令で定めるものについても、同様とするとされている。

電気通信は、国民生活および社会経済の中枢的役割を担っており、非常事態においては特にその役割が重要となるため、警察・防災機関などへの優先的使用を確保している。

3 電気通信事業法第2条〔定義〕第二号の規定により、電気通信設備とは、電気通信を行うための機械、器具、線路その他の**電気的**設備をいうとされている。

電気通信設備とは、端末設備をはじめ、各種入出力装置、交換設備、無線装置、電力設備、ケーブルなど、電気通信を行うために必要な設備全体の総称である。

4 電気通信事業法第29条〔業務の改善命令〕第1項第七号の規定により、電気通信事業者が提供する電気通信役務に関する提供条件(料金を除く。)が電気通信回線設備の使用の態様を不当に**制限**するものであると総務大臣が認めるとき、総務大臣は当該電気通信事業者に対し、利用者の利益又は公共の利益を確保するために必要な限度において、業務の方法の改善その他の措置をとるべきことを命ずることができるとされている。

5 電気通信事業法第72条〔工事担任者資格者証〕第2項で準用する同法第46条〔電気通信主任技術者資格者証〕第3項の規定により、総務大臣は、次の各号のいずれかに該当する者に対し、工事担任者資格者証を交付するとされている。

一　工事担任者試験に合格した者
二　工事担任者資格者証の交付を受けようとする者の**養成課程**で、総務大臣が総務省令で定める基準に適合するものであることの認定をしたものを修了した者
三　前2号に掲げる者と同等以上の知識及び技能を有すると総務大臣が認定した者

答	
(ア)	②
(イ)	③
(ウ)	②
(エ)	②
(オ)	③

類題の答　(a)①　(b)②

予想問題

問3

次の各文章の[　　　　]内に、それぞれの[　　]の解答群の中から、「電気通信事業法」又は「電気通信事業法施行規則」に規定する内容に照らして最も適したものを選び、その番号を記せ。

22秋 **1** 電気通信事業法又は電気通信事業法施行規則に規定する用語について述べた次の文章のうち、誤っているものは、[(ア)]である。

[① 電気通信とは、有線、無線その他の機械的方法により、符号、音響又は影像を送り、伝え、又は受けることをいう。
② 音声伝送役務とは、おおむね4キロヘルツ帯域の音声その他の音響を伝送交換する機能を有する電気通信設備を他人の通信の用に供する電気通信役務であってデータ伝送役務以外のものをいう。
③ 電気通信事業者とは、電気通信事業を営むことについて、電気通信事業法の規定による総務大臣の登録を受けた者及び同法の規定により総務大臣への届出をした者をいう。]

22春改題 **2** 電気通信事業法は、電気通信事業の公共性に鑑み、その運営を[(イ)]なものとするとともに、その公正な競争を促進することにより、電気通信役務の円滑な提供を確保するとともにその利用者等の利益を保護し、もって電気通信の健全な発達及び国民の利便の確保を図り、公共の福祉を増進することを目的とする。

[① 安定かつ長期的　② 公平かつ安定的　③ 適正かつ合理的]

21春 **3** 利用者は、端末設備又は自営電気通信設備を[(ウ)]するときは、工事担任者資格者証の交付を受けている者に、当該工事担任者資格者証の種類に応じ、これに係る工事を行わせ、又は実地に監督させなければならない。ただし、総務省令で定める場合は、この限りでない。

[① 設　置　② 設　定　③ 接　続]

22秋 **4** 電気通信事業法に規定する「重要通信の確保」について述べた次の二つの文章は、[(エ)]。

A　電気通信事業者は、天災、事変その他の非常事態が発生し、又は発生するおそれがあるときは、災害の予防若しくは救援、交通、通信若しくは電力の供給の確保又は秩序の維持のために必要な事項を内容とする通信を優先的に取り扱わなければならない。

B　電気通信事業者は、電気通信事業法に規定する重要通信の円滑な実施を他の電気通信事業者と相互に連携を図りつつ確保するため、他の電気通信事業者と電気通信設備を相互に接続する場合には、それぞれの管理規定で定めるところにより、重要通信の優先的な取扱いについて取り決めることその他の必要な措置を講じなければならない。

[① Aのみ正しい　② Bのみ正しい　③ AもBも正しい　④ AもBも正しくない]

21秋 **5** 電気通信事業法の「端末設備の接続の検査」において、電気通信事業者の電気通信回線設備と端末設備との接続の検査に従事する者は、端末設備の設置の場所に立ち入るときは、その身分を示す[(オ)]を携帯し、関係人に提示しなければならないと規定されている。

[① 免許証　② 証明書　③ 認定証]

類題

(1) 電気通信事業法に規定する電気通信事業とは、電気通信役務を[(a)]ために提供する事業(放送法に規定する放送局設備供給役務に係る事業を除く。)をいう。

[① 他人の需要に応ずる
② 国民の利便の確保を図る
③ 公共の福祉の増進を図る]

問3-解説

1　電気通信事業法第2条〔定義〕及び電気通信事業法施行規則第2条〔用語〕に関する問題である。

①：電気通信事業法第2条第一号の規定により、電気通信とは、有線、無線その他の電磁的方式により、符号、音響又は影像を送り、伝え、又は受けることをいうとされている。したがって、文章は誤り。

②：電気通信事業法施行規則第2条第2項第一号に規定する内容と一致しているので、文章は正しい。

③：電気通信事業法第2条第五号に規定する内容と一致しているので、文章は正しい。電気通信事業を営む者であって、その設置する端末系伝送路設備が複数の市町村にまたがるものや、中継系伝送路設備が複数の都道府県にまたがるものなどについては、事業の開始にあたって総務大臣の登録を受ける必要がある。なお、その他のものについては、総務大臣へ届け出を行うよう規定されている。

よって、解答群の文章のうち、誤っているものは、「**電気通信とは、有線、無線その他の機械的方法により、符号、音響又は影像を送り、伝え、又は受けることをいう。**」である。

2　電気通信事業法第1条〔目的〕の規定により、電気通信事業法は、電気通信事業の公共性に鑑み、その運営を**適正かつ合理的**なものとするとともに、その公正な競争を促進することにより、電気通信役務の円滑な提供を確保するとともにその利用者等の利益を保護し、もって電気通信の健全な発達及び国民の利便の確保を図り、公共の福祉を増進することを目的とするとされている。

電気通信事業法は、電気通信事業の公正な競争を促進することにより、低廉かつ良質な電気通信サービスが提供され、その結果として社会全体の利益すなわち公共の福祉を増進することを目的としている。

3　電気通信事業法第71条〔工事担任者による工事の実施及び監督〕第1項の規定により、利用者は、端末設備又は自営電気通信設備を**接続**するときは、工事担任者資格者証の交付を受けている者に、当該工事担任者資格者証の種類に応じ、これに係る工事を行わせ、又は実地に監督させなければならない。ただし、総務省令で定める場合は、この限りでないとされている。

条文中に、「実地に監督させなければならない」とあるが、これは、工事の現場で監督させなければならないという意味である。

4　電気通信事業法第8条〔重要通信の確保〕に関する問題である。

A　同条第1項に規定する内容と一致しているので、文章は正しい。

B　同条第3項の規定により、電気通信事業者は、第1項に規定する通信(以下「重要通信」という。)の円滑な実施を他の電気通信事業者と相互に連携を図りつつ確保するため、他の電気通信事業者と電気通信設備を相互に接続する場合には、総務省令で定めるところにより、重要通信の優先的な取扱いについて取り決めることその他の必要な措置を講じなければならないとされている。したがって、文章は誤り。

よって、設問の文章は、**Aのみ正しい**。本条では、電気通信事業者の義務として、非常時に重要通信(災害に関する報道など)を優先的に取り扱うことを定めている。

5　電気通信事業法第69条〔端末設備の接続の検査〕第4項の規定により、電気通信事業者の電気通信回線設備と端末設備との接続の検査に従事する者は、端末設備の設置の場所に立ち入るときは、その身分を示す**証明書**を携帯し、関係人に提示しなければならないとされている。接続の検査を行う者は、端末設備が設置されている場所に立ち入る際に身分を明確に示すことが義務づけられている。

答	
(ア)	①
(イ)	③
(ウ)	③
(エ)	①
(オ)	②

類題の答　(a)①

法規 2 工担者規則、認定等規則、有線法、設備令、不正アクセス禁止法

工事担任者規則

●工事担任者を要しない工事（第3条）

①専用設備に端末設備等を接続するとき

②船舶又は航空機に設置する端末設備のうち総務大臣が告示する次のものを接続するとき

・海事衛星通信（インマルサット）の船舶地球局設備又は航空機地球局設備に接続する端末設備

・岸壁に係留する船舶に、臨時に設置する端末設備

③適合表示端末機器等を総務大臣が別に告示する次の方式により接続するとき

・プラグジャック方式により接続する接続の方式

・アダプタ式ジャック方式により接続する接続の方式

・音響結合方式により接続する接続の方式

・電波により接続する接続の方式

●資格者証の種類及び工事の範囲（第4条）

工事担任者資格者証は、表1に示すとおり5種類が規定されている。なお、第2級アナログ通信については、端末設備の接続工事はできるが、自営電気通信設備の接続は工事の範囲に含まれない。

●資格者証の交付の申請（第37条）

資格者証の交付を受けようとする者は、所定の様式の申請書に次に掲げる書類を添えて、総務大臣に提出しなければならない。

・氏名及び生年月日を証明する書類

・写真1枚

・養成課程（交付を受けようとする資格者証のものに限る。）の修了証明書（養成課程の修了に伴い資格者証の交付を受けようとする者の場合に限る。）

●資格者証の再交付（第40条）

氏名に変更を生じたとき、又は資格者証を汚し、破り若しくは失ったために資格者証の再交付の申請をするときは、所定の様式の申請書に次に掲げる書類を添えて、総務大臣に提出しなければならない。

・資格者証（資格者証を失った場合を除く。）

・写真1枚

・氏名の変更の事実を証する書類（氏名に変更を生じたときに限る。）

●資格者証の返納（第41条）

電気通信事業法又は同法に基づく命令の規定に違反して資格者証の返納を命ぜられた者は、その処分を受けた日から10日以内にその資格者証を総務大臣に返納しなければならない。

資格者証の再交付を受けた後、失った資格者証を発見したときも同様に、10日以内にその資格者証を総務大臣に返納しなければならない。

表1　工事担任者資格者証の種類及び工事の範囲

資格者証の種類	工　事　の　範　囲
第1級アナログ通信	アナログ伝送路設備（アナログ信号を入出力とする電気通信回線設備をいう。以下同じ。）に端末設備等を接続するための工事及び総合デジタル通信用設備に端末設備等を接続するための工事
第2級アナログ通信	アナログ伝送路設備に端末設備を接続するための工事（端末設備に収容される電気通信回線の数が1のものに限る。）及び総合デジタル通信用設備に端末設備を接続するための工事（総合デジタル通信回線の数が基本インタフェースで1のものに限る。）
第1級デジタル通信	デジタル伝送路設備（デジタル信号を入出力とする電気通信回線設備をいう。以下同じ。）に端末設備等を接続するための工事。ただし、総合デジタル通信用設備に端末設備等を接続するための工事を除く。
第2級デジタル通信	デジタル伝送路設備に端末設備等を接続するための工事（接続点におけるデジタル信号の入出力速度が1Gbit/s以下であって、主としてインターネットに接続するための回線に係るものに限る。）。ただし、総合デジタル通信用設備に端末設備等を接続するための工事を除く。
総合通信	アナログ伝送路設備又はデジタル伝送路設備に端末設備等を接続するための工事

端末機器の技術基準適合認定等に関する規則

●対象とする端末機器（第3条）

端末機器技術基準適合認定又は設計についての認証の対象となる端末機器は、次のとおりである。

①アナログ電話用設備又は移動電話用設備に接続される端末機器（電話機、構内交換設備、ボタン電話装置、変復調装置、ファクシミリ、その他総務大臣が別に告示する端末機器（③に掲げるものを除く））

表2　告示されている端末機器

1. 監視通知装置	6. 網制御装置
2. 画像蓄積処理装置	7. 信号受信表示装置
3. 音声蓄積装置	8. 集中処理装置
4. 音声補助装置	9. 通信管理装置
5. データ端末装置（1～4を除く）	

②インターネットプロトコル電話用設備に接続される端末機器(電話機、構内交換設備、ボタン電話装置、符号変換装置、ファクシミリその他呼制御を行うもの)
③インターネットプロトコル移動電話用設備に接続される端末機器
④無線呼出用設備に接続される端末機器
⑤総合デジタル通信用設備に接続される端末機器
⑥専用通信回線設備又はデジタルデータ伝送用設備に接続される端末機器

●表示(第10条)

技術基準適合認定をした旨の表示は、図1のマークにAの記号及び技術基準適合認定番号を、設計についての認証を受けた旨の表示は、図1のマークにTの記号及び設計認証番号を付加して行う。

なお、表示の方法は、次のいずれかとする。

・表示を、技術基準適合認定を受けた端末機器の見やすい箇所に付す方法(表示を付すことが困難又は不合理である端末機器にあっては、当該端末機器に付属する取扱説明書及び包装又は容器の見やすい箇所に付す方法)

図1

・表示を、技術基準適合認定を受けた端末機器に電磁的方法により記録し、当該端末機器の映像面に直ちに明瞭な状態で表示することができるようにする方法
・表示を、技術基準適合認定を受けた端末機器に電磁的方法により記録し、特定の操作によって当該端末機器に接続した製品の映像面に直ちに明瞭な状態で表示することができるようにする方法

表3　技術基準適合認定番号等の最初の文字

	端末機器の種類	記号
(1)	アナログ電話用設備又は移動電話用設備に接続される電話機、構内交換設備、ボタン電話装置、変復調装置、ファクシミリその他総務大臣が別に告示する端末機器(インターネットプロトコル移動電話用設備に接続される端末機器を除く)	A
(2)	インターネットプロトコル電話用設備に接続される電話機、構内交換設備、ボタン電話装置、符号変換装置、ファクシミリその他呼の制御を行う端末機器	E
(3)	インターネットプロトコル移動電話用設備に接続される端末機器	F
(4)	無線呼出用設備に接続される端末機器	B
(5)	総合デジタル通信用設備に接続される端末機器	C
(6)	専用通信回線設備又はデジタルデータ伝送用設備に接続される端末機器	D

有線電気通信法

●有線電気通信法の目的(第1条)

有線電気通信設備の設置及び使用を規律し、有線電気通信に関する秩序を確立することによって公共の福祉の増進に寄与すること。

●用語の定義(第2条)

有線電気通信	送信の場所と受信の場所との間の線条その他の導体を利用して、電磁的方式により、符号、音響又は影像を送り、伝え、又は受けること
有線電気通信設備	有線電気通信を行うための機械、器具、線路その他の電気的設備

●有線電気通信設備の届出(第3条)

有線電気通信設備を設置しようとする者は、設置の工事の開始の日の2週間前までに、その旨を総務大臣に届け出なければならない。工事を要しないときは、設置の日から2週間以内に届け出なければならない。

●本邦外にわたる有線電気通信設備(第4条)

本邦内の場所と本邦外の場所との間の有線電気通信設備は、電気通信事業者がその事業の用に供する設備として設置する場合を除き、設置してはならない。ただし、特別の事由がある場合において総務大臣の許可を受けたときは、この限りでない。

●有線電気通信設備の技術基準(第5条)

政令で定める有線電気通信設備の技術基準は、これにより、次の事項が確保されるものでなければならない。
①他人の有線電気通信設備に妨害を与えないようにすること。
②人体に危害を及ぼし、又は物件に損傷を与えないようにすること。

●設備の検査等(第6条)

総務大臣は、この法律の施行に必要な限度において、有線電気通信設備を設置した者からその設備に関する報告を徴し、又はその職員に、その事務所、営業所、工場若しくは事業場に立ち入り、その設備若しくは帳簿書類を検査させることができる。

この規定により立入検査をする職員は、その身分を示す証明書を携帯し、関係人に提示しなければならない。なお、検査の権限は、犯罪捜査のために認められたものと解してはならない。

●設備の改善等の措置(第7条)

総務大臣は、有線電気通信設備を設置した者に対し、その設備が技術基準に適合しないため他人の設置する有線電気通信設備に妨害を与え、又は人体に危害を及ぼし、若しくは物件に損傷を与えると認めるときは、その妨害、危害又は損傷の防止又は除去のため必要な限度において、その設備の使用の停止又は改造、修理その他の措置を命ずることができる。

●非常事態における通信の確保(第8条)

総務大臣は、天災、事変その他の非常事態が発生し、又は発生するおそれがあるときは、有線電気通信設備を設置した者に対し、災害の予防若しくは救援、交通、通信若しくは電力の供給の確保若しくは秩序の維持のために必要な通信を行い、又はこれらの通信を行うためその有線電気通信設備を他の者に使用させ、若しくはこれを他の有線電気通信設備に接続すべきことを命ずることができる。

有線電気通信設備令

●用語の定義(第1条、施行規則第1条)

電線	有線電気通信を行うための導体(絶縁物又は保護物で被覆されている場合は、これらの物を含む。)であって、強電流電線に重畳される通信回線に係るもの以外のもの
絶縁電線	絶縁物のみで被覆されている電線
ケーブル	光ファイバ並びに光ファイバ以外の絶縁物及び保護物で被覆されている電線
強電流電線	強電流電気の伝送を行うための導体(絶縁物又は保護物で被覆されている場合は、これらの物を含む。)
強電流絶縁電線	絶縁物のみで被覆されている強電流電線
強電流ケーブル	絶縁物及び保護物で被覆されている強電流電線
線　路	送信の場所と受信の場所との間に設置されている電線及びこれに係る中継器その他の機器(これらを支持し、又は保蔵するための工作物を含む。)
支持物	電柱、支線、つり線その他電線又は強電流電線を支持するための工作物
離隔距離	線路と他の物体(線路を含む。)とが気象条件による位置の変化により最も接近した場合におけるこれらの物の間の距離
周波数	0　200Hz　3,500Hz 低周波(200Hz以下の電磁波)／音声周波(200Hzを超え3,500Hz以下の電磁波)／高周波(3,500Hzを超える電磁波) 「低周波」は設備令施行規則で定義
絶対レベル	一の皮相電力の1mWに対する比をデシベルで表わしたもの
平衡度	通信回線の中性点と大地との間に起電力を加えた場合におけるこれらの間に生ずる電圧と通信回線の端子間に生ずる電圧との比をデシベルで表わしたもの
最大音量	通信回線に伝送される音響の電力を別に告示するところにより測定した値
電　圧	750V　7,000V 直流：低圧／高圧／特別高圧 交流：低圧／高圧／特別高圧 600V

●使用可能な電線の種類(第2条の2)

有線電気通信設備に使用される電線は、絶縁電線又はケーブルでなければならない。

●通信回線(光ファイバを除く)の電気的条件(第3条、第4条)

①平衡度　1,000Hzの交流において34dB以上
②線路の電圧　100V以下
③通信回線の電力　+10dBm以下(音声周波)
　+20dBm以下(高周波)

●架空電線の支持物(第5条)

架空電線の支持物は、その架空電線が他人の設置した架空電線又は架空強電流電線と交差し、又は接近するときは、次の条件を満たすように設置しなければならない。
①他人の設置した架空電線又は架空強電流電線を挟み、又はこれらの間を通ることがないようにすること。
②架空強電流電線(当該架空電線の支持物に架設されるものを除く。)との間の離隔距離は、総務省令で定める値以上とすること。

●他人の設置した架空電線等との関係(第9条～第12条)

①他人の設置した架空電線との離隔距離が30cm以下となるように設置しないこと。ただし、その他人の承諾を得たとき、又は設置しようとする架空電線(これに係る中継器その他の機器を含む。)がその他人の設置した架空電線に係る作業に支障を及ぼさず、かつ、その他人の設置した架空電線に損傷を与えない場合として総務省令で定めるときを除く。
②他人の建造物との離隔距離が30cm以下となるように設置しないこと。ただし、その他人の承諾を得たときを除く。
③架空電線は、架空強電流電線と交差するとき、又は架空強電流電線との水平距離がその架空電線若しくは架空強電流電線の支持物のうちいずれか高いものの高さに相当する距離以下となるときは、総務省令で定めるところにより設置しなければならない。
④架空電線は、総務省令で定めるところによらなければ、架空強電流電線と同一の支持物に架設してはならない。

●屋内電線の絶縁抵抗(第17条)

屋内電線(光ファイバを除く。)と大地との間及び屋内電線相互間の絶縁抵抗は、直流100Vの電圧で測定した値で1MΩ以上でなければならない。

●屋内電線と屋内強電流電線との関係(第18条)

屋内電線は、屋内強電流電線との離隔距離が30cm以下となる場合は、総務省令で定めるところにより設置しなければならない。

●有線電気通信設備の保安(第19条)

総務省令で定めるところにより、絶縁機能、避雷機能その他の保安機能を持たなければならない。

不正アクセス行為の禁止等に関する法律

●不正アクセス禁止法の目的(第1条)

不正アクセス行為を禁止するとともに、これについての罰則及びその再発防止のための都道府県公安委員会による援助措置等を定めることにより、電気通信回線を通じて行われる電子計算機に係る犯罪の防止及びアクセス制御機能により実現される電気通信に関する秩序の維持を図り、もって高度情報通信社会の健全な発展に寄与すること。

●用語の定義(第2条)

アクセス管理者	電気通信回線に接続している電子計算機(以下「特定電子計算機」という。)の利用(当該電気通信回線を通じて行うものに限る。以下「特定利用」という。)につき当該特定電子計算機の動作を管理する者
識別符号	特定電子計算機の特定利用をすることについて当該特定利用に係るアクセス管理者の許諾を得た者(以下「利用権者」という。)及び当該アクセス管理者(以下「利用権者等」という。)に、当該アクセス管理者において当該利用権者等を他の利用権者等と区別して識別することができるように付される符号であって、次のいずれかに該当するもの又は次のいずれかに該当する符号とその他の符号を組み合わせたもの ①当該アクセス管理者によってその内容をみだりに第三者に知らせてはならないものとされている符号 ②当該利用権者等の身体の全部若しくは一部の影像又は音声を用いて当該アクセス管理者が定める方法により作成される符号 ③当該利用権者等の署名を用いて当該アクセス管理者が定める方法により作成される符号
アクセス制御機能	特定電子計算機の特定利用を自動的に制御するために当該特定利用に係るアクセス管理者によって当該特定電子計算機又は当該特定電子計算機に電気通信回線を介して接続された他の特定電子計算機に付加されている機能であって、当該特定利用をしようとする者により当該機能を有する特定電子計算機に入力された符号が当該特定利用に係る識別符号(識別符号を用いて当該アクセス管理者の定める方法により作成される符号と当該識別符号の一部を組み合わせた符号を含む。)であることを確認して、当該特定利用の制限の全部又は一部を解除するもの
不正アクセス行為	次のいずれかに該当する行為 ①アクセス制御機能を有する特定電子計算機に電気通信回線を通じて当該アクセス制御機能に係る他人の識別符号を入力して当該特定電子計算機を作動させ、当該アクセス制御機能により制限されている特定利用をし得る状態にさせる行為(当該アクセス制御機能を付加したアクセス管理者がするもの及び当該アクセス管理者又は当該識別符号に係る利用権者の承諾を得てするものを除く) ②アクセス制御機能を有する特定電子計算機に電気通信回線を通じて当該アクセス制御機能による特定利用の制限を免れることができる情報(識別符号であるものを除く。)又は指令を入力して当該特定電子計算機を作動させ、その制限されている特定利用をし得る状態にさせる行為(当該アクセス制御機能を付加したアクセス管理者がするもの及び当該アクセス管理者の承諾を得てするものを除く) ③電気通信回線を介して接続された他の特定電子計算機が有するアクセス制御機能によりその特定利用を制限されている特定電子計算機に電気通信回線を通じてその制限を免れることができる情報又は指令を入力して当該特定電子計算機を作動させ、その制限されている特定利用をし得る状態にさせる行為(当該アクセス制御機能を付加したアクセス管理者がするもの及び当該アクセス管理者の承諾を得てするものを除く)

●不正アクセス行為の禁止(第3条)

何人も、不正アクセス行為をしてはならない。

●他人の識別符号を不正に取得する行為の禁止(第4条)

何人も、不正アクセス行為(第2条第4項第一号に該当するもの(「用語の定義」の表内に示した「不正アクセス行為」の①)に限る。)の用に供する目的で、アクセス制御機能に係る他人の識別符号を取得してはならない。

●不正アクセス行為を助長する行為の禁止(第5条)

何人も、業務その他正当な理由による場合を除いてはアクセス制御機能に係る他人の識別符号を、当該アクセス制御機能に係るアクセス管理者及び当該識別符号に係る利用権者以外の者に提供してはならない。

●他人の識別符号を不正に保管する行為の禁止(第6条)

何人も、不正アクセス行為の用に供する目的で、不正に取得されたアクセス制御機能に係る他人の識別符号を保管してはならない。

●識別符号の入力を不正に要求する行為の禁止(第7条)

何人も、アクセス制御機能を特定電子計算機に付加したアクセス管理者になりすまし、その他当該アクセス管理者であると誤認させて、次に掲げる行為をしてはならない。ただし、当該アクセス管理者の承諾を得てする場合は、この限りでない。

①当該アクセス管理者が当該アクセス制御機能に係る識別符号を付された利用権者に対し当該識別符号を特定電子計算機に入力することを求める旨の情報を、電気通信回線に接続して行う自動公衆送信(公衆によって直接受信されることを目的として公衆からの求めに応じ自動的に送信を行うことをいい、放送又は有線放送に該当するものを除く。)を利用して公衆が閲覧することができる状態に置く行為。

②当該アクセス管理者が当該アクセス制御機能に係る識別符号を付された利用権者に対し当該識別符号を特定電子計算機に入力することを求める旨の情報を、電子メール(特定電子メールの送信の適正化等に関する法律第2条第一号に規定する電子メールをいう。)により当該利用権者に送信する行為。

●アクセス管理者による防御措置(第8条)

アクセス制御機能を特定電子計算機に付加したアクセス管理者は、当該アクセス制御機能に係る識別符号又はこれを当該アクセス制御機能により確認するために用いる符号の適正な管理に努めるとともに、常に当該アクセス制御機能の有効性を検証し、必要があると認めるときは速やかにその機能の高度化その他当該特定電子計算機を不正アクセス行為から防御するため必要な措置を講ずるよう努めるものとする。

次の各文章の[ ]内に、それぞれの[ ]の解答群の中から、「工事担任者規則」、「端末機器の技術基準適合認定等に関する規則」、「有線電気通信法」、「有線電気通信設備令」又は「不正アクセス行為の禁止等に関する法律」に規定する内容に照らして最も適したものを選び、その番号を記せ。（小計25点）

(1) 工事担任者規則に規定する「資格者証の種類及び工事の範囲」について述べた次の二つの文章は、[(ア)]。（5点）

A 第二級アナログ通信の工事担任者は、アナログ伝送路設備に端末設備を接続するための工事のうち、端末設備に収容される電気通信回線の数が1のものに限る工事を行い、又は監督することができる。また、総合デジタル通信用設備に端末設備を接続するための工事のうち、総合デジタル通信回線の数が毎秒64キロビット換算で1のものに限る工事を行い、又は監督することができる。

B 第一級アナログ通信の工事担任者は、アナログ伝送路設備に端末設備等を接続するための工事及び総合デジタル通信用設備に端末設備等を接続するための工事を行い、又は監督することができる。

[① Aのみ正しい ② Bのみ正しい ③ AもBも正しい ④ AもBも正しくない]

(2) 端末機器の技術基準適合認定等に関する規則において、[(イ)]に接続される端末機器に表示される技術基準適合認定番号の最初の文字は、Dと規定されている。（5点）

[① 専用通信回線設備 ② 総合デジタル通信用設備 ③ 電話用設備]

(3) 有線電気通信法の「有線電気通信設備の届出」において、有線電気通信設備(その設置について総務大臣に届け出る必要のないものを除く。)を設置しようとする者は、有線電気通信の方式の別、[(ウ)]及び設備の概要を記載した書類を添えて、設置の工事の開始の日の2週間前まで(工事を要しないときは、設置の日から2週間以内)に、その旨を総務大臣に届け出なければならないと規定されている。（5点）

[① 端末設備の接続の技術的条件 ② 設備構成図 ③ 設備の設置の場所]

(4) 有線電気通信設備令に規定する用語について述べた次の文章のうち、正しいものは、[(エ)]である。（5点）

[① 強電流電線とは、強電流電気の伝送を行うための導体をいい、絶縁物又は保護物で被覆されている場合は、これらの物を除く。
② 線路とは、送信の場所と受信の場所との間に設置されている電線及びこれに係る中継器その他の機器であって、これらを支持し、又は保蔵するための工作物を除いたものをいう。
③ 支持物とは、電柱、支線、つり線その他電線又は強電流電線を支持するための工作物をいう。]

(5) 不正アクセス行為の禁止等に関する法律において、アクセス管理者とは、電気通信回線に接続している電子計算機(以下「特定電子計算機」という。)の利用(当該電気通信回線を通じて行うものに限る。)につき当該特定電子計算機の[(オ)]する者をいう。（5点）

[① 利用を監視 ② 動作を管理 ③ 接続を制限]

解説

(1) 工事担任者規則第4条〔資格者証の種類及び工事の範囲〕に関する問題である。

A 同条の表の規定により、第2級アナログ通信の工事担任者は、アナログ伝送路設備に端末設備を接続するための工事(端末設備に収容される電気通信回線の数が1のものに限る。)及び総合デジタル通信用設備に端末設備を接続するための工事(総合デジタル通信回線の数が基本インタフェースで1のものに限る。)を行い、又は監督することができるとされている。したがって、文章は誤り。総合デジタル通信用設備とは、ISDN(Integrated Services Digital Network)のことをいう。

B 同条の表に規定する内容と一致しているので、文章は正しい。

よって、設問の文章は、**Bのみ正しい**。

(2) 端末機器の技術基準適合認定等に関する規則第10条〔表示〕第1項に基づく様式第7号の規定により、技術基準適合認定を受けた端末機器には、図1に示す様式に記号Ａ及び技術基準適合認定番号を付加して表示することとされている。また、同号の注4の規定により、技術基準適合認定番号の最初の文字は、端末機器の種類に従い、表1に定めるとおりとされている。この表1より、**専用通信回線設備**に接続される端末機器に表示される技術基準適合認定番号の最初の文字は、Dである。

図1

表1 技術基準適合認定番号の最初の文字

端末機器の種類	記号
(1) アナログ電話用設備又は移動電話用設備に接続される電話機、構内交換設備、ボタン電話装置、変復調装置、ファクシミリその他総務大臣が別に告示する端末機器(インターネットプロトコル移動電話用設備に接続される端末機器を除く)	A
(2) インターネットプロトコル電話用設備に接続される電話機、構内交換設備、ボタン電話装置、符号変換装置、ファクシミリその他呼の制御を行う端末機器	E
(3) インターネットプロトコル移動電話用設備に接続される端末機器	F
(4) 無線呼出用設備に接続される端末機器	B
(5) 総合デジタル通信用設備に接続される端末機器	C
(6) 専用通信回線設備又はデジタルデータ伝送用設備に接続される端末機器	D

(3) 有線電気通信法第3条〔有線電気通信設備の届出〕第1項の規定により、有線電気通信設備(その設置について総務大臣に届け出る必要のないものを除く。)を設置しようとする者は、有線電気通信の方式の別、**設備の設置の場所**及び設備の概要を記載した書類を添えて、設置の工事の開始の日の2週間前まで(工事を要しないときは、設置の日から2週間以内)に、その旨を総務大臣に届け出なければならないとされている。

この規定は、設置される設備が有線電気通信法で定めている技術基準に適合しているかどうかを、総務大臣があらかじめ確認することを目的としている。

(4) 有線電気通信設備令第1条〔定義〕に関する問題である。

①：同条第四号の規定により、強電流電線とは、強電流電気の伝送を行うための導体(絶縁物又は保護物で被覆されている場合は、これらの物を含む。)をいうとされている。したがって、文章は誤り。強電流電線は、電力の送電を行う電力線である。

②：同条第五号の規定により、線路とは、送信の場所と受信の場所との間に設置されている電線及びこれに係る中継器その他の機器(これらを支持し、又は保蔵するための工作物を含む。)をいうとされている。したがって、文章は誤り。線路は、送信の場所と受信の場所との間に設置されている電線の他、電柱や支線などの支持物、中継器、保安器を含む。ただし、強電流電線は線路には含まれない。

③：同条第六号に規定する内容と一致しているので、文章は正しい。

よって、解答群の文章のうち、正しいものは、「**支持物とは、電柱、支線、つり線その他電線又は強電流電線を支持するための工作物をいう。**」である。

(5) 不正アクセス行為の禁止等に関する法律第2条〔定義〕第1項の規定により、アクセス管理者とは、電気通信回線に接続している電子計算機(以下「特定電子計算機」という。)の利用(当該電気通信回線を通じて行うものに限る。)につき当該特定電子計算機の**動作を管理**する者をいうとされている。

不正アクセス行為の禁止等に関する法律は、アクセス権限のない者が、他人のID・パスワードを無断で使用したりセキュリティホール(OSやアプリケーションなどのセキュリティ上の脆弱(ぜいじゃく)な部分)を攻撃したりすることによって、ネットワークを介してコンピュータに不正にアクセスする行為などを禁止している。

法規

2 工担者規則、認定等規則、有線法、設備令、不正アクセス禁止法

答	
(ア)	②
(イ)	①
(ウ)	③
(エ)	③
(オ)	②

次の各文章の［　　］内に、それぞれの[　]の解答群の中から、「工事担任者規則」、「端末機器の技術基準適合認定等に関する規則」、「有線電気通信法」、「有線電気通信設備令」又は「不正アクセス行為の禁止等に関する法律」に規定する内容に照らして最も適したものを選び、その番号を記せ。　(小計25点)

(1) 工事担任者規則に規定する「資格者証の種類及び工事の範囲」について述べた次の文章のうち、誤っているものは、［(ア)］である。　(5点)

[① 第二級アナログ通信の工事担任者は、アナログ伝送路設備に端末設備を接続するための工事のうち、端末設備に収容される電気通信回線の数が1のものに限る工事を行い、又は監督することができる。また、総合デジタル通信用設備に端末設備を接続するための工事のうち、総合デジタル通信回線の数が基本インタフェースで1のものに限る工事を行い、又は監督することができる。
② 第二級デジタル通信の工事担任者は、デジタル伝送路設備に端末設備等を接続するための工事のうち、接続点におけるデジタル信号の入出力速度が毎秒1ギガビット以下であって、主としてインターネットに接続するための回線に係るものに限る工事及び総合デジタル通信用設備に端末設備等を接続するための工事を行い、又は監督することができる。
③ 総合通信の工事担任者は、アナログ伝送路設備又はデジタル伝送路設備に端末設備等を接続するための工事を行い、又は監督することができる。]

(2) 端末機器の技術基準適合認定等に関する規則において、［(イ)］に接続される端末機器に表示される技術基準適合認定番号の最初の文字は、Eと規定されている。　(5点)

[① 総合デジタル通信用設備　② インターネットプロトコル電話用設備
③ デジタルデータ伝送用設備]

(3) 有線電気通信法に規定する「目的」及び「技術基準」について述べた次の二つの文章は、［(ウ)］。(5点)

A 有線電気通信法は、有線電気通信設備の設置及び使用を規律し、有線電気通信に関する秩序を確立することによって、公共の福祉の増進に寄与することを目的とする。

B 有線電気通信設備(政令で定めるものを除く。)の技術基準により確保されるべき事項の一つとして、有線電気通信設備は、他人の設置する有線電気通信設備に妨害を与えないようにすることがある。

[① Aのみ正しい　② Bのみ正しい　③ AもBも正しい　④ AもBも正しくない]

(4) 有線電気通信設備令に規定する用語について述べた次の文章のうち、正しいものは、［(エ)］である。　(5点)

[① 電線とは、有線電気通信を行うための導体(絶縁物又は保護物で被覆されている場合は、これらの物を含む。)をいい、強電流電線に重畳される通信回線に係るものを含む。
② 絶縁電線とは、絶縁物及び保護物で被覆されている電線をいう。
③ ケーブルとは、光ファイバ並びに光ファイバ以外の絶縁物及び保護物で被覆されている電線をいう。]

(5) 不正アクセス行為の禁止等に関する法律は、不正アクセス行為を禁止するとともに、これについての罰則及びその再発防止のための都道府県公安委員会による援助措置等を定めることにより、電気通信回線を通じて行われる電子計算機に係る［(オ)］及びアクセス制御機能により実現される電気通信に関する秩序の維持を図り、もって高度情報通信社会の健全な発展に寄与することを目的とする。　(5点)

[① 犯罪の防止　② 個人情報の保護　③ 識別符号の管理]

解説

(1) 工事担任者規則第４条〔資格者証の種類及び工事の範囲〕に関する問題である。

①、③：同条の表に規定する内容と一致しているので、文章は正しい。

②：同条の表の規定により、第2級デジタル通信の工事担任者は、デジタル伝送路設備に端末設備等を接続するための工事(接続点におけるデジタル信号の入出力速度が1Gbit/s以下であって、主としてインターネットに接続するための回線に係るものに限る。)を行い、又は監督することができる。ただし、総合デジタル通信用設備に端末設備等を接続するための工事を除くとされている。したがって、文章は誤り。

よって、解答群の文章のうち、誤っているものは、「**第二級デジタル通信の工事担任者は、デジタル伝送路設備に端末設備等を接続するための工事のうち、接続点におけるデジタル信号の入出力速度が毎秒1ギガビット以下であって、主としてインターネットに接続するための回線に係るものに限る工事及び総合デジタル通信用設備に端末設備等を接続するための工事を行い、又は監督することができる。**」である。

(2) 端末機器の技術基準適合認定等に関する規則第10条〔表示〕第1項に基づく様式第7号の注4の規定により、**インターネットプロトコル電話用設備**に接続される端末機器に表示される技術基準適合認定番号の最初の文字は、Eである。

(3) 有線電気通信法第１条〔目的〕及び第５条〔技術基準〕に関する問題である。

A　第１条に規定する内容と一致しているので、文章は正しい。

B　第5条第2項に、有線電気通信設備の技術基準で確保されるべき事項として、次の2つが定められている。設問の文章は、「一」に規定する内容と一致しているので正しい。

一　有線電気通信設備は、他人の設置する有線電気通信設備に妨害を与えないようにすること。

二　有線電気通信設備は、人体に危害を及ぼし、又は物件に損傷を与えないようにすること。

よって、設問の文章は、**AもBも正しい**。

(4) 有線電気通信設備令第１条〔定義〕に関する問題である。

①：同条第一号の規定により、電線とは、有線電気通信(送信の場所と受信の場所との間の線条その他の導体を利用して、電磁的方式により信号を行うことを含む。)を行うための導体(絶縁物又は保護物で被覆されている場合は、これらの物を含む。)であって、強電流電線に重畳される通信回線に係るもの以外のものをいうとされているので、文章は誤り。

②：同条第二号の規定により、絶縁電線とは、絶縁物のみで被覆されている電線をいうとされている。したがって、文章は誤り。家屋内に配線される電線は、一般に絶縁電線である。

③：同条第三号に規定する内容と一致しているので、文章は正しい。

よって、解答群の文章のうち、正しいものは、「**ケーブルとは、光ファイバ並びに光ファイバ以外の絶縁物及び保護物で被覆されている電線をいう。**」である。

(5) 不正アクセス行為の禁止等に関する法律第１条〔目的〕の規定により、この法律は、不正アクセス行為を禁止するとともに、これについての罰則及びその再発防止のための都道府県公安委員会による援助措置等を定めることにより、電気通信回線を通じて行われる電子計算機に係る**犯罪の防止**及びアクセス制御機能により実現される電気通信に関する秩序の維持を図り、もって高度情報通信社会の健全な発展に寄与することを目的とするとされている。

答	
(ア)	②
(イ)	②
(ウ)	③
(エ)	③
(オ)	①

予想問題

問1

次の各文章の［　　］内に、それぞれの[　　]の解答群の中から、「工事担任者規則」、「端末機器の技術基準適合認定等に関する規則」、「有線電気通信法」、「有線電気通信設備令」又は「不正アクセス行為の禁止等に関する法律」に規定する内容に照らして最も適したものを選び、その番号を記せ。

22秋 **1** 第二級アナログ通信の工事担任者は、アナログ伝送路設備に端末設備を接続するための工事のうち、端末設備に収容される電気通信回線の数が1のものに限る工事を行い、又は監督することができる。また、総合デジタル通信用設備に端末設備を接続するための工事のうち、総合デジタル通信回線の数が［（ア）］で1のものに限る工事を行い、又は監督することができる。

[① 基本インタフェース　② 毎秒64キロビット換算　③ 1次群インタフェース]

21秋 **2** 端末機器の技術基準適合認定等に関する規則に規定する、端末機器の技術基準適合認定番号について述べた次の文章のうち、誤っているものは、［（イ）］である。

① 移動電話用設備(インターネットプロトコル移動電話用設備を除く。)に接続される端末機器に表示される技術基準適合認定番号の最初の文字は、Aである。
② 専用通信回線設備に接続される端末機器に表示される技術基準適合認定番号の最初の文字は、Bである。
③ 総合デジタル通信用設備に接続される端末機器に表示される技術基準適合認定番号の最初の文字は、Cである。

22秋 **3** 有線電気通信法に規定する「目的」又は「定義」について述べた次の文章のうち、正しいものは、［（ウ）］である。

① 有線電気通信法は、有線電気通信設備の設置及び使用の態様を規律し、有線電気通信に関する役務を提供することによって、公共の福祉の増進に寄与することを目的とする。
② 有線電気通信とは、送信の場所と受信の場所との間の事業用電気通信設備を利用して、電磁的方式により、符号、音響又は影像を送り、伝え、又は受けることをいう。
③ 有線電気通信設備とは、有線電気通信を行うための機械、器具、線路その他の電気的設備(無線通信用の有線連絡線を含む。)をいう。

4 離隔距離とは、線路と他の物体(線路を含む。)とが気象条件による位置の変化により最も［（エ）］場合におけるこれらの物の間の距離をいう。

[① 離れた　② 安定した　③ 接近した]

5 不正アクセス行為の禁止等に関する法律の規定では、アクセス制御機能を有する特定電子計算機に電気通信回線を通じて当該アクセス制御機能に係る他人の識別符号を入力して当該特定電子計算機を作動させ、当該アクセス制御機能により［（オ）］されている特定利用をし得る状態にさせる行為(当該アクセス制御機能を付加したアクセス管理者がするもの及び当該アクセス管理者又は当該識別符号に係る利用権者の承諾を得てするものを除く。)は、不正アクセス行為に該当する行為である。

[① 認　証　② 制　限　③ 保　護　④ 管　理]

類題

(1) 工事担任者資格者証の交付を受けようとする者は、別に定める様式の申請書に次に掲げる(ⅰ)～(ⅲ)の書類を添えて、［(a)］に提出しなければならない。
(ⅰ) 氏名及び生年月日を証明する書類
(ⅱ) 写真1枚
(ⅲ) 養成課程の修了証明書(養成課程の修了に伴い資格者証の交付を受けようとする者の場合に限る。)

[① 総務大臣　② 指定試験機関　③ 都道府県知事]

問1-解説

1 工事担任者規則第4条〔資格者証の種類及び工事の範囲〕の表の規定により、第2級アナログ通信の工事担任者は、アナログ伝送路設備に端末設備を接続するための工事(端末設備に収容される電気通信回線の数が1のものに限る。)及び総合デジタル通信用設備に端末設備を接続するための工事(総合デジタル通信回線の数が**基本インタフェース**で1のものに限る。)を行い、又は監督することができるとされている。

2 端末機器の技術基準適合認定等に関する規則第10条〔表示〕第1項に基づく様式第7号の注4の規定により、技術基準適合認定番号の最初の文字は、端末機器の種類に従い、表1－1に定めるとおりとされている。この表1－1より、移動電話用設備(インターネットプロトコル移動電話用設備を除く。)の場合はA、専用通信回線設備の場合はD、総合デジタル通信用設備の場合はCである。したがって、①および③の文章は正しいが、②の文章は誤りである。

よって、解答群の文章のうち、誤っているものは、「**専用通信回線設備に接続される端末機器に表示される技術基準適合認定番号の最初の文字は、Bである。**」である。

表1－1 技術基準適合認定番号の最初の文字

端末機器の種類	記号
(1) アナログ電話用設備又は移動電話用設備に接続される電話機、構内交換設備、ボタン電話装置、変復調装置、ファクシミリその他総務大臣が別に告示する端末機器(インターネットプロトコル移動電話用設備に接続される端末機器を除く)	A
(2) インターネットプロトコル電話用設備に接続される電話機、構内交換設備、ボタン電話装置、符号変換装置、ファクシミリその他呼の制御を行う端末機器	E
(3) インターネットプロトコル移動電話用設備に接続される端末機器	F
(4) 無線呼出用設備に接続される端末機器	B
(5) 総合デジタル通信用設備に接続される端末機器	C
(6) 専用通信回線設備又はデジタルデータ伝送用設備に接続される端末機器	D

3 有線電気通信法第1条〔目的〕及び第2条〔定義〕に関する問題である。

①：第1条の規定により、有線電気通信法は、有線電気通信設備の設置及び使用を規律し、有線電気通信に関する秩序を確立することによって、公共の福祉の増進に寄与することを目的とするとされている。したがって、文章は誤り。

②：第2条第1項の規定により、有線電気通信とは、送信の場所と受信の場所との間の線条その他の導体を利用して、電磁的方式により、符号、音響又は影像を送り、伝え、又は受けることをいうとされている。したがって、文章は誤り。電磁的方式には、銅線やケーブルなどで電気信号を伝搬させる方法の他、導波管の中で電磁波を伝搬させる方法や、光ファイバで光を伝搬させる方法がある。

③：第2条第2項に規定する内容と一致しているので、文章は正しい。

よって、解答群の文章のうち、正しいものは、「**有線電気通信設備とは、有線電気通信を行うための機械、器具、線路その他の電気的設備(無線通信用の有線連絡線を含む。)をいう。**」である。

4 有線電気通信設備令第1条〔定義〕第七号の規定により、離隔距離とは、線路と他の物体(線路を含む。)とが気象条件による位置の変化により最も**接近した**場合におけるこれらの物の間の距離をいうとされている。

線路等の位置が風や温度上昇等の気象条件により変化しても、これらの間の規定距離が確保できるよう、最も接近した状態を「離隔距離」としている。

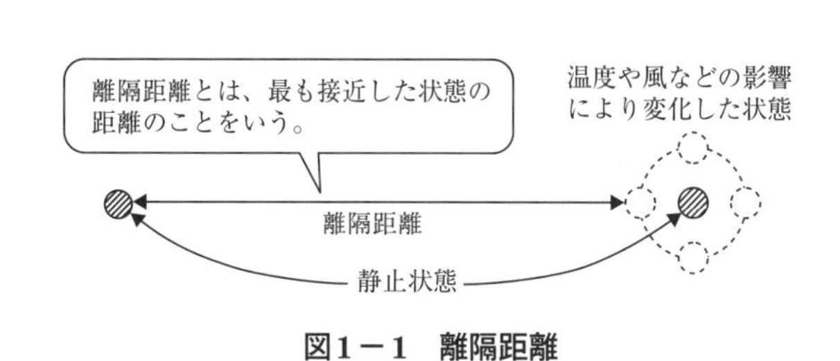

図1－1 離隔距離

5 不正アクセス行為の禁止等に関する法律第2条〔定義〕第4項第一号の規定により、アクセス制御機能を有する特定電子計算機に電気通信回線を通じて当該アクセス制御機能に係る他人の識別符号を入力して当該特定電子計算機を作動させ、当該アクセス制御機能により**制限**されている特定利用をし得る状態にさせる行為(当該アクセス制御機能を付加したアクセス管理者がするもの及び当該アクセス管理者又は当該識別符号に係る利用権者の承諾を得てするものを除く。)は、不正アクセス行為に該当する行為とされている。

これは、ネットワークに接続されているコンピュータに他人のID・パスワードなどを不正に入力して、アクセス制御機能(認証機能)により制限されている機能を利用可能な状態にする行為を指す。

答	
(ア)	①
(イ)	②
(ウ)	③
(エ)	③
(オ)	②

類題の答 (a)①

予想問題

問2

次の各文章の［　　］内に、それぞれの［　］の解答群の中から、「工事担任者規則」、「端末機器の技術基準適合認定等に関する規則」、「有線電気通信法」、「有線電気通信設備令」又は「不正アクセス行為の禁止等に関する法律」に規定する内容に照らして最も適したものを選び、その番号を記せ。

22春 **1** 工事担任者規則に規定する「資格者証の種類及び工事の範囲」について述べた次の文章のうち、誤っているものは、［（ア）］である。

［① 第一級アナログ通信の工事担任者は、アナログ伝送路設備に端末設備等を接続するための工事及び総合デジタル通信用設備に端末設備等を接続するための工事を行い、又は監督することができる。
② 第二級アナログ通信の工事担任者は、アナログ伝送路設備に端末設備を接続するための工事のうち、端末設備に収容される電気通信回線の数が1のものに限る工事を行い、又は監督することができる。また、総合デジタル通信用設備に端末設備を接続するための工事のうち、総合デジタル通信回線の数が基本インタフェースで1のものに限る工事を行い、又は監督することができる。
③ 第二級デジタル通信の工事担任者は、デジタル伝送路設備に端末設備等を接続するための工事のうち、接続点におけるデジタル信号の入出力速度が毎秒1ギガビット以下であって、主としてインターネットに接続するための回線に係るものに限る工事及び総合デジタル通信用設備に端末設備等を接続するための工事を行い、又は監督することができる。］

2 端末機器の技術基準適合認定等に関する規則において、インターネットプロトコル移動電話用設備に接続される端末機器に表示される技術基準適合認定番号の最初の文字は、［（イ）］と規定されている。

［① D　② E　③ F］

21秋 **3** 総務大臣は、有線電気通信法の施行に必要な限度において、有線電気通信設備を［（ウ）］からその設備に関する報告を徴し、又はその職員に、その事務所、営業所、工場若しくは事業場に立ち入り、その設備若しくは帳簿書類を検査させることができる。

［① 管理する者　② 運用する者　③ 設置した者］

4 有線電気通信設備令に規定する用語について述べた次の文章のうち、誤っているものは、［（エ）］である。

［① 線路とは、送信の場所と受信の場所との間に設置されている電線及びこれに係る中継器その他の機器(これらを支持し、又は保蔵するための工作物を含む。)をいう。
② 強電流電線とは、強電流電気の伝送を行うための導体のほか、つり線、支線などの工作物を含めたものをいう。
③ 絶対レベルとは、一の皮相電力の1ミリワットに対する比をデシベルで表わしたものをいう。］

22秋 **5** 不正アクセス行為の禁止等に関する法律において、アクセス制御機能とは、特定電子計算機の特定利用を自動的に制御するために当該特定利用に係る［（オ）］によって当該特定電子計算機又は当該特定電子計算機に電気通信回線を介して接続された他の特定電子計算機に付加されている機能であって、当該特定利用をしようとする者により当該機能を有する特定電子計算機に入力された符号が当該特定利用に係る識別符号であることを確認して、当該特定利用の制限の全部又は一部を解除するものをいう。

［① ネットワーク管理責任者　② アクセス管理者　③ セキュリティ管理者］

類題

(1) 端末機器の技術基準適合認定等に関する規則において、アナログ電話用設備に接続される端末機器に表示される技術基準適合認定番号の最初の文字は、［(a)］と規定されている。
［①A ②B ③C］

問2-解説

1 工事担任者規則第4条〔資格者証の種類及び工事の範囲〕に関する問題である。

①、②：同条の表に規定する内容と一致しているので、文章は正しい。

③：同条の表の規定により、第2級デジタル通信の工事担任者は、デジタル伝送路設備に端末設備等を接続するための工事(接続点におけるデジタル信号の入出力速度が1Gbit/s以下であって、主としてインターネットに接続するための回線に係るものに限る。)を行い、又は監督することができる。ただし、総合デジタル通信用設備に端末設備等を接続するための工事を除くとされている。したがって、文章は誤り。

よって、解答群の文章のうち、誤っているものは、「**第二級デジタル通信の工事担任者は、デジタル伝送路設備に端末設備等を接続するための工事のうち、接続点におけるデジタル信号の入出力速度が毎秒1ギガビット以下であって、主としてインターネットに接続するための回線に係るものに限る工事及び総合デジタル通信用設備に端末設備等を接続するための工事を行い、又は監督することができる。**」である。

2 端末機器の技術基準適合認定等に関する規則第10条〔表示〕第1項に基づく様式第7号の注4の規定により、インターネットプロトコル移動電話用設備に接続される端末機器に表示される技術基準適合認定番号の最初の文字は、**F**である。インターネットプロトコル移動電話用設備とは、IP移動電話(VoLTE：Voice over LTE)のことを指す。第3世代携帯電話のデータ通信を高速化した規格であるLTE(Long Term Evolution)のネットワークを使用して高品質の音声通話を実現する。

3 有線電気通信法第6条〔設備の検査等〕第1項の規定により、総務大臣は、有線電気通信法の施行に必要な限度において、有線電気通信設備を**設置した者**からその設備に関する報告を徴し、又はその職員に、その事務所、営業所、工場若しくは事業場に立ち入り、その設備若しくは帳簿書類を検査させることができるとされている。

4 有線電気通信設備令第1条〔定義〕に関する問題である。

①：同条第五号に規定する内容と一致しているので、文章は正しい。

②：同条第四号の規定により、強電流電線とは、強電流電気の伝送を行うための導体(絶縁物又は保護物で被覆されている場合は、これらの物を含む。)をいうとされている。したがって、つり線、支線などの工作物は含まれないので文章は誤り。

③：同条第十号に規定する内容と一致しているので、文章は正しい。

よって、解答群の文章のうち、誤っているものは、「**強電流電線とは、強電流電気の伝送を行うための導体のほか、つり線、支線などの工作物を含めたものをいう。**」である。

5 不正アクセス行為の禁止等に関する法律第2条〔定義〕第3項の規定により、この法律において「アクセス制御機能」とは、特定電子計算機の特定利用を自動的に制御するために当該特定利用に係る**アクセス管理者**によって当該特定電子計算機又は当該特定電子計算機に電気通信回線を介して接続された他の特定電子計算機に付加されている機能であって、当該特定利用をしようとする者により当該機能を有する特定電子計算機に入力された符号が当該特定利用に係る識別符号(識別符号を用いて当該アクセス管理者の定める方法により作成される符号と当該識別符号の一部を組み合わせた符号を含む。)であることを確認して、当該特定利用の制限の全部又は一部を解除するものをいうとされている。

たとえば、ユーザIDとパスワードを入力させ、それが正しければ利用可能な状態にし、誤っていれば利用制限を解除せず利用を拒否する機能が該当する。

答	
(ア)	③
(イ)	③
(ウ)	③
(エ)	②
(オ)	②

類題の答 (a)①

予想問題

問3

次の各文章の ＿＿＿ 内に、それぞれの[　　]の解答群の中から、「工事担任者規則」、「端末機器の技術基準適合認定等に関する規則」、「有線電気通信法」、「有線電気通信設備令」又は「不正アクセス行為の禁止等に関する法律」に規定する内容に照らして最も適したものを選び、その番号を記せ。

(1) 工事担任者規則に規定する「資格者証の種類及び工事の範囲」について述べた次の文章のうち、誤っているものは、 (ア) である。

[① 第一級デジタル通信の工事担任者は、デジタル伝送路設備に端末設備等を接続するための工事を行い、又は監督することができる。ただし、総合デジタル通信用設備に端末設備等を接続するための工事を除く。
② 第二級デジタル通信の工事担任者は、デジタル伝送路設備に端末設備等を接続するための工事のうち、接続点におけるデジタル信号の入出力速度が毎秒1ギガビット以下であって、主としてインターネットに接続するための回線に係るものに限る工事を行い、又は監督することができる。ただし、総合デジタル通信用設備に端末設備等を接続するための工事を除く。
③ 第二級アナログ通信の工事担任者は、アナログ伝送路設備に端末設備を接続するための工事のうち、端末設備に収容される電気通信回線の数が1のものに限る工事を行い、又は監督することができる。また、総合デジタル通信用設備に端末設備を接続するための工事のうち、総合デジタル通信回線の数が毎秒64キロビット換算で1のものに限る工事を行い、又は監督することができる。]

22秋 (2) 端末機器の技術基準適合認定番号について述べた次の二つの文章は、 (イ) 。

A 移動電話用設備(インターネットプロトコル移動電話用設備を除く。)に接続される端末機器に表示される技術基準適合認定番号の最初の文字は、Aである。

B 総合デジタル通信用設備に接続される端末機器に表示される技術基準適合認定番号の最初の文字は、Cである。

[① Aのみ正しい　② Bのみ正しい　③ AもBも正しい　④ AもBも正しくない]

22春 (3) 有線電気通信法の「技術基準」において、有線電気通信設備(政令で定めるものを除く。)の技術基準により確保されるべき事項の一つとして、有線電気通信設備は、他人の設置する有線電気通信設備 (ウ) ようにすることが規定されている。

[① に妨害を与えない　② と相互に接続できる　③ との間に分界点を設ける]

22春 (4) 有線電気通信設備令に規定する用語について述べた次の文章のうち、誤っているものは、 (エ) である。

[① 平衡度とは、通信回線の中性点と大地との間に起電力を加えた場合におけるこれらの間に生ずる電圧と通信回線の端子間に生ずる電圧との比をデシベルで表わしたものをいう。
② 高周波とは、周波数が4,500ヘルツを超える電磁波をいう。
③ 絶縁電線とは、絶縁物のみで被覆されている電線をいう。]

(5) アクセス制御機能を特定電子計算機に付加したアクセス管理者は、当該アクセス制御機能に係る識別符号又はこれを当該アクセス制御機能により確認するために用いる符号の適正な管理に努めるとともに、常に当該アクセス制御機能の有効性を (オ) し、必要があると認めるときは速やかにその機能の高度化その他当該特定電子計算機を不正アクセス行為から防御するため必要な措置を講ずるよう努めるものとする。

[① 検 証　② 指 導　③ 制 限]

問3-解説

1　工事担任者規則第４条〔資格者証の種類及び工事の範囲〕に関する問題である。

①、②：同条の表に規定する内容と一致しているので、文章は正しい。

③：同条の表の規定により、第２級アナログ通信の工事担任者は、アナログ伝送路設備に端末設備を接続するための工事(端末設備に収容される電気通信回線の数が１のものに限る。)及び総合デジタル通信用設備に端末設備を接続するための工事(総合デジタル通信回線の数が基本インタフェースで１のものに限る。)を行い、又は監督することができるとされている。したがって、文章は誤り。

よって、解答群の文章のうち、誤っているものは、「**第二級アナログ通信の工事担任者は、アナログ伝送路設備に端末設備を接続するための工事のうち、端末設備に収容される電気通信回線の数が１のものに限る工事を行い、又は監督することができる。また、総合デジタル通信用設備に端末設備を接続するための工事のうち、総合デジタル通信回線の数が毎秒64キロビット換算で１のものに限る工事を行い、又は監督することができる。**」である。

2　端末機器の技術基準適合認定等に関する規則第10条〔表示〕第１項に基づく様式第７号の注４の規定により、移動電話用設備(インターネットプロトコル移動電話用設備を除く。)に接続される端末機器に表示される技術基準適合認定番号の最初の文字はA、総合デジタル通信用設備に接続される端末機器に表示される技術基準適合認定番号の最初の文字はCとされているので、設問の文章は、**AもBも正しい**。

3　有線電気通信法第５条〔技術基準〕第１項の規定により、有線電気通信設備(政令で定めるものを除く。)は、政令で定める技術基準に適合するものでなければならないとされている。また、同条第２項の規定により、第１項の技術基準は、これにより次の事項が確保されるものとして定められなければならないとされている。

一　有線電気通信設備は、他人の設置する有線電気通信設備**に妨害を与えない**ようにすること。

二　有線電気通信設備は、人体に危害を及ぼし、又は物件に損傷を与えないようにすること。

4　有線電気通信設備令第１条〔定義〕に関する問題である。

①：同条第十一号に規定する内容と一致しているので、文章は正しい。平衡度が小さければ、外部からの誘導電圧により妨害を受けやすくなる。

②：同条第九号の規定により、高周波とは、周波数が3,500Hzを超える電磁波をいうとされている。したがって、文章は誤り。周波数が200Hz以下の電磁波を「低周波」、周波数が200Hzを超え、3,500Hz以下の電磁波を「音声周波」という(図３－１)。

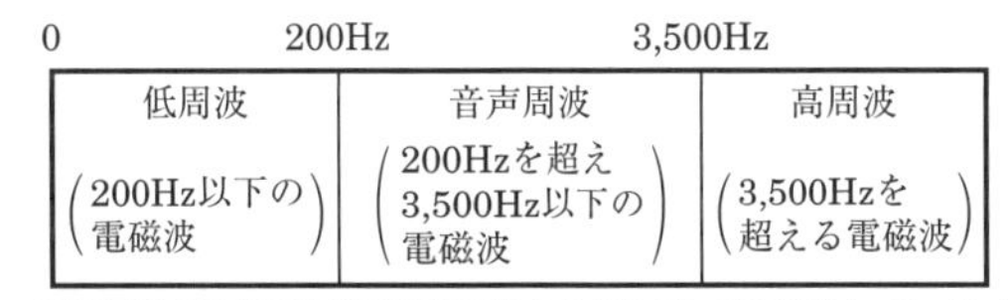

図３－１　周波数の分類

③：同条第二号に規定する内容と一致しているので、文章は正しい。絶縁電線とは、銅線のまわりをポリエチレンやポリ塩化ビニルなどの絶縁物のみで被覆している電線のことをいう。

よって、解答群の文章のうち、誤っているものは、「**高周波とは、周波数が4,500ヘルツを超える電磁波をいう。**」である。

5　不正アクセス行為の禁止等に関する法律第８条〔アクセス管理者による防御措置〕の規定により、アクセス制御機能を特定電子計算機に付加したアクセス管理者は、当該アクセス制御機能に係る識別符号又はこれを当該アクセス制御機能により確認するために用いる符号の適正な管理に努めるとともに、常に当該アクセス制御機能の有効性を**検証**し、必要があると認めるときは速やかにその機能の高度化その他当該特定電子計算機を不正アクセス行為から防御するため必要な措置を講ずるよう努めるものとするとされている。

アクセス管理者は、不正アクセスからコンピュータを防御するために必要な措置を講じるよう努力義務が課されている。

答	
(ア)	③
(イ)	③
(ウ)	①
(エ)	②
(オ)	①

法規 3 端末設備等規則(Ⅰ)

「端末設備等規則」のうち、「アナログ電話端末」「移動電話端末」「インターネットプロトコル電話端末」「インターネットプロトコル移動電話端末」「専用通信回線設備等端末」に関する条文のポイントについては、178～179頁をご覧ください。

総則

●用語の定義(第2条)

電話用設備	電気通信事業の用に供する電気通信回線設備であって、主として音声の伝送交換を目的とする電気通信役務の用に供するもの
アナログ電話用設備	電話用設備であって、端末設備又は自営電気通信設備を接続する点においてアナログ信号を入出力とするもの
アナログ電話端末	端末設備であって、アナログ電話用設備に接続される点において2線式の接続形式で接続されるもの
移動電話用設備	電話用設備であって、端末設備又は自営電気通信設備との接続において電波を使用するもの
移動電話端末	端末設備であって、移動電話用設備(インターネットプロトコル移動電話用設備を除く。)に接続されるもの
インターネットプロトコル電話用設備	電話用設備(電気通信番号規則別表第一号に掲げる固定電話番号を使用して提供する音声伝送役務の用に供するものに限る。)であって、端末設備又は自営電気通信設備との接続においてインターネットプロトコルを使用するもの
インターネットプロトコル電話端末	端末設備であって、インターネットプロトコル電話用設備に接続されるもの
インターネットプロトコル移動電話用設備	移動電話用設備(電気通信番号規則別表第四号に掲げる音声伝送携帯電話番号を使用して提供する音声伝送役務の用に供するものに限る。)であって、端末設備又は自営電気通信設備との接続においてインターネットプロトコルを使用するもの
インターネットプロトコル移動電話端末	端末設備であって、インターネットプロトコル移動電話用設備に接続されるもの
無線呼出用設備	電気通信事業の用に供する電気通信回線設備であって、無線によって利用者に対する呼出し(これに付随する通報を含む。)を行うことを目的とする電気通信役務の用に供するもの
無線呼出端末	端末設備であって、無線呼出用設備に接続されるもの
総合デジタル通信用設備	電気通信事業の用に供する電気通信回線設備であって、主として64kbit/sを単位とするデジタル信号の伝送速度により、符号、音声、その他の音響又は影像を統合して伝送交換することを目的とする電気通信役務の用に供するもの
総合デジタル通信端末	端末設備であって、総合デジタル通信用設備に接続されるもの
専用通信回線設備	電気通信事業の用に供する電気通信回線設備であって、特定の利用者に当該設備を専用させる電気通信役務の用に供するもの
デジタルデータ伝送用設備	電気通信事業の用に供する電気通信回線設備であって、デジタル方式により、専ら符号又は影像の伝送交換を目的とする電気通信役務の用に供するもの
専用通信回線設備等端末	端末設備であって、専用通信回線設備又はデジタルデータ伝送用設備に接続されるもの
発信	通信を行う相手を呼び出すための動作
応答	電気通信回線からの呼出しに応ずるための動作
選択信号	主として相手の端末設備を指定するために使用する信号
直流回路	端末設備又は自営電気通信設備を接続する点において2線式の接続形式を有するアナログ電話用設備に接続して電気通信事業者の交換設備の動作の開始及び終了の制御を行うための回路
絶対レベル	一の皮相電力の1mWに対する比をデシベルで表したもの
通話チャネル	移動電話用設備と移動電話端末又はインターネットプロトコル移動電話端末の間に設定され、主として音声の伝送に使用する通信路
制御チャネル	移動電話用設備と移動電話端末又はインターネットプロトコル移動電話端末の間に設定され、主として制御信号の伝送に使用する通信路
呼設定用メッセージ	呼設定メッセージ又は応答メッセージ
呼切断用メッセージ	切断メッセージ、解放メッセージ又は解放完了メッセージ

責任の分界

●責任の分界(第3条)

利用者の接続する端末設備は、事業用電気通信設備との責任の分界を明確にするため、事業用電気通信設備との間に分界点を有しなければならない。

分界点における接続の方式は、端末設備を電気通信回線ごとに事業用電気通信設備から容易に切り離せるものでなければならない。

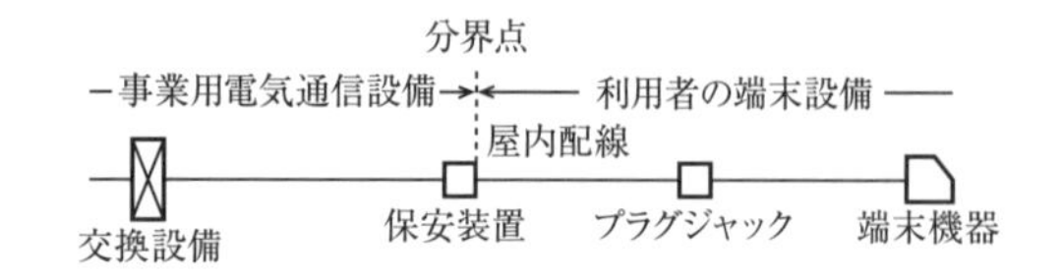

図1 分界点の位置(例)

安全性等

●漏えいする通信の識別禁止(第4条)

端末設備は、事業用電気通信設備から漏えいする通信の内容を意図的に識別する機能を有してはならない。

●鳴音の発生防止(第5条)

端末設備は、事業用電気通信設備との間で鳴音(電気的又は音響的結合により生ずる発振状態)を発生することを防止するために総務大臣が別に告示する条件を満たすものでなければならない。

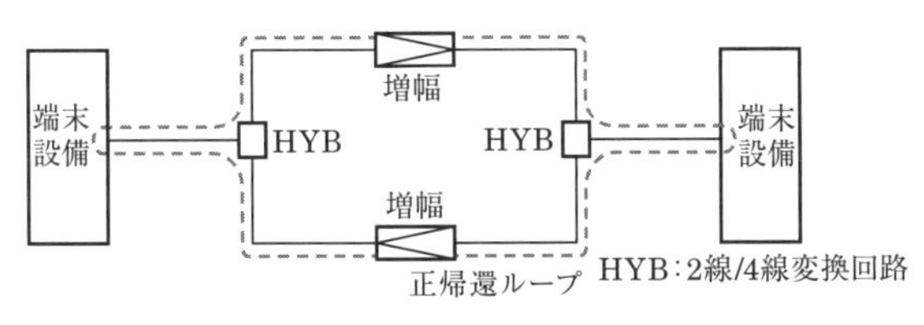

図2　鳴音の発生原理

●絶縁抵抗及び絶縁耐力、接地抵抗(第6条)

①絶縁抵抗及び絶縁耐力

端末設備の機器は、その電源回路と筐(きょう)体及びその電源回路と事業用電気通信設備との間において次の絶縁抵抗と絶縁耐力を有しなければならない。

使用電圧	絶縁抵抗又は絶縁耐力
300V以下	0.2MΩ以上
300Vを超え750V以下の直流	0.4MΩ以上
300Vを超え600V以下の交流	
750Vを超える直流	使用電圧の1.5倍の電圧を連続して10分間加えても耐えること
600Vを超える交流	

②接地抵抗

端末設備の機器の金属製の台及び筐体は、接地抵抗が100Ω以下となるように接地しなければならない。ただし、安全な場所に危険のないように設置する場合を除く。

●過大音響衝撃の発生防止(第7条)

通話機能を有する端末設備は、通話中に受話器から過大な音響衝撃が発生することを防止する機能を備えなければならない。

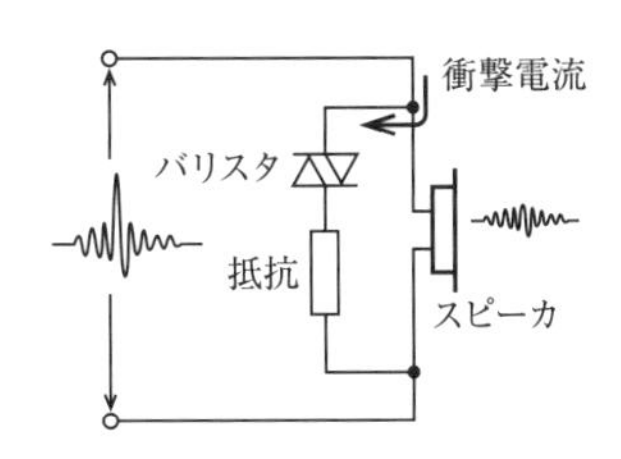

図3　受話音響衝撃防止回路

●配線設備等(第8条)

①**評価雑音電力**　通信回線が受ける妨害であって人間の聴覚率を考慮して定められる実効的雑音電力(誘導によるものを含む。)

- −64dBm以下(定常時)
- −58dBm以下(最大時)

②**絶縁抵抗**　直流200V以上の一の電圧で測定して1MΩ以上

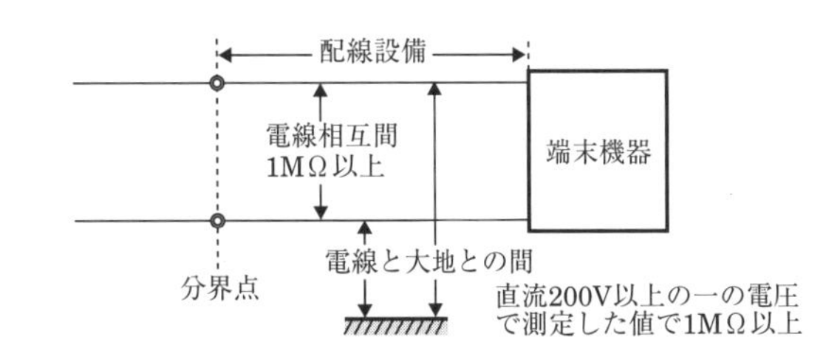

図4　配線設備の絶縁抵抗

●端末設備内において電波を使用する端末設備(第9条)

端末設備を構成する一の部分と他の部分相互間において電波を使用する端末設備は、次の条件に適合しなければならない。

①総務大臣が別に告示する条件に適合する識別符号(端末設備に使用される無線設備を識別するための符号であって、通信路の設定に当たってその照合が行われるものをいう。)を有すること。

②使用する電波の周波数が空き状態であるかどうかについて、総務大臣が別に告示するところにより判定を行い、空き状態である場合にのみ通信路を設定すること。ただし、総務大臣が別に告示するものを除く。

③使用される無線設備は、総務大臣が告示するものを除き、一の筐体に収められており、かつ、容易に開けることができないこと。一の筐体に収めることを要しない無線設備の装置には、電源装置、送話器及び受話器などがある。

次の各文章の[　　　]内に、それぞれの[　　]の解答群の中から、「端末設備等規則」に規定する内容に照らして最も適したものを選び、その番号を記せ。（小計25点）

(1) 直流回路とは、端末設備又は自営電気通信設備を接続する点において2線式の接続形式を有するアナログ電話用設備に接続して電気通信事業者の[（ア）]の制御を行うための回路をいう。（5点）

[① 線路設備の接続及び開放　② 伝送設備の起動及び停止
③ 交換設備の動作の開始及び終了]

(2) 責任の分界について述べた次の二つの文章は、[（イ）]。（5点）

A　利用者の接続する端末設備は、事業用電気通信設備との技術的インタフェースを明確にするため、事業用電気通信設備との間に分界点を有しなければならない。

B　分界点における接続の方式は、端末設備を電気通信回線ごとに事業用電気通信設備から容易に切り離せるものでなければならない。

[① Aのみ正しい　② Bのみ正しい　③ AもBも正しい　④ AもBも正しくない]

(3) 鳴音とは、[（ウ）]又は音響的結合により生ずる発振状態をいう。（5点）

[① 機械的　② 光学的　③ 電気的]

(4) 「絶縁抵抗等」について述べた次の文章のうち、誤っているものは、[（エ）]である。（5点）

[① 端末設備の機器の金属製の台及び筐（きょう）体は、接地抵抗が10オーム以下となるように接地しなければならない。ただし、安全な場所に危険のないように設置する場合にあっては、この限りでない。
② 端末設備の機器は、その電源回路と筐体及びその電源回路と事業用電気通信設備との間において、使用電圧が300ボルト以下の場合にあっては、0.2メガオーム以上の絶縁抵抗を有しなければならない。
③ 端末設備の機器は、その電源回路と筐体及びその電源回路と事業用電気通信設備との間において、使用電圧が750ボルトを超える直流及び600ボルトを超える交流の場合にあっては、その使用電圧の1.5倍の電圧を連続して10分間加えたときこれに耐える絶縁耐力を有しなければならない。]

(5) 「配線設備等」において、配線設備等の電線相互間及び電線と大地間の絶縁抵抗は、直流200ボルト以上の一の電圧で測定した値で[（オ）]メガオーム以上であることと規定されている。（5点）

[① 1　② 2　③ 3]

解説

(1) 端末設備等規則第2条〔定義〕第2項第二十号の規定により、直流回路とは、端末設備又は自営電気通信設備を接続する点において2線式の接続形式を有するアナログ電話用設備に接続して電気通信事業者の**交換設備の動作の開始及び終了**の制御を行うための回路をいうとされている。

直流回路とは、いわゆる直流ループ制御回路のことをいう。端末設備の直流回路を閉じると電気通信事業者の交換設備との間に直流電流が流れ、交換設備は動作を開始する。また、直流回路を開くと電流は流れなくなり、通話が終了する。

(2) 端末設備等規則第3条〔責任の分界〕に関する問題である。

A 同条第1項の規定により、利用者の接続する端末設備(以下「端末設備」という。)は、事業用電気通信設備との責任の分界を明確にするため、事業用電気通信設備との間に分界点を有しなければならないとされている。したがって、文章は誤り。

B 同条第2項に規定する内容と一致しているので、文章は正しい。

よって、設問の文章は、**Bのみ正しい**。本条は、故障時に、その原因が利用者側の設備にあるのか事業者側の設備にあるのかを判別できるようにすることを目的としている。一般的には、保安装置、ローゼット、プラグジャックなどが分界点となる。

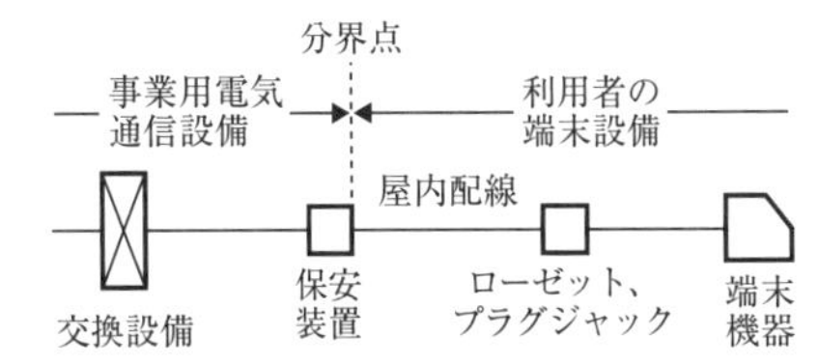

図1 分界点の例

(3) 端末設備等規則第5条〔鳴音の発生防止〕の規定により、端末設備は、事業用電気通信設備との間で鳴音(**電気的**又は音響的結合により生ずる発振状態をいう。)を発生することを防止するために総務大臣が別に告示する条件を満たすものでなければならないとされている。

端末設備に入力した信号が電気的に反射したり、端末設備のスピーカから出た音響が再びマイクに入力されると、相手の端末設備との間で正帰還ループが形成されて発振状態となり鳴音(ハウリング)が発生する。

(4) 端末設備等規則第6条〔絶縁抵抗等〕に関する問題である。

①:同条第2項の規定により、端末設備の機器の金属製の台及び筐(きょう)体は、接地抵抗が100Ω以下となるように接地しなければならない。ただし、安全な場所に危険のないように設置する場合にあっては、この限りでないとされている。したがって、文章は誤り。接地に関する規定は、感電防止を目的としている。

②:同条第1項第一号に規定する内容と一致しているので、文章は正しい。

③:同条第1項第二号に規定する内容と一致しているので、文章は正しい。

よって、解答群の文章のうち、誤っているものは、「**端末設備の機器の金属製の台及び筐体は、接地抵抗が10オーム以下となるように接地しなければならない。ただし、安全な場所に危険のないように設置する場合にあっては、この限りでない。**」である。

(5) 端末設備等規則第8条〔配線設備等〕第二号の規定により、配線設備等の電線相互間及び電線と大地間の絶縁抵抗は、直流200V以上の一の電圧で測定した値で**1MΩ**以上でなければならないとされている。

ここで「配線設備等」とは、利用者が端末設備を事業用電気通信設備に接続する際に使用する線路及び保安器その他の機器のことをいう。

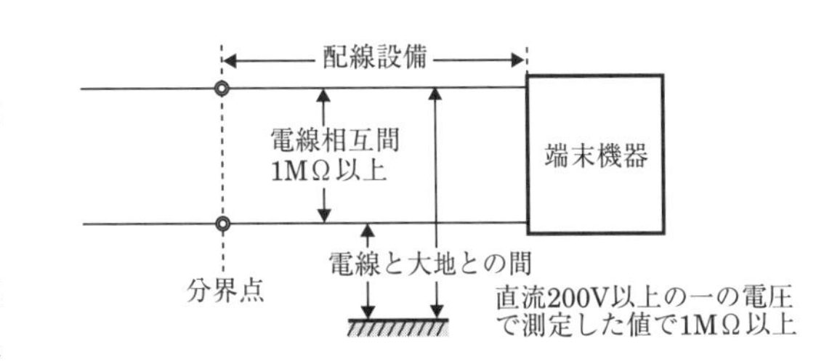

図2 配線設備の絶縁抵抗

法規

3 端末設備等規則(I)

答	
(ア)	③
(イ)	②
(ウ)	③
(エ)	①
(オ)	①

次の各文章の[　　　]内に、それぞれの[　　]の解答群の中から、「端末設備等規則」に規定する内容に照らして最も適したものを選び、その番号を記せ。 (小計25点)

(1) デジタルデータ伝送用設備とは、電気通信事業の用に供する電気通信回線設備であって、デジタル方式により、専ら[（ア）]の伝送交換を目的とする電気通信役務の用に供するものをいう。 (5点)

[① 符号又は影像　② データ又は音声　③ 音声又は影像]

(2) 端末設備は、事業用電気通信設備から漏えいする[（イ）]を意図的に識別する機能を有してはならない。 (5点)

[① 識別符号　② 通信の内容　③ 信号の有無]

(3) 通話機能を有する端末設備は、通話中に受話器から過大な音響衝撃が発生することを[（ウ）]する機能を備えなければならない。 (5点)

[① 防 止　② 通 知　③ 確 認]

(4) 「絶縁抵抗等」において、端末設備の機器は、その電源回路と筐(きょう)体及びその電源回路と事業用電気通信設備との間において、使用電圧が300ボルト以下の場合にあっては、[（エ）]メガオーム以上の絶縁抵抗を有しなければならないと規定されている。 (5点)

[① 0.1　② 0.2　③ 0.4]

(5) 「端末設備内において電波を使用する端末設備」について述べた次の文章のうち、誤っているものは、[（オ）]である。 (5点)

[① 総務大臣が別に告示する条件に適合する識別符号(端末設備に使用される無線設備を識別するための符号であって、通信路の設定に当たってその照合が行われるものをいう。)を有すること。
② 使用される無線設備は、一の筐体に収められており、かつ、容易に開けることができないこと。ただし、総務大臣が別に告示するものについては、この限りでない。
③ 使用する電波の周波数が空き状態であるかどうかについて、総務大臣が別に告示するところにより判定を行い、空き状態である場合にのみ直流回路を開くものであること。ただし、総務大臣が別に告示するものについては、この限りでない。]

解　説

(1) 端末設備等規則第2条〔定義〕第2項第十五号の規定により、デジタルデータ伝送用設備とは、電気通信事業の用に供する電気通信回線設備であって、デジタル方式により、専ら**符号又は影像**の伝送交換を目的とする電気通信役務の用に供するものをいうとされている。デジタルデータ伝送用設備とは、デジタルデータのみを扱う交換網や通信回線であり、IP網などが該当する。

(2) 端末設備等規則第4条〔漏えいする通信の識別禁止〕の規定により、端末設備は、事業用電気通信設備から漏えいする**通信の内容**を意図的に識別する機能を有してはならないとされている。「通信の内容を意図的に識別する機能」とは、他の電気通信回線から漏えいする通信の内容が聞き取れるように増幅する機能や、暗号化された情報を解読する機能などをいう。

(3) 端末設備等規則第7条〔過大音響衝撃の発生防止〕の規定により、通話機能を有する端末設備は、通話中に受話器から過大な音響衝撃が発生することを**防止**する機能を備えなければならないとされている。

通話中に、誘導雷などに起因するインパルス性の信号が端末設備に侵入した場合、受話器から瞬間的に過大な音響衝撃が発生し、人体の耳に衝撃を与えるおそれがある。本条は、これを防止するために定められたものである。

(4) 端末設備等規則第6条〔絶縁抵抗等〕第1項第一号の規定により、端末設備の機器は、その電源回路と筐（きょう）体及びその電源回路と事業用電気通信設備との間において、使用電圧が300V以下の場合にあっては、**0.2MΩ**以上、300Vを超え750V以下の直流及び300Vを超え600V以下の交流の場合にあっては、0.4MΩ以上の絶縁抵抗を有しなければならないとされている。

絶縁抵抗の規定は、保守者及び運用者が機器の筐体や電気通信回線などに触れた場合の感電防止のために定められたもので、電源回路からの漏れ電流が人体の感知電流（直流約1mA、交流約4mA）以下となるように規定されている。

表1　絶縁抵抗と絶縁耐力

使用電圧	絶縁抵抗および絶縁耐力 直流電圧	絶縁抵抗および絶縁耐力 交流電圧
300V以下	絶縁抵抗0.2MΩ以上	絶縁抵抗0.2MΩ以上
300V超〜600V以下	絶縁抵抗0.4MΩ以上	絶縁抵抗0.4MΩ以上
600V超〜750V以下	絶縁抵抗0.4MΩ以上	使用電圧の1.5倍の電圧を10分間加えても耐える絶縁耐力
750V超	使用電圧の1.5倍の電圧を10分間加えても耐える絶縁耐力	使用電圧の1.5倍の電圧を10分間加えても耐える絶縁耐力

(5) 端末設備等規則第9条〔端末設備内において電波を使用する端末設備〕に関する問題である。

①：同条第一号に規定する内容と一致しているので、文章は正しい。コードレス電話などでは、親機と子機の間で、誤接続や誤課金の発生を防ぐため、識別符号（IDコード）の照合を行ってから通信路を設定するようにしている。

②：同条第三号に規定する内容と一致しているので、文章は正しい。

③：同条第二号の規定により、端末設備を構成する一の部分と他の部分相互間において電波を使用する端末設備は、使用する電波の周波数が空き状態であるかどうかについて、総務大臣が別に告示するところにより判定を行い、空き状態である場合にのみ通信路を設定するものでなければならない。ただし、総務大臣が別に告示するものについては、この限りでないとされている。したがって、文章は誤り。既に使われている周波数の電波を発射すると混信が生じるので、使用する電波の周波数が空き状態であることを確認してから通信路を設定するようにしている。

よって、解答群の文章のうち、誤っているものは、「**使用する電波の周波数が空き状態であるかどうかについて、総務大臣が別に告示するところにより判定を行い、空き状態である場合にのみ直流回路を開くものであること。ただし、総務大臣が別に告示するものについては、この限りでない。**」である。

答	
(ア)	①
(イ)	②
(ウ)	①
(エ)	②
(オ)	③

予想問題

問1

次の各文章の［　　　］内に、それぞれの［　　］の解答群の中から、「端末設備等規則」に規定する内容に照らして最も適したものを選び、その番号を記せ。

22春 **1** 用語について述べた次の文章のうち、誤っているものは、［（ア）］である。

［① アナログ電話端末とは、端末設備であって、アナログ電話用設備に接続される点においてプラグジャック方式の接続形式で接続されるものをいう。
② 総合デジタル通信用設備とは、電気通信事業の用に供する電気通信回線設備であって、主として64キロビット毎秒を単位とするデジタル信号の伝送速度により、符号、音声その他の音響又は影像を統合して伝送交換することを目的とする電気通信役務の用に供するものをいう。
③ 絶対レベルとは、一の皮相電力の1ミリワットに対する比をデシベルで表したものをいう。］

21春 **2** 「配線設備等」において、配線設備等の評価雑音電力は、絶対レベルで表した値で［（イ）］においてマイナス64デシベル以下でなければならないと規定されている。

［① 定常時　② 最小時　③ 無信号時］

3 端末設備を構成する一の部分と他の部分相互間において電波を使用する端末設備にあっては、総務大臣が別に告示するものを除き、使用される無線設備は、一の筐（きょう）体に収められており、かつ、容易に［（ウ）］ことができないものでなければならない。

［① 取り外す　② 開ける　③ 改造する］

22春 **4** 「絶縁抵抗等」において、端末設備の機器は、その電源回路と筐体及びその電源回路と事業用電気通信設備との間において、使用電圧が300ボルトを超え750ボルト以下の直流及び300ボルトを超え600ボルト以下の交流の場合にあっては、［（エ）］メガオーム以上の絶縁抵抗を有しなければならないと規定されている。

［① 0.2　② 0.3　③ 0.4］

5 責任の分界又は安全性等について述べた次の文章のうち、正しいものは、［（オ）］である。

［① 利用者の接続する端末設備は、事業用電気通信設備との責任の分界を明確にするため、事業用電気通信設備との間に分界点を有しなければならない。
② 端末設備は、事業用電気通信設備との間で側音（電気的又は音響的結合により生ずる発振状態をいう。）を発生することを防止するために総務大臣が別に告示する条件を満たすものでなければならない。
③ 端末設備の機器の金属製の台及び筐体は、接地抵抗が200オーム以下となるように接地しなければならない。ただし、安全な場所に危険のないように設置する場合にあっては、この限りでない。］

類題

(1) 制御チャネルとは、移動電話用設備と移動電話端末又はインターネットプロトコル移動電話端末の間に設定され、主として［(a)］の伝送に使用する通信路をいう。

［① 音声　② 制御信号　③ 符号］

(2) 利用者が端末設備を［(b)］に接続する際に使用する線路及び保安器その他の機器（以下「配線設備等」という。）は、［(b)］を損傷し、又はその機能に障害を与えないようにするため、総務大臣が別に告示するところにより配線設備等の設置の方法を定める場合にあっては、その方法によるものでなければならない。

［① 自営電気通信設備　② 中継系伝送路設備
③ 事業用電気通信設備］

問1-解説

1 端末設備等規則第2条〔定義〕第2項に関する問題である。

①：同項第三号の規定により、アナログ電話端末とは、端末設備であって、アナログ電話用設備に接続される点において2線式の接続形式で接続されるものをいうとされている。したがって、文章は誤り。アナログ電話端末とは、従来の一般電話網に接続される端末設備のことを指す。

②：同項第十二号に規定する内容と一致しているので、文章は正しい。

③：同項第二十一号に規定する内容と一致しているので、文章は正しい。

よって、解答群の文章のうち、誤っているものは、「**アナログ電話端末とは、端末設備であって、アナログ電話用設備に接続される点においてプラグジャック方式の接続形式で接続されるものをいう。**」である。

2 端末設備等規則第8条〔配線設備等〕第一号の規定により、配線設備等の評価雑音電力（通信回線が受ける妨害であって人間の聴覚率を考慮して定められる実効的雑音電力をいい、誘導によるものを含む。）は、絶対レベルで表した値で**定常時**において－64dBm以下であり、かつ、最大時において－58dBm以下でなければならないとされている。

人間の聴覚は600Hzから2,000Hzまでは感度がよく、これ以外の周波数では感度が悪くなる特性を有している。この聴覚の周波数特性により雑音電力を重みづけして評価したものが、評価雑音電力である。

3 端末設備等規則第9条〔端末設備内において電波を使用する端末設備〕第三号の規定により、端末設備を構成する一の部分と他の部分相互間において電波を使用する端末設備にあっては、総務大臣が別に告示するものを除き、使用される無線設備は、一の筐（きょう）体に収められており、かつ、容易に**開ける**ことができないものでなければならないとされている。

この規定は、送信機能や識別符号を故意に改造または変更して他の通信に妨害を与えることがないように定められたものである。なお、送信機能や識別符号の改造等が容易に行えない場合は一の筐体に収める必要はなく、その条件が総務大臣の告示で定められている。

4 端末設備等規則第6条〔絶縁抵抗等〕第1項第一号の規定により、端末設備の機器は、その電源回路と筐体及びその電源回路と事業用電気通信設備との間において、使用電圧が300V以下の場合にあっては、0.2MΩ以上、300Vを超え750V以下の直流及び300Vを超え600V以下の交流の場合にあっては、**0.4**MΩ以上の絶縁抵抗を有しなければならないとされている。

5 端末設備等規則第3条〔責任の分界〕、第5条〔鳴音の発生防止〕及び第6条〔絶縁抵抗等〕に関する問題である。

①：第3条第1項に規定する内容と一致しているので、文章は正しい。

②：第5条の規定により、端末設備は、事業用電気通信設備との間で鳴音（電気的又は音響的結合により生ずる発振状態をいう。）を発生することを防止するために総務大臣が別に告示する条件を満たすものでなければならないとされている。したがって、文章は誤り。端末設備から鳴音（ハウリング）が発生すると、他の電気通信回線に漏えいして他の利用者に迷惑を及ぼしたり、過大な電流が流れて回線設備に損傷を与えるおそれがあるので、これを防止する必要がある。

③：第6条第2項の規定により、端末設備の機器の金属製の台及び筐体は、接地抵抗が100Ω以下となるように接地しなければならない。ただし、安全な場所に危険のないように設置する場合にあっては、この限りでないとされている。したがって、文章は誤り。

よって、解答群の文章のうち、正しいものは、「**利用者の接続する端末設備は、事業用電気通信設備との責任の分界を明確にするため、事業用電気通信設備との間に分界点を有しなければならない。**」である。

答	
(ア)	①
(イ)	①
(ウ)	②
(エ)	③
(オ)	①

類題の答　(a)②　(b)③

予想問題

問2

次の各文章の［　　］内に、それぞれの［　　］の解答群の中から、「端末設備等規則」に規定する内容に照らして最も適したものを選び、その番号を記せ。

22秋 **1** 用語について述べた次の文章のうち、誤っているものは、［（ア）］である。

［① 移動電話用設備とは、電話用設備であって、電気通信事業者の無線呼出用設備に接続し、その端末設備内において電波を使用するものをいう。
② 総合デジタル通信端末とは、端末設備であって、総合デジタル通信用設備に接続されるものをいう。
③ アナログ電話用設備とは、電話用設備であって、端末設備又は自営電気通信設備を接続する点においてアナログ信号を入出力とするものをいう。］

2 安全性等について述べた次の二つの文章は、［（イ）］。

A 端末設備は、事業用電気通信設備から漏えいする通信の内容を意図的に識別する機能を有してはならない。

B 通話機能を有する端末設備は、通話中に受話器から過大な反響音が発生することを防止する機能を備えなければならない。

［① Aのみ正しい　② Bのみ正しい　③ AもBも正しい　④ AもBも正しくない］

22秋 **3** 利用者の接続する端末設備は、事業用電気通信設備との［（ウ）］の分界を明確にするため、事業用電気通信設備との間に分界点を有しなければならない。分界点における接続の方式は、端末設備を電気通信回線ごとに事業用電気通信設備から容易に切り離せるものでなければならない。

［① 設備区分　② インタフェース　③ 責　任］

22秋 **4** 端末設備を構成する一の部分と他の部分相互間において電波を使用する端末設備は、総務大臣が別に告示するものを除き、使用する［（エ）］が空き状態であるかどうかについて、総務大臣が別に告示するところにより判定を行い、空き状態である場合にのみ通信路を設定するものでなければならない。

［① 電波の周波数　② 無線中継器　③ 配線設備］

22春 **5** 「配線設備等」について述べた次の文章のうち、誤っているものは、［（オ）］である。

［① 事業用電気通信設備を損傷し、又はその機能に障害を与えないようにするため、電気通信事業者が別に認可するところにより配線設備等の設置の方法を定める場合にあっては、その方法によるものでなければならない。
② 配線設備等の電線相互間及び電線と大地間の絶縁抵抗は、直流200ボルト以上の一の電圧で測定した値で1メガオーム以上でなければならない。
③ 配線設備等の評価雑音電力（通信回線が受ける妨害であって人間の聴覚率を考慮して定められる実効的雑音電力をいい、誘導によるものを含む。）は、絶対レベルで表した値で定常時においてマイナス64デシベル以下であり、かつ、最大時においてマイナス58デシベル以下でなければならない。］

類題

(1) 評価雑音電力とは、通信回線が受ける妨害であって人間の聴覚率を考慮して定められる［(a)］をいい、誘導によるものを含む。

［① 漏話雑音電力　② 実効的雑音電力
③ 雑音電力の尖（せん）頭値］

問2-解説

1 端末設備等規則第2条〔定義〕第2項に関する問題である。

①：同項第四号の規定により、移動電話用設備とは、電話用設備であって、端末設備又は自営電気通信設備との接続において電波を使用するものをいうとされている。したがって、文章は誤り。移動電話用設備とは、携帯無線通信の電話網のことを指す。

②：同項第十三号に規定する内容と一致しているので、文章は正しい。総合デジタル通信端末とは、ISDN（Integrated Services Digital Network）端末などのことをいう。

③：同項第二号に規定する内容と一致しているので、文章は正しい。

よって、解答群の文章のうち、誤っているものは、「**移動電話用設備とは、電話用設備であって、電気通信事業者の無線呼出用設備に接続し、その端末設備内において電波を使用するものをいう。**」である。

2 端末設備等規則第4条〔漏えいする通信の識別禁止〕及び第7条〔過大音響衝撃の発生防止〕に関する問題である。

A　第4条に規定する内容と一致しているので、文章は正しい。本条は、通信の秘密の保護の観点から設けられた規定である。

B　第7条の規定により、通話機能を有する端末設備は、通話中に受話器から過大な音響衝撃が発生することを防止する機能を備えなければならないとされている。したがって、文章は誤り。一般の電話機には受話器と並列にバリスタが挿入されており、一定レベル以上の電圧が印加されるとバリスタが導通し、過大な衝撃電流は受話器に流れない仕組みになっている。これにより、音響衝撃から人体の耳を保護している。

よって、設問の文章は、**Aのみ正しい**。

3 端末設備等規則第3条〔責任の分界〕第1項の規定により、利用者の接続する端末設備（以下「端末設備」という。）は、事業用電気通信設備との**責任**の分界を明確にするため、事業用電気通信設備との間に分界点を有しなければならないとされている。また、同条第2項の規定により、分界点における接続の方式は、端末設備を電気通信回線ごとに事業用電気通信設備から容易に切り離せるものでなければならないとされている。一般的には、保安装置、ローゼット、プラグジャックなどが分界点となる。

4 端末設備等規則第9条〔端末設備内において電波を使用する端末設備〕第二号の規定により、端末設備を構成する一の部分と他の部分相互間において電波を使用する端末設備は、使用する**電波の周波数**が空き状態であるかどうかについて、総務大臣が別に告示するところにより判定を行い、空き状態である場合にのみ通信路を設定するものでなければならない。ただし、総務大臣が別に告示するものについては、この限りでないとされている。

5 端末設備等規則第8条〔配線設備等〕に関する問題である。

①：同条第四号の規定により、事業用電気通信設備を損傷し、又はその機能に障害を与えないようにするため、総務大臣が別に告示するところにより配線設備等の設置の方法を定める場合にあっては、その方法によるものでなければならないとされている。したがって、文章は誤り。

②：同条第二号に規定する内容と一致しているので、文章は正しい。配線設備等の電線相互間及び電線と大地間の絶縁抵抗が不十分であると、交換機が誤作動を起こしたり、無駄な電力を消費したりすることがあるため、このように規定されている。

③：同条第一号に規定する内容と一致しているので、文章は正しい。

よって、解答群の文章のうち、誤っているものは、「**事業用電気通信設備を損傷し、又はその機能に障害を与えないようにするため、電気通信事業者が別に認可するところにより配線設備等の設置の方法を定める場合にあっては、その方法によるものでなければならない。**」である。

答	
(ア)	①
(イ)	①
(ウ)	③
(エ)	①
(オ)	①

類題の答　(a)②

法規 4 端末設備等規則(Ⅱ)

「端末設備等規則」のうち、「総則」「責任の分界」「安全性等」に関する条文のポイントについては、168〜169頁をご覧ください。

アナログ電話端末

●アナログ電話端末の基本的機能(第10条)

アナログ電話端末の直流回路は、発信又は応答を行うとき閉じ、通信が終了したとき開くものであること。

●アナログ電話端末の発信の機能(第11条)

①**選択信号の自動送出**　選択信号の自動送出は、直流回路を閉じてから3秒以上経過後に行う。ただし、電気通信回線からの発信音又はこれに相当する可聴音を確認した後に選択信号を送出する場合は、この限りでない。

②**相手端末からの応答の自動確認**　相手端末からの応答を自動的に確認する場合は、電気通信回線からの応答が確認できない場合選択信号送出終了後2分以内に直流回路を開く。

③**自動再発信**　自動再発信を行う場合(自動再発信の回数が15回以内の場合を除く)、その回数は最初の発信から3分間に2回以内であること。この場合、最初の発信から3分を超えて行われる発信は別の発信とみなす。なお、火災、盗難その他の非常事態の場合、この規定は適用しない。

●アナログ電話端末の選択信号の条件(第12条)

表1　ダイヤルパルスの条件

ダイヤルパルスの種類	ダイヤルパルス速度	ダイヤルパルスメーク率	ミニマムポーズ
10パルス毎秒方式	10±1.0パルス毎秒以内	30%以上42%以下	600ms以上
20パルス毎秒方式	20±1.6パルス毎秒以内	30%以上36%以下	450ms以上

・**ダイヤルパルス速度**　1秒間に断続するパルス数

・**ダイヤルパルスメーク率**

　＝{接時間÷(接時間＋断時間)}×100%

・**ミニマムポーズ**　隣接するパルス列間の休止時間の最小値

表2　押しボタンダイヤル信号の条件

項目		条件
信号周波数偏差		信号周波数の±1.5%以内
信号送出電力の許容範囲	低群周波数	図1に示す。
	高群周波数	図2に示す。
	2周波電力差	5dB以内、かつ、低群周波数の電力が高群周波数の電力を超えないこと。
信号送出時間		50ms以上
ミニマムポーズ		30ms以上
周期		120ms以上

・**低群周波数**　697Hz、770Hz、852Hz、941Hz

・**高群周波数**　1,209Hz、1,336Hz、1,477Hz、1,633Hz

・**ミニマムポーズ**　隣接する信号間の休止時間の最小値

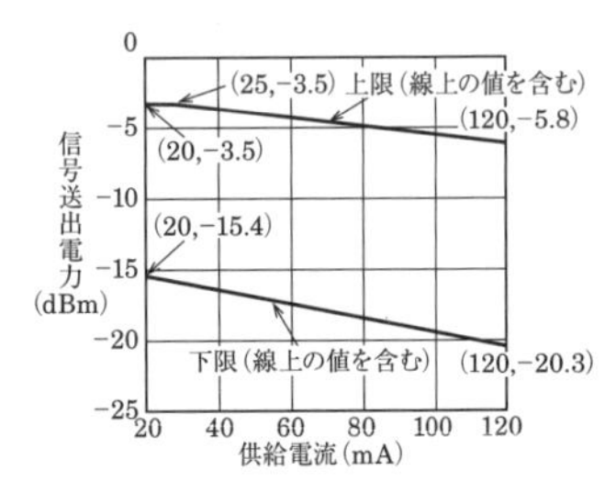

図1　信号送出電力許容範囲(低群周波数)

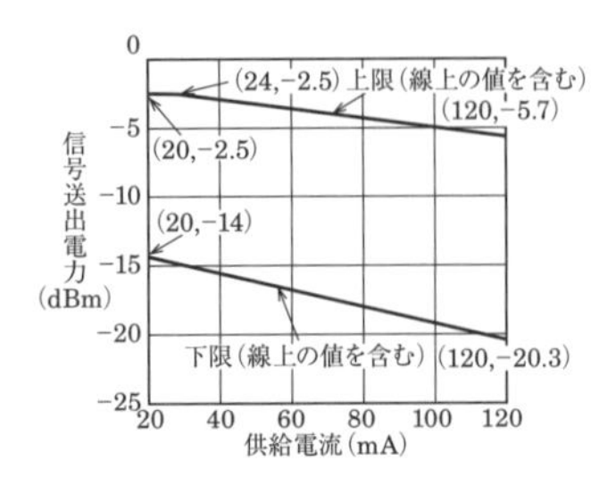

図2　信号送出電力許容範囲(高群周波数)

●緊急通報機能(第12条の2)

アナログ電話端末であって通話の用に供するものは、電気通信番号規則別表第12号に掲げる緊急通報番号を使用した警察機関、海上保安機関又は消防機関への通報(「緊急通報」という)を発信する機能を備えなければならない。

アナログ電話端末の他、移動電話端末、インターネットプロトコル電話端末、インターネットプロトコル移動電話端末等も同様に、緊急通報機能を備えることが義務づけられている。

●アナログ電話端末の電気的条件(第13条)

①**直流回路を閉じているとき**

・**直流抵抗**　20mA以上120mA以下の電流で測定した値で50Ω以上300Ω以下。ただし、直流回路の直流抵抗値と電気通信事業者の交換設備からアナログ電話端末までの線路の直流抵抗値の和が50Ω以上1,700Ω以下の場合は、この限りでない。

・**選択信号送出時の静電容量**　3μF以下

②**直流回路を開いているとき**

・**直流抵抗**　1MΩ以上

・**絶縁抵抗**　直流200V以上の一の電圧で測定して1MΩ以上

・**呼出信号受信時の静電容量**　3μF以下

・**呼出信号受信時のインピーダンス**　75V、16Hzの交流に対して2kΩ以上

③**直流電圧の印加禁止**　電気通信回線に対して直流の電圧を加えるものであってはならない。

●アナログ電話端末の送出電力(第14条)

通話の用に供しないアナログ電話端末の送出電力の許容範囲は表3のとおり。

表3　アナログ電話端末の送出電力の許容範囲

項目		許容範囲
4kHzまでの送出電力		−8dBm(平均レベル)以下で、かつ0dBm(最大レベル)を超えないこと。
不要送出レベル	4kHz〜8kHz	−20dBm以下
	8kHz〜12kHz	−40dBm以下
	12kHz以上の各4kHz帯域	−60dBm以下

●アナログ電話端末の漏話減衰量(第15条)

複数の電気通信回線と接続されるアナログ電話端末の回線相互間の漏話減衰量は、1,500Hzにおいて70dB以上。

移動電話端末

●移動電話端末の基本的機能(第17条)

移動電話端末は、次の機能を備えなければならない。

①**発信を行う場合**　発信を要求する信号を送出する。

②**応答を行う場合**　応答を確認する信号を送出する。

③**通信を終了する場合**　チャネルを切断する信号を送出する。

●移動電話端末の発信の機能(第18条)

①**相手端末からの応答の自動確認**　相手端末からの応答を自動的に確認する場合は、電気通信回線からの応答が確認できない場合選択信号送出終了後1分以内にチャネルを切断する信号を送出し、送信を停止する。

②**自動再発信**　自動再発信を行う場合、その回数は2回以内であること。ただし、最初の発信から3分を超えた場合や、火災、盗難その他の非常の場合を除く。

●送信タイミング(第19条)

総務大臣が別に告示する条件に適合する送信タイミングで送信する機能を備えること。

●漏話減衰量(第31条)

複数の電気通信回線と接続される移動電話端末の回線相互間の漏話減衰量は、1,500Hzにおいて70dB以上でなければならない。

インターネットプロトコル電話端末

●インターネットプロトコル電話端末の基本的機能(第32条の2)

インターネットプロトコル電話端末は、次の機能を備えなければならない。

①**発信又は応答を行う場合**　呼の設定を行うためのメッセージ又は当該メッセージに対応するためのメッセージを送出する。

②**通信を終了する場合**　呼の切断、解放若しくは取消しを行うためのメッセージ又は当該メッセージに対応するためのメッセージを送出する。

●インターネットプロトコル電話端末の発信の機能(第32条の3)

①**相手端末からの応答の自動確認**　相手端末からの応答を自動的に確認する場合は、電気通信回線からの応答が確認できない場合呼の設定を行うためのメッセージ送出終了後2分以内に通信終了メッセージを送出する。

②**自動再発信**　自動再発信を行う場合(自動再発信の回数が15回以内の場合を除く)、その回数は最初の発信から3分間に2回以内であること。ただし、最初の発信から3分を超えた場合や、火災、盗難その他の非常の場合を除く。

インターネットプロトコル移動電話端末

●インターネットプロトコル移動電話端末の基本的機能(第32条の10)

インターネットプロトコル移動電話端末は、次の機能を備えなければならない。

①**発信を行う場合**　発信を要求する信号を送出する。

②**応答を行う場合**　応答を確認する信号を送出する。

③**通信を終了する場合**　チャネルを切断する信号を送出する。

④**発信又は応答を行う場合**　呼の設定を行うためのメッセージ又は当該メッセージに対応するためのメッセージを送出する。

⑤**通信を終了する場合**　通信終了メッセージを送出する。

●インターネットプロトコル移動電話端末の発信の機能(第32条の11)

①**相手端末からの応答の自動確認**　相手端末からの応答を自動的に確認する場合は、電気通信回線からの応答が確認できない場合呼の設定を行うためのメッセージ送出終了後128秒以内に通信終了メッセージを送出する。

②**自動再発信**　自動再発信を行う場合、その回数は3回以内であること。ただし、最初の発信から3分を超えた場合や、火災、盗難その他の非常の場合を除く。

専用通信回線設備等端末

●電気的条件及び光学的条件(第34条の8)

専用通信回線設備等端末は、総務大臣が別に告示する電気的条件及び光学的条件のいずれかの条件に適合するものでなければならない。

●漏話減衰量(第34条の9)

複数の電気通信回線と接続される専用通信回線設備等端末の回線相互間の漏話減衰量は、1,500Hzにおいて70dB以上でなければならない。

次の各文章の［　　］内に、それぞれの[　　]の解答群の中から、「端末設備等規則」に規定する内容に照らして最も適したものを選び、その番号を記せ。ただし、［　　］内の同じ記号は、同じ解答を示す。

(小計25点)

(1) アナログ電話端末の「発信の機能」について述べた次の文章のうち、誤っているものは、［（ア）］である。(5点)

① アナログ電話端末は、発信に際して相手の端末設備からの応答を自動的に確認する場合にあっては、電気通信回線からの応答が確認できない場合選択信号送出終了後1分以内に直流回路を閉じるものでなければならない。

② アナログ電話端末は、自動的に選択信号を送出する場合にあっては、直流回路を閉じてから3秒以上経過後に選択信号の送出を開始するものでなければならない。ただし、電気通信回線からの発信音又はこれに相当する可聴音を確認した後に選択信号を送出する場合にあっては、この限りでない。

③ アナログ電話端末は、自動再発信(応答のない相手に対し引き続いて繰り返し自動的に行う発信をいう。以下同じ。)を行う場合(自動再発信の回数が15回以内の場合を除く。)にあっては、その回数は最初の発信から3分間に2回以内でなければならない。この場合において、最初の発信から3分を超えて行われる発信は、別の発信とみなす。
なお、この規定は、火災、盗難その他の非常の場合にあっては、適用しない。

(2) アナログ電話端末の「選択信号の条件」における押しボタンダイヤル信号について述べた次の文章のうち、正しいものは、［（イ）］である。(5点)

① 低群周波数は、600ヘルツから900ヘルツまでの範囲内における特定の四つの周波数で規定されている。

② 周期とは、信号休止時間とミニマムポーズの和をいう。

③ ミニマムポーズとは、隣接する信号間の休止時間の最小値をいう。

(3) 専用通信回線設備等端末は、電気通信回線に対して［（ウ）］の電圧を加えるものであってはならない。ただし、総務大臣が別に告示する条件において［（ウ）］重畳が認められる場合にあっては、この限りでない。(5点)

[① 音声周波　② 交　流　③ 直　流]

(4) 複数の電気通信回線と接続されるアナログ電話端末の回線相互間の［（エ）］は、1,500ヘルツにおいて70デシベル以上でなければならない。(5点)

[① 伝送損失　② 漏話減衰量　③ 漏話雑音]

(5) インターネットプロトコル移動電話端末は、発信に際して相手の端末設備からの応答を自動的に確認する場合にあっては、電気通信回線からの応答が確認できない場合呼の設定を行うためのメッセージ送出終了後128秒以内に［（オ）］を送出する機能を備えなければならない。(5点)

[① 選択信号　② 通信終了メッセージ　③ 応答を確認する信号]

解説

(1) 端末設備等規則第11条〔発信の機能〕に関する問題である。

①：同条第二号の規定により、アナログ電話端末は、発信に際して相手の端末設備からの応答を自動的に確認する場合にあっては、電気通信回線からの応答が確認できない場合選択信号送出終了後2分以内に直流回路を開くものでなければならないとされている。したがって、文章は誤り。

②：同条第一号に規定する内容と一致しているので、文章は正しい。

③：同条第三号及び第四号に規定する内容と一致しているので、文章は正しい。

よって、解答群の文章のうち、誤っているものは、「**アナログ電話端末は、発信に際して相手の端末設備からの応答を自動的に確認する場合にあっては、電気通信回線からの応答が確認できない場合選択信号送出終了後1分以内に直流回路を閉じるものでなければならない。**」である。

(2) 端末設備等規則第12条〔選択信号の条件〕第二号に基づく別表第2号「押しボタンダイヤル信号の条件」に関する問題である。

①：同号第2の注1の規定により、低群周波数とは、697Hz(ヘルツ)、770Hz、852Hz及び941Hzをいい、高群周波数とは、1,209Hz、1,336Hz、1,477Hz及び1,633Hzをいうとされている。つまり、低群周波数は、600Hzから1,000Hzまでの範囲内における特定の4つの周波数、また、高群周波数は、1,200Hzから1,700Hzまでの範囲内における特定の4つの周波数でそれぞれ規定されている(図1)。したがって、文章は誤り。

②：同号第2の注3の規定により、周期とは、信号送出時間とミニマムポーズの和をいうとされている。したがって、文章は誤り。同号第2において、信号送出時間は50ms以上、ミニマムポーズは30ms以上、周期は120ms以上と規定されている。

③：同号第2の注2に規定する内容と一致しているので、文章は正しい。

よって、解答群の文章のうち、正しいものは、「**ミニマムポーズとは、隣接する信号間の休止時間の最小値をいう。**」である。

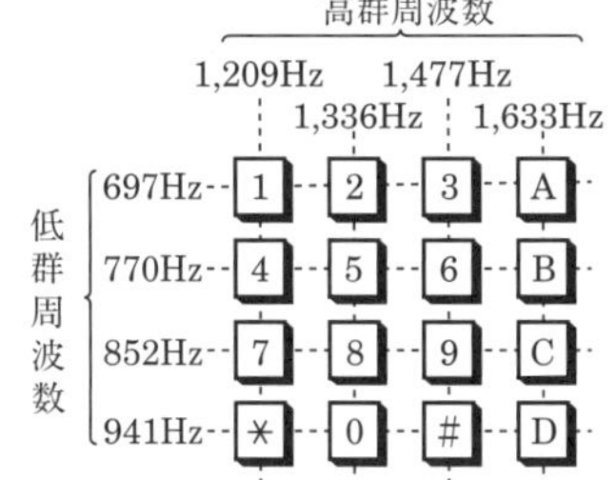

図1 押しボタンダイヤル信号の周波数

(3) 端末設備等規則第34条の8〔電気的条件等〕第2項の規定により、専用通信回線設備等端末は、電気通信回線に対して**直流**の電圧を加えるものであってはならない。ただし、総務大臣が別に告示する条件において**直流**重畳が認められる場合にあっては、この限りでないとされている。

専用通信回線設備等端末とは、専用通信回線設備(特定の利用者間に設置される専用線)またはデジタルデータ伝送用設備(デジタルデータのみを扱う交換網や通信回線)に接続される端末のことをいう。

(4) 端末設備等規則第15条〔漏話減衰量〕の規定により、複数の電気通信回線と接続されるアナログ電話端末の回線相互間の**漏話減衰量**は、1,500Hzにおいて70dB以上でなければならないとされている。本条は、アナログ電話端末の内部での漏話を防止するための規定である。

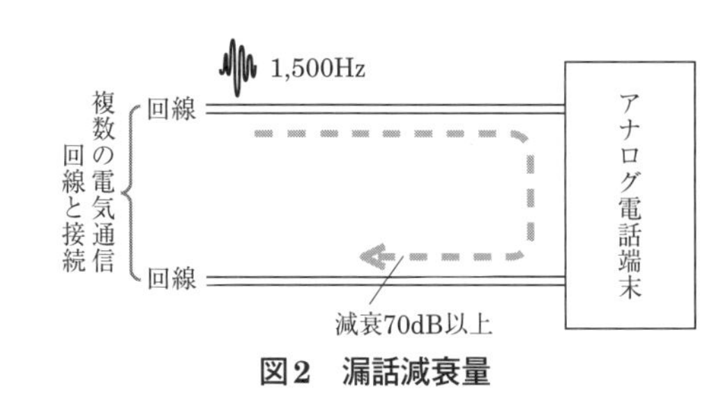

図2 漏話減衰量

(5) 端末設備等規則第32条の11〔発信の機能〕第一号の規定により、インターネットプロトコル移動電話端末は、発信に際して相手の端末設備からの応答を自動的に確認する場合にあっては、電気通信回線からの応答が確認できない場合呼の設定を行うためのメッセージ送出終了後128秒以内に**通信終了メッセージ**を送出する機能を備えなければならないとされている。

インターネットプロトコル移動電話端末とは、IP移動電話(VoLTE：Voice over LTE)方式の電気通信設備に接続される端末のことをいう。VoLTEは、第3世代携帯電話のデータ通信を高速化した規格であるLTE(Long Term Evolution)のネットワークを使用する。

答	
(ア)	①
(イ)	③
(ウ)	③
(エ)	②
(オ)	②

次の各文章の　　　内に、それぞれの[　]の解答群の中から、「端末設備等規則」に規定する内容に照らして最も適したものを選び、その番号を記せ。(小計25点)

(1) アナログ電話端末は、発信に際して相手の端末設備からの応答を自動的に確認する場合にあっては、電気通信回線からの応答が確認できない場合選択信号送出終了後2分以内に (ア) ものでなければならない。(5点)

[① 直流回路を閉じる　② 直流回路を開く　③ 切断する信号を送出する]

(2) アナログ電話端末の「選択信号の条件」における押しボタンダイヤル信号の高群周波数は、1,200ヘルツから1,700ヘルツまでの範囲内における特定の (イ) の周波数で規定されている。(5点)

[① 二つ　② 三つ　③ 四つ]

(3) 総合デジタル通信端末は、総務大臣が別に告示する電気的条件及び (ウ) 条件のいずれかの条件に適合するものでなければならない。(5点)

[① 磁気的　② 音響的　③ 光学的]

(4) 移動電話端末の「基本的機能」又は「発信の機能」について述べた次の文章のうち、正しいものは、 (エ) である。(5点)

[① 発信を行う場合にあっては、発信を要求する信号を送出するものであること。
② 応答を行う場合にあっては、応答を要求する信号を送出するものであること。
③ 自動再発信を行う場合にあっては、その回数は3回以内であること。ただし、最初の発信から2分を超えた場合にあっては、別の発信とみなす。
なお、この規定は、火災、盗難その他の非常の場合にあっては、適用しない。]

(5) インターネットプロトコル移動電話端末は、自動再発信を行う場合にあっては、その回数は (オ) 以内でなければならない。ただし、最初の発信から3分を超えた場合にあっては、別の発信とみなす。
なお、この規定は、火災、盗難その他の非常の場合にあっては、適用しない。(5点)

[① 2回　② 3回　③ 4回]

解説

(1) 端末設備等規則第11条〔発信の機能〕第二号の規定により、アナログ電話端末は、発信に際して相手の端末設備からの応答を自動的に確認する場合にあっては、電気通信回線からの応答が確認できない場合選択信号送出終了後2分以内に**直流回路を開く**ものでなければならないとされている。

相手端末が応答しないとき、長時間にわたって相手端末を呼び出し続けると、電気通信回線の無効保留が生じて他の利用者に迷惑を及ぼすことになる。このため、相手端末からの応答を自動的に確認する場合は、選択信号送出終了後、2分以内に直流回路を開くことにしている。

(2) 端末設備等規則第12条〔選択信号の条件〕第二号に基づく別表第2号「押しボタンダイヤル信号の条件」第2の注1の規定により、低群周波数とは、697Hz（ヘルツ）、770Hz、852Hz及び941Hzをいい、高群周波数とは、1,209Hz、1,336Hz、1,477Hz及び1,633Hzをいうとされている。つまり、低群周波数は、600Hzから1,000Hzまでの範囲内における特定の4つの周波数、また、高群周波数は、1,200Hzから1,700Hzまでの範囲内における特定の**4つ**の周波数でそれぞれ規定されている。

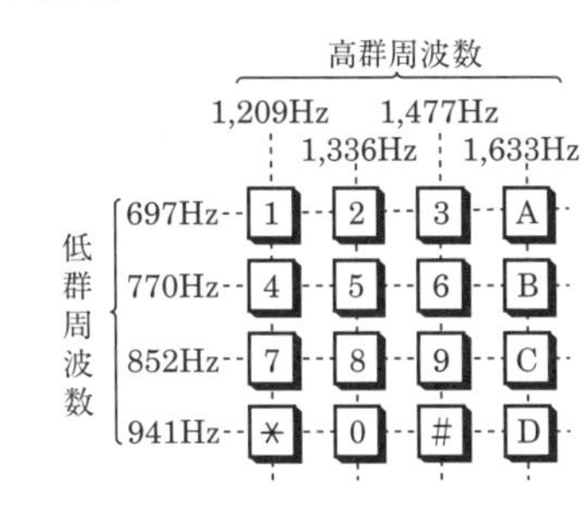

図1　押しボタンダイヤル信号の周波数

(3) 端末設備等規則第34条の5〔電気的条件等〕第1項の規定により、総合デジタル通信端末は、総務大臣が別に告示する電気的条件及び**光学的**条件のいずれかの条件に適合するものでなければならないとされている。総合デジタル通信端末とは、ISDN（Integrated Services Digital Network）端末などのことをいう。

(4) 端末設備等規則第17条〔基本的機能〕及び第18条〔発信の機能〕に関する問題である。

①、②：第17条の規定により、移動電話端末は、次の機能を備えなければならないとされている。①の文章は、「一」に規定する内容と一致しているので正しい。一方、②の文章は、「二」の規定により誤りである。

一　発信を行う場合にあっては、発信を要求する信号を送出するものであること。

二　応答を行う場合にあっては、応答を確認する信号を送出するものであること。

三　通信を終了する場合にあっては、チャネル（通話チャネル及び制御チャネルをいう。）を切断する信号を送出するものであること。

③：第18条第二号の規定により、移動電話端末は、自動再発信を行う場合にあっては、その回数は2回以内でなければならない。ただし、最初の発信から3分を超えた場合にあっては、別の発信とみなすとされている。また、同条第三号の規定により、第二号の規定は、火災、盗難その他の非常の場合にあっては、適用しないとされている。したがって、文章は誤り。

よって、解答群の文章のうち、正しいものは、「**発信を行う場合にあっては、発信を要求する信号を送出するものであること。**」である。

(5) 端末設備等規則第32条の11〔発信の機能〕第二号の規定により、インターネットプロトコル移動電話端末は、自動再発信を行う場合にあっては、その回数は**3回**以内でなければならない。ただし、最初の発信から3分を超えた場合にあっては、別の発信とみなすとされている。また、同条第三号の規定により、第二号の規定は、火災、盗難その他の非常の場合にあっては、適用しないとされている。

答	
(ア)	②
(イ)	③
(ウ)	③
(エ)	①
(オ)	②

予想問題

問1

次の各文章の[　　　]内に、それぞれの[　　]の解答群の中から、「端末設備等規則」に規定する内容に照らして最も適したものを選び、その番号を記せ。

22秋 **1** アナログ電話端末は、自動的に選択信号を送出する場合にあっては、直流回路を閉じてから[（ア）]秒以上経過後に選択信号の送出を開始するものでなければならない。ただし、電気通信回線からの発信音又はこれに相当する可聴音を確認した後に選択信号を送出する場合にあっては、この限りでない。

[① 1　② 2　③ 3]

21春 **2** アナログ電話端末の「選択信号の条件」における押しボタンダイヤル信号について述べた次の二つの文章は、[（イ）]。

A 周期とは、信号送出時間とミニマムポーズの和をいう。

B ミニマムポーズとは、隣接する信号間の休止時間の最大値をいう。

[① Aのみ正しい　② Bのみ正しい　③ AもBも正しい　④ AもBも正しくない]

3 責任の分界又は安全性等について述べた次の文章のうち、誤っているものは、[（ウ）]である。

[① 利用者の接続する端末設備は、事業用電気通信設備との責任の分界を明確にするため、事業用電気通信設備との間に分界点を有しなければならない。
② 端末設備は、事業用電気通信設備との間で鳴音(電気的又は音響的結合により生ずる発振状態をいう。)を発生することを防止するために総務大臣が別に告示する条件を満たすものでなければならない。
③ 配線設備等は、事業用電気通信設備を損傷し、又はその機能に障害を与えないようにするため、電気通信事業者が配線設備等の設置の方法を定める場合にあっては、その方法により設置されなければならない。]

22秋 21春 **4** 専用通信回線設備等端末は、総務大臣が別に告示する電気的条件及び[（エ）]条件のいずれかの条件に適合するものでなければならない。

[① 磁気的　② 光学的　③ 機械的]

22春 **5** インターネットプロトコル移動電話端末の「送信タイミング」又は「発信の機能」について述べた次の文章のうち、誤っているものは、[（オ）]である。

[① インターネットプロトコル移動電話端末は、総務大臣が別に告示する条件に適合する送信タイミングで送信する機能を備えなければならない。
② 発信に際して相手の端末設備からの応答を自動的に確認する場合にあっては、電気通信回線からの応答が確認できない場合呼の設定を行うためのメッセージ送出終了後128秒以内に選択信号を送出するものであること。
③ 自動再発信を行う場合にあっては、その回数は3回以内であること。ただし、最初の発信から3分を超えた場合にあっては、別の発信とみなす。
なお、この規定は、火災、盗難その他の非常の場合にあっては、適用しない。]

類題

(1) アナログ電話端末の選択信号が押しボタンダイヤル信号である場合、その信号のミニマムポーズは、[(a)]ミリ秒以上でなければならない。

[① 10　② 30　③ 120]

(2) 総合デジタル通信端末は、電気通信回線に対して[(b)]の電圧を加えるものであってはならない。

[① 高周波の交流　② 音声周波の交流　③ 直流]

問1-解説

1 端末設備等規則第11条〔発信の機能〕第一号の規定により、アナログ電話端末は、自動的に選択信号を送出する場合にあっては、直流回路を閉じてから**3**秒以上経過後に選択信号の送出を開始するものでなければならない。ただし、電気通信回線からの発信音又はこれに相当する可聴音を確認した後に選択信号を送出する場合にあっては、この限りでないとされている。

交換設備が受信可能となる前に選択信号を送出すると、不接続や誤接続が生じる。本号では、これを防ぐために直流回路を閉じてから3秒以上経過後に選択信号を送出するよう規定している。

2 端末設備等規則第12条〔選択信号の条件〕第二号に基づく別表第2号「押しボタンダイヤル信号の条件」に関する問題である。

A 同号第2の注3に規定する内容と一致しているので、文章は正しい。

B 同号第2の注2の規定により、ミニマムポーズとは、隣接する信号間の休止時間の最小値をいうとされている。したがって、文章は誤り。

よって、設問の文章は、**Aのみ正しい**。押しボタンダイヤル信号方式では、交換設備側で信号を正しく識別できるように、信号送出時間、ミニマムポーズ、周期などの条件が規定されている。

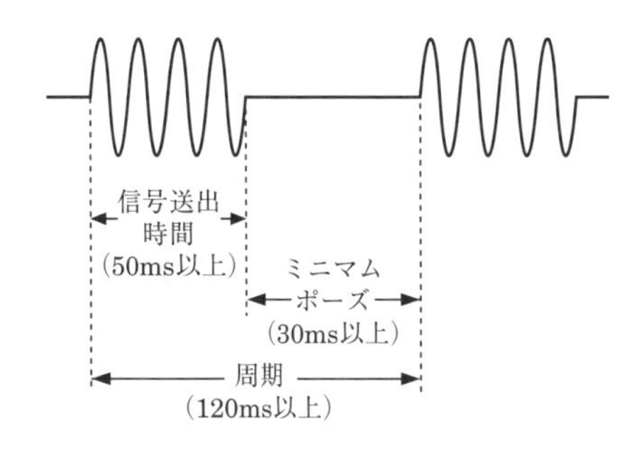

図1－1 押しボタンダイヤル信号の送出時間等

3 端末設備等規則第3条〔責任の分界〕、第5条〔鳴音の発生防止〕及び第8条〔配線設備等〕に関する問題である。

①：第3条第1項に規定する内容と一致しているので、文章は正しい。

②：第5条に規定する内容と一致しているので、文章は正しい。端末設備から鳴音(ハウリング)が発生すると、他の電気通信回線に漏えいして他の利用者に迷惑を及ぼしたり、過大な電流が流れて回線設備に損傷を与えるおそれがあるので、これを防止する必要がある。

③：第8条第四号の規定により、配線設備等は、事業用電気通信設備を損傷し、又はその機能に障害を与えないようにするため、総務大臣が別に告示するところにより配線設備等の設置の方法を定める場合にあっては、その方法によるものでなければならないとされている。したがって、文章は誤り。

よって、解答群の文章のうち、誤っているものは、「**配線設備等は、事業用電気通信設備を損傷し、又はその機能に障害を与えないようにするため、電気通信事業者が配線設備等の設置の方法を定める場合にあっては、その方法により設置されなければならない。**」である。

4 端末設備等規則第34条の8〔電気的条件等〕第1項の規定により、専用通信回線設備等端末は、総務大臣が別に告示する電気的条件及び**光学的**条件のいずれかの条件に適合するものでなければならないとされている。

5 端末設備等規則第32条の11〔発信の機能〕及び第32条の12〔送信タイミング〕に関する問題である。

①：第32条の12に規定する内容と一致しているので、文章は正しい。

②：第32条の11第一号の規定により、インターネットプロトコル移動電話端末は、発信に際して相手の端末設備からの応答を自動的に確認する場合にあっては、電気通信回線からの応答が確認できない場合呼の設定を行うためのメッセージ送出終了後128秒以内に通信終了メッセージを送出する機能を備えなければならないとされている。したがって、文章は誤り。

③：第32条の11第二号及び第三号に規定する内容と一致しているので、文章は正しい。

よって、解答群の文章のうち、誤っているものは、「**発信に際して相手の端末設備からの応答を自動的に確認する場合にあっては、電気通信回線からの応答が確認できない場合呼の設定を行うためのメッセージ送出終了後128秒以内に選択信号を送出するものであること。**」である。

答	
(ア)	③
(イ)	①
(ウ)	③
(エ)	②
(オ)	②

類題の答 (a)② (b)③

予想問題

問2

次の各文章の［　　］内に、それぞれの［　］の解答群の中から、「端末設備等規則」に規定する内容に照らして最も適したものを選び、その番号を記せ。

22春 **1** アナログ電話端末であって、通話の用に供するものは、電気通信番号規則に掲げる緊急通報番号を使用した警察機関、海上保安機関又は［（ア）］機関への通報を発信する機能を備えなければならない。

［① 消 防　② 報 道　③ 気 象］

2 アナログ電話端末の「選択信号の条件」における押しボタンダイヤル信号について述べた次の文章のうち、誤っているものは、［（イ）］である。

［① 低群周波数は、600ヘルツから1,000ヘルツまでの範囲内における特定の四つの周波数で規定されている。
② 高群周波数は、1,200ヘルツから1,700ヘルツまでの範囲内における特定の四つの周波数で規定されている。
③ 数字又は数字以外を表すダイヤル番号として規定されている総数は、12種類である。］

22秋 **3** 移動電話端末の「発信の機能」において、移動電話端末は、発信に際して相手の端末設備からの応答を自動的に確認する場合にあっては、電気通信回線からの応答が確認できない場合選択信号送出終了後［（ウ）］分以内にチャネルを切断する信号を送出し、送信を停止するものでなければならないと規定されている。

［① 1　② 2　③ 3］

4 複数の電気通信回線と接続される専用通信回線設備等端末の回線相互間の［（エ）］は、1,500ヘルツにおいて70デシベル以上でなければならない。

［① 反射損失　② 漏話減衰量　③ 伝送損失］

22秋 **5** インターネットプロトコル電話端末の「基本的機能」又は「発信の機能」について述べた次の文章のうち、誤っているものは、［（オ）］である。

［① 発信又は応答を行う場合にあっては、直流回路を閉じるためのメッセージ又は当該メッセージに対応するためのメッセージを送出するものであること。
② 通信を終了する場合にあっては、呼の切断、解放若しくは取消しを行うためのメッセージ又は当該メッセージに対応するためのメッセージを送出するものであること。
③ 自動再発信を行う場合(自動再発信の回数が15回以内の場合を除く。)にあっては、その回数は最初の発信から3分間に2回以内であること。この場合において、最初の発信から3分を超えて行われる発信は、別の発信とみなす。
　なお、この規定は、火災、盗難その他の非常の場合にあっては、適用しない。］

類題

(1) 移動電話端末は、基本的機能として、通信を終了する場合にあっては、［(a)］機能を備えなければならない。

［① 呼切断用メッセージを送出する
② チャネルを切断する信号を送出する
③ 指定されたチャネルに切り替える］

(2) アナログ電話端末の直流回路は、［(b)］ものでなければならない。

［① 発信又は応答を行うとき閉じ、通信が終了したとき開く
② 発信又は応答を行うとき開き、通信が終了したとき閉じる
③ 発信を行うとき閉じ、応答又は通信が終了したとき開く
④ 発信を行うとき開き、応答又は通信が終了したとき閉じる］

問2-解説

1 端末設備等規則第12条の2〔緊急通報機能〕の規定により、アナログ電話端末であって、通話の用に供するものは、電気通信番号規則別表第12号に掲げる緊急通報番号を使用した警察機関、海上保安機関又は**消防**機関への通報(「緊急通報」という。)を発信する機能を備えなければならないとされている。

アナログ電話端末の他、移動電話端末、インターネットプロトコル電話端末、インターネットプロトコル移動電話端末、総合デジタル通信端末についても、通話の用に供するものであれば緊急通報機能を備えることが義務づけられている(第28条の2、第32条の6、第32条の23、第34条の4)。

2 端末設備等規則第12条〔選択信号の条件〕第二号に基づく別表第2号「押しボタンダイヤル信号の条件」に関する問題である。

①、②:同号第2の注1に規定する内容と一致しているので、文章は正しい。

③:同号第1の規定により、押しボタンダイヤル信号のダイヤル番号は、1~9、0及び＊#ABCDの16種類とされている。したがって、文章は誤り。

よって、解答群の文章のうち、誤っているものは、「**数字又は数字以外を表すダイヤル番号として規定されている総数は、12種類である。**」である。

3 端末設備等規則第18条〔発信の機能〕第一号の規定により、移動電話端末は、発信に際して相手の端末設備からの応答を自動的に確認する場合にあっては、電気通信回線からの応答が確認できない場合選択信号送出終了後**1**分以内にチャネルを切断する信号を送出し、送信を停止するものでなければならないとされている。

移動電話端末とは携帯電話機のことをいい、一般の端末設備とは異なり、電気通信回線設備と電波で接続される。基地局は、各移動電話端末間で電波が干渉しないよう移動電話端末に対して、通話チャネルの指定、送信停止、送信タイミング等の命令を出している。

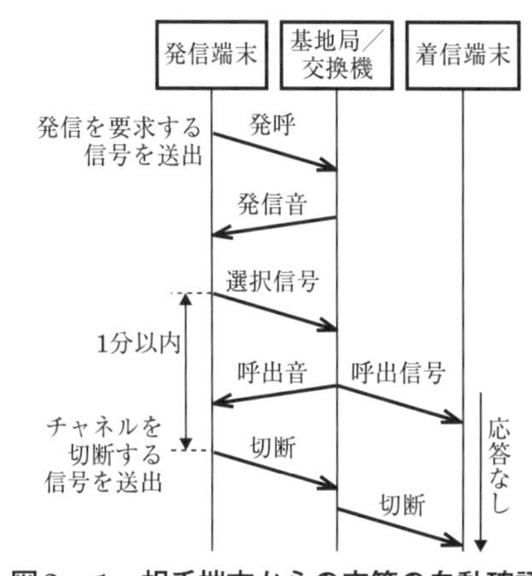

図2－1　相手端末からの応答の自動確認

4 端末設備等規則第34条の9〔漏話減衰量〕の規定により、複数の電気通信回線と接続される専用通信回線設備等端末の回線相互間の**漏話減衰量**は、1,500Hzにおいて70dB以上でなければならないとされている。漏話減衰量の規定値は、アナログ電話端末及び移動電話端末の場合も同じである(第15条、第31条)。

5 端末設備等規則第32条の2〔基本的機能〕及び第32条の3〔発信の機能〕に関する問題である。インターネットプロトコル電話端末とは、IP(Internet Protocol)電話システムに対応した電話機のことを指す。

①:第32条の2第一号の規定により、インターネットプロトコル電話端末は、発信又は応答を行う場合にあっては、呼の設定を行うためのメッセージ又は当該メッセージに対応するためのメッセージを送出する機能を備えなければならないとされている。したがって、文章は誤り。

②:第32条の2第二号に規定する内容と一致しているので、文章は正しい。

③:第32条の3第二号及び第三号に規定する内容と一致しているので、文章は正しい。

よって、解答群の文章のうち、誤っているものは、「**発信又は応答を行う場合にあっては、直流回路を閉じるためのメッセージ又は当該メッセージに対応するためのメッセージを送出するものであること。**」である。

答	
(ア)	①
(イ)	③
(ウ)	①
(エ)	②
(オ)	①

類題の答　(a)②　(b)①

[監修者紹介]

電気通信工事担任者の会

工事担任者をはじめとする情報通信技術者の資質の向上を図るとともに、今後の情報通信の発展に寄与することを目的に、1995年に設立された「任意団体」です。現在は、事業目的にご賛同を頂いた国内の電気通信事業者、電気通信建設事業者及び団体、並びに電気通信関連出版事業者からのご支援を受け、運営しています。

電気通信工事担任者の会では、前述の目的を掲げ、主に次の事業を中心に活動を行なっています。

- 工事担任者、電気通信主任技術者、及び電気通信工事施工管理技士、並びに電気通信に関わる資格取得に向けた受験対策支援セミナーの実施、及び受験勉強用教材の作成・出版など、前記の国家試験受験者の学習を支援する事業を中心に、情報通信分野における人材の育成、電気通信技術知識の向上に寄与する事業を行なっています。
- 受験対策支援セミナーの種類としては、個人の受験者向けの「公開セミナー」並びに、電気通信事業者、通信建設業界、及び大学等からの依頼に基づく「企業セミナー」があります。

URL：http://www.koutankai.gr.jp/

工事担任者 2024年版 第2級デジタル通信実戦問題

2024年2月13日　第1版第1刷発行

監修者　電気通信工事担任者の会
編者　株式会社リックテレコム

発行人　新関 卓哉
編集担当　古川 美知子
発行所　株式会社リックテレコム
〒113-0034　東京都文京区湯島3－7－7
電話　03(3834)8380(代表)
振替　00160－0－133646
URL　https://www.ric.co.jp

装丁　長久 雅行
組版　㈱リッククリエイト
印刷・製本　三美印刷㈱

● **訂正等**

本書の記載内容には万全を期しておりますが、万一誤りや情報内容の変更が生じた場合には、当社ホームページの正誤表サイトに掲載しますので、下記よりご確認ください。

＊正誤表サイトURL

https://www.ric.co.jp/book/errata-list/1

● **本書の内容に関するお問い合わせ**

FAXまたは下記のWebサイトにて受け付けます。回答に万全を期すため、電話でのご質問にはお答えできませんのでご了承ください。

・FAX：03-3834-8043

・読者お問い合わせサイト：https://www.ric.co.jp/book/ のページから「書籍内容についてのお問い合わせ」をクリックしてください。

製本には細心の注意を払っておりますが、万一、乱丁・落丁(ページの乱れや抜け)がございましたら、当該書籍をお送りください。送料当社負担にてお取り替え致します。

ISBN978－4－86594－390－0